高等学校计算机科学与技术 项目驱动案例实践 规划教材

基于Android 技术的物联网应用开发

梁立新　冯璐　赵建　编著

清华大学出版社

北京

内 容 简 介

本书是学习 Android 技术和物联网应用开发的教材。本书应用"项目驱动"(Project-Driven)最新教学模式,通过一个智能家居完整的项目案例系统地介绍了使用 Android 技术开发物联网应用的方法和技术。全书包括:物联网与开发技术概述、智能家居 Android 应用分析、Android 开发环境、Android 应用界面、Android 事件与组件、Android 应用存储机制、Android 图形与网络、Android 应用物联网中间件。

本书理论与实践相结合,内容详尽,提供了大量实例,突出应用能力和创新能力的培养,将一个实际项目的知识点分解在各章作为案例讲解,是一本实用性突出的教材。本书可作为普通高等院校计算机专业本、专科学生程序设计课程的教材,也可供应用设计与开发人员参考使用。

本书封面贴有清华大学出版社防伪标签,无标签者不得销售。
版权所有,侵权必究。举报:010-62782989,beiqinquan@tup.tsinghua.edu.cn。

图书在版编目(CIP)数据

基于 Android 技术的物联网应用开发/梁立新,冯璐,赵建编著. —北京:清华大学出版社,2020.5
(2021.1重印)
高等学校计算机科学与技术项目驱动案例实践规划教材
ISBN 978-7-302-54665-8

Ⅰ.①基… Ⅱ.①梁…②冯…③赵… Ⅲ.①移动终端—应用程序—程序设计—高等学校—教材 ②互联网络—应用—高等学校—教材 ③智能技术—应用—高等学校—教材 Ⅳ.①TN929.53 ②TP393.4 ③TP18

中国版本图书馆 CIP 数据核字(2019)第 295753 号

责任编辑:	张瑞庆　常建丽
封面设计:	常雪影
责任校对:	时翠兰
责任印制:	宋　林

出版发行:清华大学出版社
　　网　　址:http://www.tup.com.cn,http://www.wqbook.com
　　地　　址:北京清华大学学研大厦 A 座　　邮　编:100084
　　社 总 机:010-62770175　　　　　　　　　邮　购:010-83470235
　　投稿与读者服务:010-62776969,c-service@tup.tsinghua.edu.cn
　　质量反馈:010-62772015,zhiliang@tup.tsinghua.edu.cn
　　课件下载:http://www.tup.com.cn,010-83470236

印 装 者:三河市铭诚印务有限公司
经　　销:全国新华书店
开　　本:185mm×260mm　　　印　张:19　　　字　数:452 千字
版　　次:2020 年 6 月第 1 版　　　　　　　　印　次:2021 年 1 月第 3 次印刷
定　　价:49.90 元

产品编号:083017-01

高等学校计算机科学与技术项目驱动案例实践规划教材

编写指导委员会

主　任

李晓明

委　员

（按姓氏笔画排序）

卢先和　杨　波

梁立新　蒋宗礼

策　划

张瑞庆

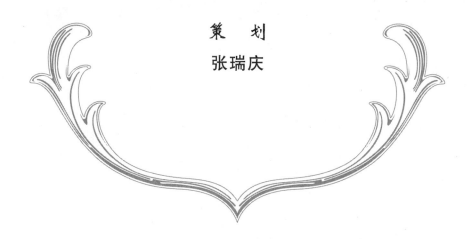

PREFACE

序 言

作为教育部高等学校计算机科学与技术教学指导委员会的工作内容之一,自从2003年参与清华大学出版社的"21世纪大学本科计算机专业系列教材"的组织工作以来,陆续参加或见证了多个出版社的多套教材的出版,但是现在读者看到的这一套"高等学校计算机科学与技术项目驱动案例实践规划教材"有着特殊的意义。

这个特殊性在于其内容。这是第一套我所涉及的以项目驱动教学为特色,实践性极强的规划教材。如何培养符合国家信息产业发展要求的计算机专业人才,一直是这些年人们十分关心的问题。加强学生实践能力的培养,是人们达成的重要共识之一。为此,教育部高等学校计算机科学与技术教学指导委员会专门编写了《高等学校计算机科学与技术专业实践教学体系与规范》(清华大学出版社出版)。但是,如何加强学生的实践能力培养,在现实中依然遇到种种困难。困难之一,就是缺乏合适的教材。以往的系列教材,大都比较"传统",没有跳出固有的框框。而这一套教材,在设计上采用软件行业中卓有成效的项目驱动教学思想,突出"做中学"的理念,突出案例(而不是"练习作业")的作用,为高校计算机专业教材的繁荣带来了一股新风。

这个特殊性在于其作者。本套教材目前规划了十余本,其主要编写人不是我们常见的知名大学教授,而是知名软件人才培训机构或者企业的骨干人员,以及在该机构或者企业得到过培训的并且在高校教学一线有多年教学经验的大学教师。我以为这样一种作者组合很有意义,他们既对发展中的软件行业有具体的认识,对实践中的软件技术有深刻的理解,对大型软件系统的开发有丰富的经验,也有在大学教书的经历和体会,他们能在一起合作编写教材本身就是一件了不起的事情,没有这样的作者组合是难以想象这种教材的规划编写的。我一直感到中国的大学计算机教材尽管繁荣,但也比较"单一",作者群的同质化是这种风格单一的主要原因。对比国外英文教材,除了Addison Wesley和Morgan Kaufmann等出版的经典教材长盛不衰外,我们也看到O'Reilly"动物教材"等的异军突起——这些教材的作者,大都是实战经验丰富的资深专业人士。

这个特殊性还在于其产生的背景。也许是由于我自己在计算机技术方面的动手能力相对比较弱,其实也不太懂如何教学生提高动手能力,因此一直希望有一个机会实际地了解所谓"实训"到底是怎么回事,也希望能有一种安排让

现在教学岗位的一些青年教师得到相关的培训和体会。于是作为2006—2010年教育部高等学校计算机科学与技术教学指导委员会的一项工作,我们和教育部软件工程专业大学生实习实训基地(亚思晟)合作,举办了6期"高等学校青年教师软件工程设计开发高级研修班",每期时间虽然只是短短的1～2周,但是对于大多数参加研修的青年教师来说都是很有收获的一段时光,在对他们的结业问卷中充分反映了这一点。从这种研修班得到的认识之一,就是目前市场上缺乏相应的教材。于是,这套"高等学校计算机科学与技术项目驱动案例实践规划教材"应运而生。

当然,这样一套教材,由于"新",难免有风险。从内容程度的把握、知识点的提炼与铺陈,到与其他教学内容的结合,都需要在实践中逐步磨合。同时,这样一套教材对我们的高校教师也是一种挑战,只能按传统方式讲软件课程的人可能会觉得有些障碍。相信清华大学出版社今后将和作者以及高等学校计算机科学与技术教学指导委员会一起,举办一些相应的培训活动。总之,我认为编写这样的教材本身就是一种很有意义的实践,祝愿成功。也希望看到更多业界资深技术人员加入大学教材编写的行列中来,和高校一线教师密切合作,将学科、行业的新知识、新技术、新成果写入教材,开发适用性和实践性强的优秀教材,共同为提高高等教育教学质量和人才培养质量做出贡献。

前 言

21世纪,什么技术将影响人类的生活?什么产业将决定国家的发展?信息技术与信息产业是首选的答案。大专院校学生是企业和政府的后备军,国家教育部门计划在大专院校中普及政府和企业信息技术与软件工程教育。经过多所院校的实践,信息技术与软件工程教育受到同学们的普遍欢迎,取得了很好的教学效果。然而,也存在一些不容忽视的共性问题,其中突出的是教材问题。

从近两年信息技术与软件工程教育研究看,许多任课教师提出目前使用的教材不合适。具体体现在:第一,来自信息技术与软件工程专业的术语很多,对于没有这些知识背景的学生学习起来具有一定难度;第二,书中案例比较匮乏,与企业的实际情况相差太远,致使案例可参考性差;第三,缺乏具体的课程实践指导和真实项目。因此,针对大专院校信息技术与软件工程课程教学特点与需求,编写适用的规范化教材已刻不容缓。

本书就是针对以上问题编写的,作者希望推广一种最有效的学习与培训的捷径,这就是Project-Driven Training,也就是用项目实践带动理论的学习(或者叫"做中学")。基于此,作者围绕一个完整的物联网项目案例——智能家居贯穿Android应用开发各个模块的理论讲解,包括:物联网与开发技术概述、智能家居Android应用分析、Android开发环境、Android应用界面、Android事件与组件、Android应用存储机制、Android图形与网络、Android应用物联网中间件。通过项目实践,可以对技术应用有明确的目的性(为什么学),对技术原理更好地融会贯通(学什么),也可以更好地检验学习效果(学得怎样)。

本书特色:

1. 重项目实践

作者多年项目开发经验的体会是"IT是做出来的,不是想出来的",理论虽然重要,但一定要为实践服务!以项目为主线,带动理论的学习是最好、最快、最有效的方法!本书的特色是提供了一个完整的智能家居系统项目。通过此书,作者希望读者对Android开发技术和流程有一个整体了解,减少对项目的盲目感和神秘感,能够根据本书的体系循序渐进地动手开发自己的项目!

2. 重理论要点

本书以项目实践为主线,着重介绍 Android 开发理论中最重要、最精华的部分,以及它们之间的融会贯通;而不是面面俱到,没有重点和特色。读者首先通过项目把握整体概貌,再深入局部细节,系统学习理论;然后不断优化和扩展细节,完善整体框架和改进项目。既有整体框架,又有重点理论和技术。一书在手,思路清晰,项目无忧!

梁立新负责本书的编写和主审工作,冯璐协助项目案例部分的分析设计,赵建协助项目案例部分的实现和测试。

为了便于教学,本书配有教学课件,读者可从清华大学出版社的网站下载。

本书第一作者梁立新的工作单位为深圳技术大学,本书获得深圳技术大学的大力支持和教材出版资助,在此特别感谢。

鉴于编者的水平有限,书中难免有不足之处,敬请广大读者批评指正。

梁立新

2020 年 2 月

目 录

第 1 章 物联网与开发技术概述 ... 1
1.1 物联网的概念 ... 1
1.1.1 物联网的定义 ... 1
1.1.2 物联网的发展过程 ... 2
1.1.3 物联网的特征 ... 3
1.2 物联网系统结构 ... 4
1.3 物联网应用开发技术 ... 5
习题 ... 8

第 2 章 智能家居 Android 应用分析 ... 9
2.1 智能家居行业分析 ... 9
2.1.1 智能家居概述 ... 9
2.1.2 智能家居发展状况 ... 10
2.1.3 智能家居应用前景 ... 12
2.2 系统方案分析设计 ... 12
2.2.1 系统总体框架设计 ... 12
2.2.2 系统功能需求分析 ... 12
2.3 智能家居功能模块分析 ... 16
2.3.1 环境监测功能模块分析 ... 16
2.3.2 安全防护功能模块分析 ... 18
2.3.3 电器控制功能模块分析 ... 20
2.3.4 门禁管理功能模块分析 ... 22
2.4 系统部署与运行测试 ... 24
2.4.1 系统软硬件部署 ... 24
2.4.2 系统操作与测试 ... 24
习题 ... 28

第 3 章 Android 开发环境 ... 29
3.1 Android 系统开发环境 ... 29
3.1.1 Android 系统与平台架构 ... 29
3.1.2 Android 开发框架 ... 31

CONTENTS

  3.1.3 Android 开发环境的搭建 ………………………………………… 33
 3.2 Android 工程的创建与调试 ………………………………………………… 40
  3.2.1 Android 工程框架 …………………………………………………… 40
  3.2.2 Android 工程创建 …………………………………………………… 43
  3.2.3 Android 工程调试 …………………………………………………… 45
  3.2.4 Android 生命周期 …………………………………………………… 47
 3.3 项目案例 …………………………………………………………………… 53
  3.3.1 项目目标 …………………………………………………………… 53
  3.3.2 案例描述 …………………………………………………………… 53
  3.3.3 案例要点 …………………………………………………………… 53
  3.3.4 案例实施 …………………………………………………………… 54
 习题 ………………………………………………………………………………… 60

第 4 章 Android 应用界面 ………………………………………………………… 61

 4.1 Android 界面布局 …………………………………………………………… 61
  4.1.1 Android 用户界面框架 ……………………………………………… 62
  4.1.2 Android 视图树 ……………………………………………………… 62
  4.1.3 Android 线性布局 …………………………………………………… 62
  4.1.4 Android 相对布局 …………………………………………………… 66
  4.1.5 Android 表格布局 …………………………………………………… 68
  4.1.6 Android 帧布局 ……………………………………………………… 71
  4.1.7 Android 绝对布局 …………………………………………………… 73
 4.2 Android 界面控件基础 ……………………………………………………… 74
  4.2.1 文本框 TextView …………………………………………………… 74
  4.2.2 编辑框 EditText …………………………………………………… 76
  4.2.3 按钮控件 Button …………………………………………………… 78
  4.2.4 图片按钮 ImageButton ……………………………………………… 80
  4.2.5 单选按钮 RadioButton ……………………………………………… 81
  4.2.6 复选框 CheckBox …………………………………………………… 82
  4.2.7 列表控件 ListView ………………………………………………… 84
 4.3 Android 菜单设计 …………………………………………………………… 86
  4.3.1 Android 选项菜单 …………………………………………………… 86
  4.3.2 Android 子菜单 ……………………………………………………… 88
  4.3.3 Android 上下文菜单 ………………………………………………… 89
 4.4 项目案例 …………………………………………………………………… 91
  4.4.1 项目目标 …………………………………………………………… 91
  4.4.2 案例描述 …………………………………………………………… 91

	4.4.3 案例要点	92
	4.4.4 案例实施	92
习题		98

第 5 章 Android 组件与事件 … 99

- 5.1 Android 组件 … 99
  - 5.1.1 Android 组件 Activity … 99
  - 5.1.2 Android 组件 Service … 105
  - 5.1.3 BroadcastReceiver 组件 … 108
  - 5.1.4 ContentProvider 组件 … 111
  - 5.1.5 Intent 组件 … 112
- 5.2 系统界面事件 … 130
  - 5.2.1 控件监听器 … 130
  - 5.2.2 Android 事件和监听器 … 131
  - 5.2.3 Android 按键事件处理 … 132
  - 5.2.4 Android 屏幕触摸事件处理 … 133
- 5.3 Fragment 基础及使用 … 134
  - 5.3.1 Fragment 生命周期 … 136
  - 5.3.2 Fragment 使用方式 … 136
  - 5.3.3 Fragment 通信 … 141
- 5.4 项目案例 … 143
  - 5.4.1 项目目标 … 143
  - 5.4.2 案例描述 … 143
  - 5.4.3 案例要点 … 144
  - 5.4.4 案例实施 … 146
- 习题 … 161

第 6 章 Android 应用存储机制 … 163

- 6.1 简单存储及文件存储 … 164
  - 6.1.1 简单存储 … 164
  - 6.1.2 文件存储 … 170
- 6.2 SQLite 数据库操作 … 173
  - 6.2.1 SQLite 数据库 … 173
  - 6.2.2 创建 SQLite 数据库的方式 … 176
  - 6.2.3 SQLite 数据库操作 … 179
  - 6.2.4 SQLite 简单例程 … 182
- 6.3 数据共享 … 187

CONTENTS

  6.3.1 ContentProvider 类简介 ……………………… 187
  6.3.2 Uri、UriMatcher 和 ContentUris 简介 ……………………… 188
  6.3.3 创建 ContentProvider ……………………… 191
  6.3.4 ContentResolver 操作数据 ……………………… 192
 6.4 项目案例 ……………………… 193
  6.4.1 项目目标 ……………………… 193
  6.4.2 案例描述 ……………………… 193
  6.4.3 案例要点 ……………………… 194
  6.4.4 案例实施 ……………………… 194
 习题 ……………………… 206

第 7 章 Android 图形与网络 ……………………… 207

 7.1 动态图形绘制及图形特效 ……………………… 207
  7.1.1 系统动态图形绘制 ……………………… 207
  7.1.2 图形特效 ……………………… 214
  7.1.3 Android 自绘控件 ……………………… 217
 7.2 Android 网络编程 ……………………… 219
  7.2.1 Socket 传输模式 ……………………… 219
  7.2.2 Socket 编程原理 ……………………… 220
  7.2.3 Socket 编程实例 ……………………… 221
  7.2.4 Socket 与 HTTP 通信的区别 ……………………… 225
 7.3 项目案例 ……………………… 225
  7.3.1 项目目标 ……………………… 225
  7.3.2 案例描述 ……………………… 226
  7.3.3 案例要点 ……………………… 226
  7.3.4 案例实施 ……………………… 228
 习题 ……………………… 238

第 8 章 Android 应用物联网中间件 ……………………… 239

 8.1 物联网 Android 应用框架 ……………………… 239
  8.1.1 物联网项目架构 ……………………… 239
  8.1.2 ZXBee 数据通信协议 ……………………… 245
  8.1.3 智云开发调试工具 ……………………… 250
 8.2 智云框架 Android 编程接口 ……………………… 255
  8.2.1 智云 Android 应用接口 ……………………… 255
  8.2.2 智云 Android 应用实例 ……………………… 261
 8.3 项目案例 ……………………… 269

CONTENTS

　　8.3.1　项目目标 …………………………………………………………… 269
　　8.3.2　案例描述 …………………………………………………………… 270
　　8.3.3　案例要点 …………………………………………………………… 270
　　8.3.4　案例实施 …………………………………………………………… 272
习题 ……………………………………………………………………………… 286

第 1 章 物联网与开发技术概述

1.1 物联网的概念

1.1.1 物联网的定义

1999年提出：物联网即通过射频识别（RFID）（RFID+互联网）、红外感应器、全球定位系统、激光扫描器、气体感应器等信息传感设备，按约定的协议把任何物品与互联网连接起来进行信息交换和通信，以实现智能化识别、定位、跟踪、监控和管理的一种网络。简言之，物联网就是"物物相连的互联网"。

中国物联网校企联盟将物联网定义为当下几乎所有技术与计算机、互联网技术的结合，实现物体与物体之间环境以及状态信息的实时共享以及智能化的收集、传递、处理、执行。广义上说，当下涉及信息技术的应用都可以纳入物联网的范畴。而在其著名的科技融合体模型中，提出了物联网是当下最接近该模型顶端的科技概念和应用。物联网是一个基于互联网、传统电信网等信息承载体，让所有能够被独立寻址的普通物理对象实现互联互通的网络。其具有智能、先进、互联3个重要特征。

国际电信联盟（ITU）发布的ITU互联网报告对物联网做了如下定义：通过二维码识读设备、RFID装置、红外感应器、全球定位系统和激光扫描器等信息传感设备，按约定的协议把任何物品与互联网相连接，进行信息交换和通信，以实现智能化识别、定位、跟踪、监控和管理的一种网络。

根据国际电信联盟（ITU）的定义，物联网主要解决物品与物品（Thing to Thing，T2T），人与物品（Human to Thing，H2T），人与人（Human to Human，H2H）之间的互连。但是，与传统互联网不同的是，H2T是指人利用通用装置与物品之间的连接，从而使得物品连接更加简化，而H2H是指人之间不依赖于PC而进行的互连。因为互联网并没有考虑对于任何物品连接的问题,故我们使用物联网解决这个传统意义上的问题。物联网顾名思义就是连接物品的网络,许多学者在讨论物联网时,经常会引入一个 M2M 的概念,可以解释为人到人(Man to Man)、人到机器(Man to Machine)、机器到机器(Machine to Machine)。本质上而言,人与机器、机器与机器的交互,大部分是为了实现人与人之间的信息交互。物联网如图 1-1 所示。

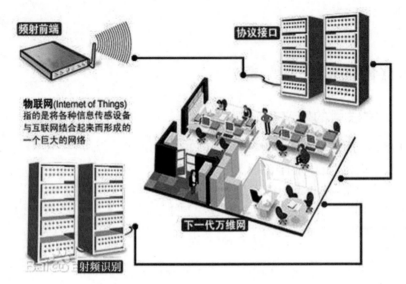

图 1-1　物联网

1.1.2　物联网的发展过程

物联网的实践最早可以追溯到 1990 年施乐公司的网络可乐贩售机——Networked Coke Machine。

1995 年,比尔盖茨在《未来之路》一书中也曾提及物联网,但未引起广泛重视。

1999 年,美国麻省理工学院(MIT)的 Kevin Ash-ton 教授首次提出物联网的概念。

1999 年,美国麻省理工学院建立了"自动识别中心(Auto-ID)",提出"万物皆可通过网络互联",阐明了物联网的基本含义。早期的物联网是依托 RFID 技术的物流网络,随着技术和应用的发展,物联网的内涵已经发生了较大的变化。

2003 年,美国《技术评论》提出传感网络技术将是未来改变人们生活的十大技术之首。

2004 年,日本总务省(MIC)提出 u-Japan 计划,该计划力求实现人与人、物与物、人与物之间的连接,希望将日本建设成一个随时、随地、任何物体、任何人均可连接的泛在网络社会。

2005 年 11 月 17 日,在突尼斯举行的信息社会世界峰会(WSIS)上,ITU 发布《ITU 互联网报告 2005:物联网》,引用了"物联网"的概念。物联网的定义和范围已经发生了变化,覆盖范围有了较大的拓展,不再只是指基于 RFID 技术的物联网。

2006 年,韩国确立了 u-Korea 计划,该计划旨在建立无所不在的社会,在民众的生活环境里建设智能型网络(如 IPv6、BcN、USN)和各种新型应用(如 DMB、Telematics、RFID),让民众可以随时随地享有科技智慧服务。2009 年,韩国通信委员会出台了《物联网基础设施构建基本规划》,将物联网确定为新增长动力,提出到2012年实现"通过构建世界最先进的物联网基础实施,打造未来广播通信融合领域超一流信息通信技术强国"的目标。

2008年后,为了促进科技发展,寻找新的经济增长点,各国政府开始重视下一代的技术规划,将目光放在了物联网上。在中国,同年11月在北京大学举行的第二届中国移动政务研讨会"知识社会与创新2.0"上提出移动技术、物联网技术的发展代表着新一代信息技术的形成,并带动了经济社会形态、创新形态的变革,推动了面向知识社会的以用户体验为核心的下一代创新(创新2.0)形态的形成,创新与发展更加关注用户、注重以人为本。创新2.0形态的形成又进一步推动新一代信息技术健康发展。

2009年,欧盟执委会发表了欧洲物联网行动计划,描绘了物联网技术的应用前景,提出欧盟成员政府要加强对物联网的管理,促进物联网的发展。

2009年1月28日,奥巴马就任美国总统后,与美国工商业领袖举行了一次"圆桌会议",作为仅有的两名代表之一,IBM首席执行官彭明盛首次提出"智慧地球"这一概念,建议新政府投资新一代的智慧型基础设施。当年,美国将新能源和物联网列为振兴经济的两大重点。

2009年2月24日,2009 IBM论坛上,IBM大中华区首席执行官钱大群公布了名为"智慧的地球"策略。此概念一经提出,即得到美国各界的高度关注,甚至有分析认为IBM公司的这一构想极有可能上升至美国的国家战略,并在世界范围内引起轰动。

今天,"智慧地球"战略被美国人认为与当年的"信息高速公路"有许多相似之处,同样被他们认为是振兴经济、确立竞争优势的关键战略。该战略能否掀起如当年互联网革命一样的科技和经济浪潮,不仅为美国关注,更为世界所关注。

2009年8月,温家宝总理"感知中国"的讲话把我国物联网领域的研究和应用开发推向了高潮,无锡市率先建立了"感知中国"研究中心,中国科学院、运营商、多所大学在无锡建立了物联网研究院,无锡市江南大学还建立了全国首家实体物联网工厂学院。自温家宝总理提出"感知中国"以来,物联网被正式列为国家五大新兴战略性产业之一,写入"政府工作报告"。物联网在中国受到全社会极大的关注,其受关注程度美国、欧盟成员以及其他各国不可比拟。

中国物联网当前发展态势活跃,已成聚集发展格局。"十三五"时期是我国实现物联网"跨界融合、集成创新和规模化发展"的新阶段。随着各领域重大机遇显现,市场空间进一步扩大。统计数据显示,2017年中国物联网产业规模超过9000亿元,"十三五"期间年复合增长率将会达到30%以上,公众网络机器到机器(M2M)连接数突破1亿台,已成为全球最大市场,占比高达31%。预计,2020年我国物联网潜在收入规模将达1.5万亿元。

1.1.3 物联网的特征

物联网有3个关键特征:各类终端实现"全面感知";电信网、因特网等融合实现"可靠传输";云计算等技术对海量数据"智能处理"。

1. 全面感知

利用无线RFID、传感器、定位器和二维码等手段随时随地对物体进行信息采集和获取。感知包括传感器的信息采集、协同处理、智能组网,甚至信息服务,以达到控制、指挥的目的。

2. 可靠传输

可靠传输是指通过各种电信网络和因特网融合,对接收到的感知信息进行实时远程传送,实现信息的交互和共享,并进行各种有效的处理。在这一过程中,通常需要用到现有的电信运行网络,包括无线和有线网络。由于传感器网络是一个局部的无线网,因而无线移动通信网、5G 网络是承载物联网的有力支撑。

3. 智能处理

智能处理是指利用云计算、模糊识别等各种智能计算技术,对随时接收到的跨地域、跨行业、跨部门的海量数据和信息进行分析处理,提升对物理世界、经济社会各种活动和变化的洞察力,实现智能化的决策和控制。

1.2 物联网系统结构

物联网有两层意思:第一,物联网的核心和基础仍然是互联网,是在互联网基础上延伸和扩展的网络;第二,其用户端延伸和扩展到任何物品,以及物品之间进行信息交换和通信。因此,物联网是指运用传感器、射频识别、智能嵌入式等技术,使信息传感设备感知任何需要的信息,按照约定的协议,通过可能的网络(如基于 WiFi 的无线局域网、3G/4G 等)接入方式,把任何物体与互联网相连接,进行信息交换通信,在进行物与物、物与人的泛在连接的基础上,实现对物体的智能化识别、定位、跟踪、控制和管理。《物联网导论》中给出了物联网的架构图,分为感知识别层、网络构建层、信息处理层和综合应用层,如图 1-2 所示。

物联网作为新一代信息技术的重要组成部分,有 3 方面的特征:首先,物联网技术具有互联网特征。对需要用物联网技术联网的物体来说,一定要有能够实现互联互通的互联网络来支撑;其次,物联网技术具有识别与通信特征,接入联网的物体要具备自动识别的功能和物物通信的功能;最后,物联网技术具有智能化特征,使用物联网技术形成的网络应该具有自动化、自我反馈和智能控制的功能。

1. 感知识别层

数据采集与感知主要用于采集物理世界中发生的物理事件和数据,包括各类物理量、标识、音频、视频数据。物联网的数据采集涉及传感器、RFID、多媒体信息采集、二维码和实时定位等技术。传感器网络组网和协同信息处理技术实现传感器、RFID 等数据采集技术所获取数据的短距离传输、自组织组网以及多个传感器对数据的协同信息处理过程。

感知识别层由各种传感器构成,包括温湿度传感器、二维码标签、RFID 标签和读写器、摄像头、红外线、GPS 等感知终端。感知识别层是物联网识别物体、采集信息的来源。

传感器是一种物理装置或生物器官,能够探测、感受外界的信号、物理条件(如光、热、湿度)或化学组成(如烟雾),并将探知的信息传递给其他装置或器官。

2. 传输构建层

传输构建层实现更加广泛的互联功能,能够把感知到的信息无障碍、高可靠性、高安全性地进行传送,需要传感器网络与移动通信技术、互联网技术相融合。经过 10 余年的快速

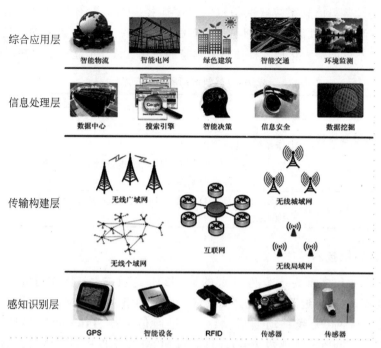

图 1-2 物联网架构示意图

发展,移动通信、互联网等技术已比较成熟,基本能够满足物联网数据传输的需要。

3. 信息处理层

物联网采集到的数据是为了各种不同的目的,为满足不同需求,这些数据需要经过计算机的数据处理。这些处理常常包括汇总求和、统计分析、阈值判断、专业计算、数据挖掘。

4. 综合应用层

综合应用层主要包含应用支撑平台子层和应用服务子层。其中,应用支撑平台子层用于支撑跨行业、跨应用、跨系统之间的信息协同、共享、互通的功能。应用服务子层用于智能交通、智能医疗、智能家居、智能物流、智能电力等行业。

1.3 物联网应用开发技术

物联网不仅提供了传感器的连接,物联网本身也具备智能处理的能力,可以对物实施智能控制。物联网通过将传感器和智能处理进行融合,再通过模式识别与云计算等技术扩充到应用领域,通过传感器获取海量信息,完成分析、处理,得到有意义的数据,适应各种用户的各种需求,以此发现新的应用领域和新的应用模式。

1. 感知识别层技术

RFID 是一种无线通信技术,可以通过无线电讯号识别特定目标并读写相关数据,无须识别系统与特定目标之间建立机械或者光学接触。一套完整的 RFID 系统由阅读器、电子标签(也就是所谓的应答器)及应用软件系统 3 部分组成。

传感器对于有价值的信息,不单单需要射频识别,还要有传感功能。传感器可以采集海量信息,它是设备与信息系统获取信息的主要途径。如果没有传感器对最初信息的检测、捕获,所有控制与测试都不可能实现,就算是最先进的计算机,如果没有足够的信息和可靠的数据,都不可能最大化地发挥传感器本身的作用。表 1-1 显示了感知层相关技术。

表 1-1 感知识别层相关技术

互联网层次	相关技术	描述
感知识别层	微处理器技术	51 处理器开发、STM32 处理器开发、单片机及接口技术、传感器微操作系统、电源管理技术
	感知执行	常用传感器原理、传感器数据采集及处理、电机驱动控制、开关类设备驱动控制、常见控制器技术
	RFID 技术	RFID 原理、RFID 频段及 ISO 指令集、RFID 标签技术、一维码技术、二维码技术

2. 传输构建层技术

网络通信包含很多重要技术,最主要的是 M2M,这项技术范围应用得比较广泛,不单单可以与远距离,也能与近距离实现完美衔接。通信网络在整个 M2M 技术框架中处于核心地位,包括广域网(无线移动通信网络、卫星通信网络、Internet)、局域网(以太网、WLAN)、个域网(ZigBee、传感器网络)。目前的 M2M 技术以机器与机器之间的通信为核心,对于其他行业的应用,是需要未来专家人士努力实现的。

嵌入式技术是综合了计算机软硬件、传感器技术、集成电路技术、电子应用技术为一体的复杂技术。经过几十年的演变,以嵌入式系统为特征的智能终端产品随处可见,小到人们身边的 MP3,大到航天航空的卫星系统。如果把物联网用人体作一个简单比喻,传感器相当于人的眼睛、鼻子、皮肤等感官,网络就是神经系统用来传递信息,嵌入式系统则是人的大脑,接收到信息后要进行分类处理。这个例子形象地描述了传感器、嵌入式系统在物联网中的位置与作用。传输构建层相关技术见表 1-2。

表 1-2 传输构建层相关技术

互联网层次	相关技术	描述
传输构建层	智能网关	Linux 操作系统、Linux 网络、M2M、MQTT、TCP/UDP、网关服务
	网络技术	局域网技术、工业以太网技术、网络服务器、网络编程
	ZigBee 技术	ZigBee 2007 协议栈、ZigBee SOC 开发、CC2530 应用开发、基于 ZigBee 的无线传感网设计
	蓝牙 BLE 技术	蓝牙 4.0 BLE 协议栈、蓝牙节点设计、蓝牙组网设计、蓝牙 SOC 编程开发
	WiFi 技术	WiFi 协议栈、WiFi 节点设计、WiFi 嵌入式编程、WiFi 通信协议设计、WiFi 组网设计
	NB-IOT 技术	NB-IOT 协议、NB-IOT 节点设计、Contiki 系统应用开发、AT 指令、NB-IOT 应用设计
	LoRa 技术	LoRa/LoRaWan 协议、LoRa 节点设计、Contiki 系统应用开发、LoRa 应用设计

3. 信息处理层技术

云计算是通过使计算分布在大量的分布式计算机上，而非本地计算机或远程服务器中，企业数据中心的运行将与互联网更相似。这使得企业能够将资源切换到需要的应用上，根据需求访问计算机和存储系统。物联网与云计算都是基于互联网的，可以说互联网就是它们相互连接的一个纽带。物联网就是互联网通过传感网络向物理世界的延伸，它的最终目标是对物理世界进行智能化管理。物联网的这一使命也决定了它必然要由一个大规模的计算平台作为支撑。云计算本质上来说就是一个用于海量数据处理的计算平台，因此，云计算技术是物联网涵盖的技术范畴之一。表1-3为信息处理层相关技术。

表1-3 信息处理层相关技术

互联网层次	相关技术	描述
信息处理层	物联网云服务	物联网中间件、数据中心技术、虚拟化技术、物联网大数据技术、MQTT服务器技术、物联网云计算应用开发
	数据库技术	大数据技术、数据库编程、数据库安全、物联网数据服务、MQTT物联网数据协议
	物联网信息安全	无线传感网通信加密技术、网关加密及验证技术、数据库信息安全

4. 综合应用层技术

物联网应用就是用户直接使用的各种应用，如智能操控、安防、电力抄表、远程医疗、智能农业等。

物联网应用层的核心功能有两方面：一是"数据"，综合应用层需要完成数据的管理和数据的处理；二是"应用"，仅管理和处理数据还远远不够，必须将这些数据与各行业应用相结合。例如，在智能电网中的远程电力抄表应用：安置于用户家中的读表器就是感知层中的传感器，这些传感器在收集到用户用电的信息后，通过网络发送并汇总到发电厂的处理器上。该处理器及其对应工作就属于综合应用层，它将完成对用户用电信息的分析，并自动采取相关措施。表1-4显示了综合应用层相关技术。

表1-4 综合应用层相关技术

互联网层次	相关技术	描述
综合应用层	物联网应用	智能家居应用开发、智慧城市应用开发、智慧农业应用开发、智能交通应用开发、智慧工厂应用开发、智慧医疗应用开发、智慧社区应用开发、智慧养老应用开发、智能制造应用开发、智能产品应用开发
	物联网系统维护	物联网应用系统基本知识、物联网常用设备及部件使用、物联网系统故障定位
	移动互联网技术	移动设备硬件开发、Android嵌入式编程、移动互联网App开发、Web应用开发、HTML 5、JavaScript、Web App

1. ITU 发布的 ITU 互联网报告中对物联网的定义是什么?
2. 物联网的 3 个关键特征是什么?
3. 物联网架构中分为哪 4 层?简单描述每一层。
4. 什么是 RFID 技术?一套完整的 RFID 技术由哪 3 部分组成?
5. 物联网传输构建层有哪些主要技术?

第 2 章 智能家居 Android 应用分析

2.1 智能家居行业分析

2.1.1 智能家居概述

智能家居的概念最早起源于 20 世纪 70 年代的美国。之后,这个新诞生的概念相继传入欧洲、新加坡、日本等发达国家和地区,并迅速发展壮大。大概在 20 世纪 90 年代末,智能家居的概念才传入我国。但在我国,智能家居的发展势头很猛,国内已经出现相当多的应用案例。

智能家居就是将建筑电气、自动控制技术、网络通信技术和音视频技术等融入建筑本身,为用户提供更快捷、高效、安全的家居体验。智能家居系统运用网络通信技术将各种家居设备,如空调、电视机、微波炉、热水器、家居报警设备、视频监控设备等组成一个统一协调、可以相互沟通的整体系统,使家居环境"动起来",具备一定程度的智能,可以和用户进行交互,同时对家居环境中的各个方面实行统一监管,为用户提供优质服务。

智能家居系统的功能可以涉及多方面:对家居环境进行视频监控,使用户可以及时看到家居环境的实时状况,确保家居环境的安全性;统一监测家居环境的温湿度,并依据事先设置好的控制规则,自动开启空调、加湿器等家用电器;安装在门、窗等位置的红外传感器使家居环境可以"感知"这些地方是否有人,并通过设置使红外报警系统工作于特定时间段(如外出或者夜间),当传感器检测到这些地方有人时,就及时报警;安装在室内适当位置的光敏传感器可以使家居环境具备"感知"照度变化的能力,用户可以事先设置好控制规则,当室内有人且照度低于一定阈值时,家居环境就自动开启照明系统;通过气体传感器对家居环境的气体成分进行监测,当家居环境中有烟雾或可燃气等危险气体时,就及时报警;运用网络通信技术,使用户可以轻松、便捷、实时地与家居环境互动。可以说,智能家居系统可以囊括的功能多种多样,不胜枚举。

2.1.2 智能家居发展状况

智能家居产品的发展趋势可以从产品形态和控制方式两大维度看。从不同维度看，智能家居会有不同的发展阶段。

从产品形态看，智能家居的发展有3个阶段。

第一阶段，单品智能化。创业公司和家电企业会呈现从两端向中间走的态势，创业公司优先选择小型家电产品，如插座、音响、电灯、摄像头等，而家电企业则优先选择大型家电产品，如电视、冰箱、洗衣机、空调等。在这个过程中，显然家电企业会占一些优势，因为家居生活大家电产品是必不可少的，这是智能家居无法绕过去的。

第二阶段，单品之间联动。首先，不同品类产品在数据上进行互通，后续不同品牌、不同品类产品之间会在数据上做更多的融合和交互，但这样的跨产品的数据互通和互动大多还是没办法自发地进行，只能人为干涉，如通过手环读取智能秤的数据，通过温控器读取手环的数据等。

第三阶段，系统实现智能化。系统实现智能化比较科幻，是跨产品数据互通和互动之后再进一步的结果，不同产品之间不仅可以进行数据互通，并且通过人工智能技术转化为主动的行为，不需要用户人为干涉，如智能床发现主人太热出汗了，空调就启动了，或者是抽油烟机发现油烟量太大，净化器就做好准备开始吸附PM2.5并除味。

系统实现智能化是建立在具备完善智能化单品以及智能产品可以实现跨品牌、跨品类互动前提下的，这需要智能家居中的所有产品都运营在统一的平台之上，遵循统一的标准。这意味着，目前已经切入智能家居领域的厂商，需要考虑自己这套智能产品的网关设备是不是可以嫁接到未来的大平台上。

从控制器形态看，智能家居的发展有4个阶段。

第一阶段，手机控制。对于很多产品来说，有手机控制未必比没手机控制智能，很多厂商将手机控制作为智能的必要条件，其实就是在强求用户控制，不仅没有给用户带来智能的感觉，反倒成了拖累。智能家居产品应该在某种程度上当家做主，不去主动打扰消费者。例如，洗衣机看重的是洗涤速度和洁净程度，空气净化器看重的清洁速度和噪声大小，热水器看重的是加热效率和安全性，如果这些更核心的功能没有提升，只是增加联网功能支持手机控制开关，并无实际意义。

第二阶段，各种控制方式结合。除手机控制，已经出现了触控、语音、手势等多种控制方式，洗衣机、净化器等现在都出现了支持触摸控制的产品，语音控制则更多体现在电视、智能音箱等产品上，而手势控制在水杯、空调、音响上都有应用。现在手机之外的控制方式虽然很多，但各自只出现在个别家电产品上，还没有广泛交叉使用，在单纯的手机控制之后，这些操控方式一定会融合在一起，一个产品也不限于一种操控方式，可能既能手机控制，也能语音、手势等控制。

第三阶段，感应式控制。理想化的智能家居能够感应用户的状态，进而对设备进行调整，做到无感化，如空气般存在，如人来灯亮，人走灯灭，有人在房间里的时候空调设为26℃，而屋内无人时空调自动调为28℃节省电力。又如，洗衣机中自动识别衣服的材质并选择最合适的洗涤模式等。

第四阶段，系统自学习。变被动为主动是智能家居必然的进化之路，目前实际上已经有厂商在尝试性地实现，如带着手环靠近电视，电视会识别到人离得太近，自动降低屏幕亮度或暂时将屏幕背光关闭,以此达到保护人眼的目的。变被动为主动需要大量传感器的介入,如温度传感器、亮度传感器、距离传感器、心率传感器等。未来的智能家居可以说就是传感器组成的。智能家居实现主动自动化后,才会给人带来智能的感觉。

在智能家居的发展过程中,很多国家根据各自的国情设计出了各种不同的系统方案。随着相关技术的发展,越来越多的功能被纳入智能家居系统中并得以实现,使得先前很多只停留于概念中的功能变为现实。早期的智能家居系统一般仅针对空调、热水器、照明设施、电梯等实行简单的控制,同时监测家居环境中的一些重要参数,当发生火警、煤气泄漏、人员入侵等险情时,会发出报警。随着时代的进步,人们的生活水平逐步提高,人们对智能家居系统在智能程度方面的需求日益增长;而随着传感器与检测技术的发展,智能家居系统的"感官系统"有了长足的进步,结合先进的控制理论与控制技术,其智能程度也越来越高,以前仅停留于人们设想中的诸多功能都已经被逐渐实现。

因为智能家居的概念肇始于美国,并最初在欧美等发达国家和地区得以实现和推广,所以欧美国家一直处于智能家居系统研发的前沿。Microsoft、IBM 和 Motorola 等 IT 行业巨头也相继进行投资,加入智能家居系统的研发队伍。在亚洲,新加坡、韩国、日本等发达国家的各大企业也相继开始投资,进行智能家居的研发工作。现在,国外市场较流行的智能家居系统主要有美国的 X-10 系统、德国的 EIB 系统以及新加坡的 8X 系统。

智能家居的概念进入中国的时间比较晚,大概是在 20 世纪 90 年代末,从上海、广州、深圳等沿海发达城市逐步向内陆地区推进。因此,相比较而言,我国智能家居技术的发展相对滞后,并且迄今为止还没有像欧美国家那样形成统一的国家标准,成本较高。所以,国内的很多用户在实施智能家居系统的安装时还是选择国外的相关技术和产品,且国内的智能家居系统大多见于一些高档的酒店、会所、别墅等建筑物,尚未大范围走进平常百姓家中。与此同时,国内智能家居系统普遍存在拼凑痕迹较为严重的缺点,即各个子系统"各自为政",不同子系统之间尚未形成无缝连接,不能实现良好的沟通与协调,非常不利于用户对家居环境实行统一的管理与控制。在这种情况下,计算机网络技术的优势和潜能很难得到很好的开发和利用。更有甚者,有的智能家居系统纯粹只是各种不同功能的堆砌。严格地讲,这根本就不符合智能家居系统的含义。

随着我国人民生活水平的逐步提高,国内用户对智能家居系统的需求量日渐增大,所以国内的智能家居市场前景广阔,潜力巨大。在这一背景之下,国内很多企业相继加大在智能家居市场的投资,研发更能应对市场竞争的智能家电设备、相关软件和技术服务,力求解决目前国内智能家居市场产品成本高、使用不方便、用户体验差等诸多缺点,力争在技术革新方面与国际接轨。目前为止,国内企业自主研发的智能家居系统主要有海尔的 e 家庭和清华同方的 e-home 数字家园。

总体而言,现在智能家居市场的产品种类已经比较丰富,与智能家居相关的技术也相继取得长足的进展,使得智能家居系统中的很多概念化的功能设想逐步变成现实。但是,作为一个新型行业,智能家居行业尚且欠缺统一的标准,这一现象在我国尤为明显,造成了很多问题:各种智能家居产品之间的相互兼容性较差、相关软硬件和技术服务的成本居高不下、整个智能家居系统的稳定性和可靠性难以得到保证等。因此,在形成统一行业标准方面,智能家居还有很长的路要走。除此之外,未来的智能家居系统发展方向还有:更高的智能化、更低的能源消耗以及更有效的可再生能源利用效率。

2.1.3 智能家居应用前景

智能家居行业面对一系列的发展瓶颈，那是不是就没有更多的发展空间了呢？答案绝对是否定的，智能家居的发展前景一片光明。

第一，国家正大力提倡发展的智能化，互联网、三网融合的普及本质上来说也进一步带动了智能家居的发展。以互联网为输送平台，并逐步加快智能家居与其的匹配关系，依托国家大型网络的建设。届时通过一根光纤就可以在家里上网、看电视、打电话等，这些都不再是一个遥不可及的梦。

第二，以现在的发展状态看，技术创新正日趋成熟，随着各环节创新技术的使用，在产品工艺、质量品质、外观设计等方面都会得到进一步提升，发展前景也将日趋明朗化。

从产品角度讲，以后的智能家居产品会朝着实用化、傻瓜化（操作简单）、模块化的方向发展。所谓模块化，就是产品开发商把智能家居产品做成模块化的，可以根据用户的实际需求任意搭配。这样不仅可满足不同层次用户的需要，而且可以节约成本，也可以节约不必要的端口模块的浪费。目前各种品牌的产品采用的各种技术，如 LonWorks、EIB、X10 等都是一种良好的尝试。未来的状况可能是有一家公司在某个层次上获得了突破，其他各种技术手段作为一种补充完成更多的个性化需求。

智能家居的进一步发展应该是为人们提供更舒适、更智能的产品。它不仅能解决随时随地操控问题，更需要提供一个无须操控即可为人们提供一个舒适环境的智能方案，也就是所谓的"如果就……"系统。例如，如果温度低 10℃，就自动开启加热设备；如果门打开超过 2min，就自动关闭空调；如果光线充足，就自动关闭灯光；如果烟雾过浓，就自动报警；如果空气浑浊，就自动加速风扇旋转等各种智能系统。这种中控式系统将各种传感器和现有的智能开关、智能插座通过中控器互相关联，按照用户的要求进行自动检测并自动开关相应的设备，从而实现真正舒适智能的家居生活。

2.2 系统方案分析设计

2.2.1 系统总体框架设计

智能家居系统采用智云物联网项目架构进行设计。下面根据物联网 4 层架构模型进行说明。

感知识别层：通过采集、控制、安防等各种传感器设备的数据采集，并由无线通信节点 CC2530 单片机进行控制。

网络构建层：感知识别层节点同网关之间的无线通信通过 ZigBee 方式实现，网关同智云服务器、上层应用设备间信息处理由计算机网络进行数据传输。

信息处理层：主要是互联网提供的数据存储、交换、分析功能。信息处理层提供物联网设备间基于互联网的存储、访问、控制。

综合应用层：主要是物联网系统的人机交互接口，通过人机交互接口为 PC 端、移动端提供界面友好、操作交互性强的应用。智能家居总体架构图如图 2-1 所示。

2.2.2 系统功能需求分析

人们在家居生活中常常会有这样或者那样的需求，而智能家居系统可以智能地满足人

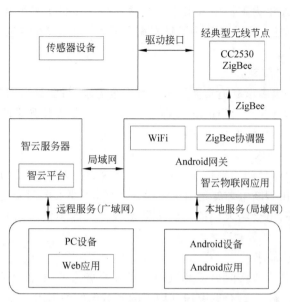

图 2-1 智能家居总体架构图

们的部分家居需求,同时为人们提供更加丰富的家居生活和家居体验等服务。所以,了解人们的家居需求是智能家居系统设计的重要环节,通过整合这些需求可以让智能家居系统变得更加智能,更加人性化。

通常,人们的家居需求主要有以下几点。

1) 室内环境的感知需求

通常,人们无法正确地感知自己所处的室内环境,从而做出一些错误的操作。例如,当室内的空气湿度较大时,人们会感觉到闷热,但是如果这时人们打开空调制冷,则容易感冒。因此,感知室内的真实的环境信息,如室内温度信息、室内湿度信息、室内的空气质量、室内的光照强度等是人们重要的家居需求之一。

2) 室内环境舒适度调节需求

在人们感受到家居环境并不舒适之后,可以通过控制相应的环境调节设备调节室内的环境状态,从而使人们所处的环境变得舒适。例如,夏天室内温度较高,人们会感觉到炎热,当人们通过打开空调并将空调配置为制冷,一段时间后室内的温度慢慢降低到人们感觉舒适的水平。但是,对空调制冷控制的操作通常会给人们带来不便(寻找遥控)。这种舒适度调节就是重要的家居需求之一。

3) 家居设备自动控制需求

家居设备的自动控制需求是意向性的,这种意向为人们希望家居的一些电器超前完成一些动作,但通常这些动作是无法实现且完成这些超前的动作也会给人们带来不便。例如,人们晚上回家之前希望家里的客厅灯是开着的,但事实情况是在人们开门之后客厅灯需要人为开启且开启的过程需要在无灯光的环境下进行。这种家居设备的自动控制需求就是人们潜在的需求之一。

4) 家居防护安全需求

家居防护安全需求是每个家庭都存在和必需的一种需求。这种家居防护安全需求涉及的内容较多,如消防安全、燃气安全、安防安全等。消防安全是要对家居环境下的明火进行实时的预警,以防发生火灾。燃气安全是指家居生活中的天然气用气安全,需要对燃气的泄漏进行实时的监控。安防安全则是针对家居的财产安全,安防包括门窗的监控和室内人体红外信号的监控。

5) 家居门禁安全需求

门禁安全需求是很多家庭迫切需要的一种安全需求,目前家居门禁的安全设计比较薄弱,如大门钥匙容易被仿制,大门的锁芯容易被破坏,通常情况造成的财产损失较大,因此需要一种更先进的门禁系统取代当前传统的门禁系统。

6) 家居能耗管理需求

能够实时掌握用电量和功率信息,这对人们来说是一种很必要的需求。例如,对于很多的家庭来说,用电用到断电才知道自家的电用完了,需要去电网交电费,但是因为用电时间集中在晚上,晚上断电会给人们的家庭生活造成极大的不便。因此,能耗管理对于家庭来说非常必要。

7) 家居实时监控需求

很多时候,人们都希望实时地了解家中的小孩或老人的情况,但是通常家居环境中没有途径获取家中的图像,所以获取家居环境下的实时图像的需求就变得尤为重要。这种实时监控不仅可以实时了解家中小孩和老人的生活情况,还可以对室内进行实时的监控,同时配合安防设备、门禁系统提高家居的安全水平。

8) 家居特殊场景需求

特殊场景需求是一种动态的家居环境需求。例如,聚会状态下人们需要一种热闹的环境氛围,会客时需要一种安静放松的环境氛围,K歌模式下则需要环境灯光烘托歌曲的气氛等。但是,普通的家居环境是完全无法做到的,将家居的功能多元化是一种潜在的特殊需求。

9) 个性化需求

个性化需求是指依据个人喜好产生的一些家居生活需求,这种个性化需求因人而异,可能是在家居格调上的需求,也可能是特殊陈设的需求,又或者是壁纸画报的需求等。这种需求也是人们家居生活需求中的重要需求,但这种需求各不相同,且涵盖面较广。

上述总结的几种需求中,室内环境的感知需求、室内环境舒适度调节需求、家居设备自动控制需求、家居防护安全需求、家居门禁安全需求、家居能耗管理需求、家居实时监控需求和家居特殊场景需求属于每个家庭都存在的需求,因此以上需求均可以参与智能家居系统服务设计。而个性化需求属于个人的兴趣需求,因人而异,涉及面较广且有一定的针对性,所以个性化需求不参与智能家居系统的服务设计。

根据服务分类,将子系统拆分为以下8种。

1) 环境监测系统

环境监测系统提供家居环境中基本的环境数据采集,为用户提供准确的环境信息数据和数据展示服务,满足用户的室内环境的感知需求。该子系统功能对应室内环境感知服务。

2) 安全防护系统

安全防护系统提供家居环境中常规的安全检测及预警服务,服务内容涵盖消防安全、燃气安全、安防安全等。该子系统功能对应家居防护安全服务。

3) 电器控制系统

电器控制系统提供家居环境中的设备的自动和自主控制服务,控制设备包括开关类设备(如客厅灯、加湿器等)、遥控类设备(如电视机、窗帘、环境灯等)。该子系统功能对应室内环境舒适度调节服务和家具设备自动控制服务。

4）能耗管理系统

能耗管理系统能够主动获取家居的用电信息和功率信息，同时提供用电数据展示和剩余电量预警以及功率超标预警等服务。该子系统功能对应家居能耗管理服务。

5）门禁管理系统

门禁管理系统采用刷卡式的身份识别方式，能够为家居环境系统提供合法 ID 存储、非法 ID 记录和远程电话通知等安全服务。该子系统功能对应家居门禁安全服务。

6）视屏监控系统

视屏监控系统能够实时地对家居室内的环境和大门进行实时的监控，通过配合安全防护系统和门禁管理系统可以优化两者的服务，提高安全效果。该子系统功能对应家居实时监控服务。

7）场景模式系统

场景模式系统能够为家居环境提供不同场景的家居设备的切换和气氛营造服务，同时为用户提供自定义的场景模式设置窗口。该子系统功能对应家居特殊场景服务。

8）功能选项系统

功能选项系统主要是为家居系统提供用户登录服务，用户通过登录智能家居系统可以调用云服务资源和查询历史数据。该子系统功能服务于智能家居系统的数据连接。

智能家居系统子系统功能框图如图 2-2 所示。

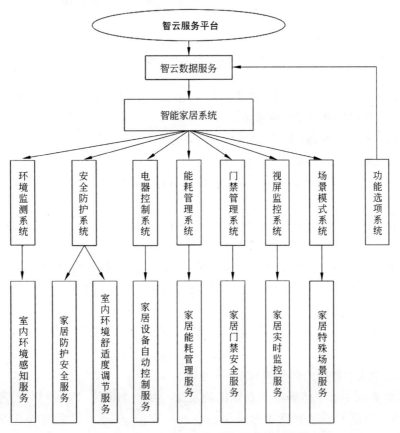

图 2-2　智能家居系统子系统功能框图

2.3 智能家居功能模块分析

2.3.1 环境监测功能模块分析

环境监测功能的提供者是智能家居系统中的环境监测子系统。环境监测子系统是智能家居系统的重要组成部分，该系统为智能家居系统提供室内环境感知服务。通过采集和汇总环境采集类传感器采集到的环境数据，并将数据以图片或文字可见的方式展示在用户面前为用户提供实时的室内环境数据参考，并为智能家居系统中的联动控制逻辑提供数据支持。环境信息采集功能界面如图 2-3 所示。

图 2-3　环境信息采集功能界面

(1) 基础功能是对室内的环境进行实时监测，可检测温度、湿度、光照强度、PM(PM10、PM2.5、PM1.0)值等环境参数。

(2) 发布基础功能检测到的环境参数的动态分布图。

(3) 定时气象播报，播报时间可选。

环境监测系统按传输过程分为 3 部分：传感节点、网关、客户端(Android,Web)，具体通信描述如下。

(1) 搭载了传感器的 ZXBee 无线节点，加入网关的协调器组建的无线网络，并通过无线网络进行通信。

(2) ZXBee 无线节点获取到传感器的数据后，通过无线网络将传感器数据发送给网关的协调器，协调器通过串口将数据发送给网关服务，通过实时数据推送服务将数据推送给网关客户端和智云数据中心。

(3) 客户端(Android、Web)应用通过调用智云数据接口，经数据中心实现实时数据采集等功能。

环境监测功能的数据流向框图如图 2-4 所示。

环境监测系统中每个传感器节点数据的发送与接收都遵循 ZXBee 协议，通过 ZXBee 协议，用户可远程获取传感器设备的采集信息和状态信息，还可以实现节点设备的远程控制。

第 2 章 智能家居 Android 应用分析

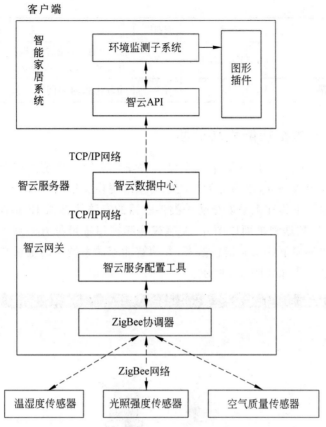

图 2-4 环境监测功能的数据流向框图

环境采集系统相关通信协议见表 2-1。

表 2-1 环境采集系统相关通信协议

传感器	属 性	参数	权限	说 明
Sensor-A (601)	温度值	A0	R	温度值,浮点型：0.1 精度,−40.0～105.0,单位℃
	湿度值	A1	R	湿度值,浮点型：0.1 精度,0～100,单位%
	光照强度值	A2	R	光照强度值,浮点型：0.1 精度,0～65535,单位 lx
	空气质量值	A3	R	空气质量值,表征空气污染程度
	气压值	A4	R	气压值,浮点型：0.1 精度,单位百帕
	三轴(跌倒状态)	A5	—	三轴：通过计算上报跌倒状态,1 表示跌倒（主动上报）
	距离值	A6	R	距离值(cm),浮点型：0.1 精度,20～80cm
	语音识别返回码	A7	—	语音识别码,整型：1～49(主动上报)
	上报状态	D0(OD0/CD0)	RW	D0 的 Bit0～Bit7 分别代表 A0～A7 的上报状态,1 表示允许上报

17

续表

传感器	属　性	参数	权限	说　　明
Sensor-A (601)	继电器	D1(OD1/CD1)	RW	D1 的 Bit6～Bit7 分别代表继电器 K1、K2 的开关状态,0 表示断开,1 表示吸合
	上报间隔	V0	RW	循环上报时间间隔

2.3.2　安全防护功能模块分析

安全防护功能的提供者是智能家居系统中的安全防护子系统。安全防护子系统是智能家居系统的重要组成部分,该系统为智能家居系统提供家居防护安全服务和室内环境舒适度调节系统。通过采集和汇总安全防护类传感器的安防信息和 IP 摄像头采集到的室内实时画面信息,并将数据和画面以图片、文字或视频窗口等可见方式展示在用户面前为用户提供实时的家居环境下的安全信息参考,并为智能家居系统中的危机预警机制提供数据支持。安全防护功能界面如图 2-5 所示。

图 2-5　安全防护功能界面

(1) 实时检测室内是否有燃气泄漏,着火,人员入侵。
(2) 对室内的异常进行报警抓拍。
(3) 定时播报室内是否有异常。
(4) 接入微信官方公众号,对室内安全防护进行及时预警报警。

家居的安防监控系统是一个多传感器的采集反馈与控制系统,通过燃气传感器、火焰监测传感器、人体红外传感器、窗磁传感器、报警灯、IP 摄像头,对室内的燃气安全、消防安全、人员入侵安全进行监测,并将监测到的数据上传到智云数据中心,通过客户端可以浏览这些信息,可以实时监测到家居环境的相关安全参数,判断家居环境是否安全。当监测到燃气泄漏或监测到火焰,报警灯会报警,当监测到人员入侵时,摄像机会抓拍入侵人员信息。

家居的安防监控系统按传输过程分为 3 部分:传感节点、网关、客户端(Android,Web),具体通信描述如下。

(1) 搭载了传感器的 ZXBee 无线节点,加入网关的协调器组建的无线网络,并通过无线网络进行通信。
(2) ZXBee 无线节点获取到传感器的数据后,通过无线网络将传感器数据发送给网关的协调器,协调器通过串口将数据发送给网关服务,通过实时数据推送服务将数据推送给网关客户端和智云数据中心。

(3) 客户端(Android、Web)应用通过调用智云数据接口,经数据中心实现实时数据采集等功能。

家居的安防监控系统通信流程如图 2-6 所示。

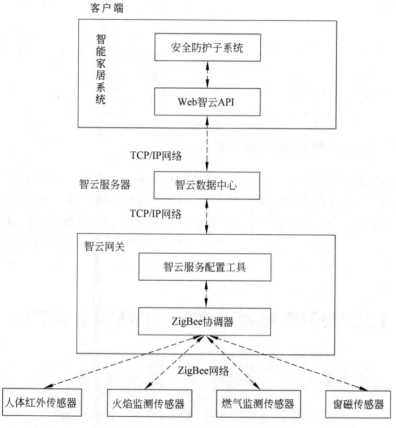

图 2-6 家居的安防监控系统通信流程

安防系统中每个传感器节点数据的发送与接收都遵循 ZXBee 协议,通过 ZXBee 协议,用户可远程获取传感器设备的采集信息和状态信息,还可以实现节点设备的远程控制。

安防系统通信协议见表 2-2。

表 2-2 安防系统通信协议

传感器	属 性	参数	权限	说　　明
Sensor-C (603)	人体/触摸状态	A0	R	人体红外状态值,0 或 1 变化;1 表示检测到人体/触摸
	振动状态	A1	R	振动状态值,0 或 1 变化;1 表示检测到振动
	霍尔状态	A2	R	霍尔状态值,0 或 1 变化;1 表示检测到磁场
	火焰状态	A3	R	火焰状态值,0 或 1 变化;1 表示检测到明火

续表

传感器	属 性	参数	权限	说 明
Sensor-C (603)	燃气状态	A4	R	燃气泄漏值,0 或 1 变化;1 表示燃气泄漏
	光栅(红外对射)状态	A5	R	光栅状态值,0 或 1 变化,1 表示检测到阻挡
	上报状态	D0(OD0/CD0)	RW	D0 的 Bit0~Bit5 分别表示 A0~A5 的上报状态
	继电器	D1(OD1/CD1)	RW	D1 的 Bit6~Bit7 分别代表继电器 K1、K2 的开关状态,0 表示断开,1 表示吸合
	上报间隔	V0	RW	循环上报时间间隔
	语音合成数据	V1	W	文字的 Unicode 编码

2.3.3　电器控制功能模块分析

电器控制功能的提供者是智能家居系统中的电器控制子系统。电器控制子系统是智能家居系统的重要组成部分,该系统为智能家居系统提供家居设备自动控制服务。通过获取受控设备的状态信息了解家居设备的工作状态,通过主动发送控制指令控制受控设备的开关状态,并将获取到的受控状态信息以图片或文字等可见方式展示在用户面前为用户提供实时的家居环境下的控制设备状态参考,并为智能家居系统中的环境调节功能提供设备介入调控支持。电器控制功能界面如图 2-7 所示。

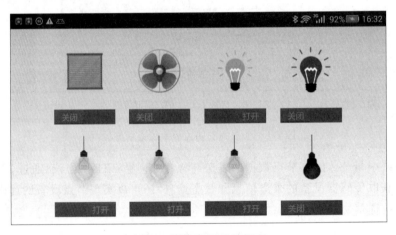

图 2-7　电器控制功能界面

(1) 该系统是远程控制系统,通过远程控制 360°红外遥控发送不同的指令,控制 RGB 红外智能灯的工作模式。

(2) 远程控制 RGB 灯的亮灭状态。

(3) 远程控制 RGB 灯的颜色和闪烁工作模式。

家居的电器远程控制系统是一个多传感器的控制系统,通过 360°红外遥控控制家居环境下的红外受控设备 RGB 红外智能灯,控制 RGB 红外智能灯亮灭、闪烁以及颜色模式。家居的电器远程控制系统按传输过程分为 3 部分:传感节点、网关、客户端(Android,

Web),具体通信描述如下。

(1) 搭载了传感器的 ZXBee 无线节点,加入网关的协调器组建的无线网络,并通过无线网络进行通信。

(2) ZXBee 无线节点获取到传感器的数据后,通过 ZigBee 无线网络将传感器数据发送给网关的协调器,协调器通过串口将数据发送给网关服务,通过实时数据推送服务将数据推送给网关客户端和智云数据中心。

(3) 客户端(Android、Web)应用通过调用智云数据接口,经数据中心实现实时数据采集等功能。

电器控制功能的数据流向框图如图 2-8 所示。

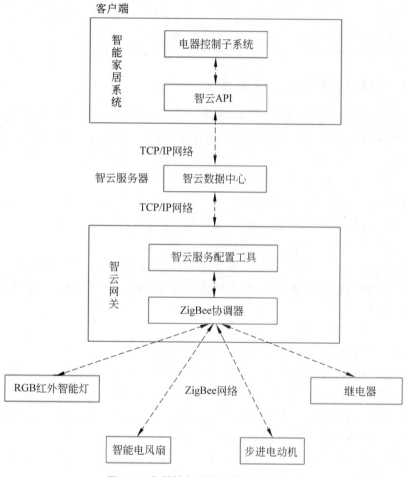

图 2-8 电器控制功能的数据流向框图

电器控制系统中每个传感器节点数据的发送与接收都遵循 ZXBee 协议,通过 ZXBee 协议,用户可远程获取传感器设备的采集信息和状态信息,还可以实现节点设备的远程控制。

电器控制系统相关通信协议见表 2-3。

表 2-3　电器控制系统相关通信协议

传感器	属　性	参　数	权限	说　　明
Sensor-B（602）	RGB	D1(OD1/CD1)	RW	D1 的 Bit0～Bit1 代表 RGB 三色灯的颜色状态 RGB：00(关),01(R),10(G),11(B)
	步进电动机	D1(OD1/CD1)	RW	D1 的 Bit2 代表电动机的正反转动状态,0 表示正转(5s 后停止),1 表示反转(5s 反转)
	风扇/蜂鸣器	D1(OD1/CD1)	RW	D1 的 Bit3 代表风扇/蜂鸣器的开关状态,0 表示关闭,1 表示打开
	LED	D1(OD1/CD1)	RW	D1 的 Bit4、Bit5 代表 LED1/LED2 的开关状态,0 表示关闭,1 表示打开
	继电器	D1(OD1/CD1)	RW	D1 的 Bit6、Bit7 分别代表继电器 K1、K2 的开关状态,0 表示断开,1 表示吸合
	上报间隔	V0	RW	循环上报时间间隔

2.3.4　门禁管理功能模块分析

门禁管理功能的提供者是智能家居系统中的门禁管理子系统。门禁管理子系统是智能家居系统的重要组成部分,该系统为智能家居系统提供家居门禁安全服务。通过从 RFID 阅读器及时获取用户的 ID 信息,并将这些信息与门禁管理子系统中的合法 ID 组信息进行比对,如果 ID 合法,则控制家居大门打开,同时记录开门信息,并将获取到的 ID 信息存储在门禁管理系统中以备事后查阅。通过该系统,用户还能查阅大门外的人员信息的拍照记录。通过门禁系统能够为智能家居系统的安防报警系统提供证据支持。

智能安防及智能门禁系统的设计功能及目标如下。

（1）该系统是一个综合性的数据采集及控制系统,此系统在运作过程中通过 RFID 阅读器读取射频卡的 ID 号,通过识别 ID 可以确定卡号是否合法并开关门锁,门禁开关同样可以控制开关门锁。

（2）记录射频卡打卡信息。

（3）合法用户刷卡可以开门,非法用户刷卡不能开门,可以按键开门。

（4）提供拓展的微信公众账号的功能,可以对门禁的通行管理进行有效的预警。

智能安防及智能门禁系统是一个远程采集控制系统,通过将 RFID 读取到的射频卡 ID 数据上传到智云数据中心,通过客户端可以浏览这些信息,可以实时地了解安防情况,根据安防信息做出相应的图像采集及数据记录操作。

智能安防及智能门禁系统按传输过程分为 3 部分：传感节点、网关、客户端（Android、Web),具体通信描述如下。

（1）搭载了传感器的 ZXBee 无线节点,加入网关的协调器组建的 ZigBee 无线网络,并通过 ZigBee 无线网络进行通信。

（2）ZXBee 无线节点获取到传感器的数据后,通过 ZigBee 无线网络将传感器数据发送给网关的协调器,协调器通过串口将数据发送给网关服务,通过实时数据推送服务将数据推送给网关客户端和智云数据中心。

（3）客户端（Android、Web)应用通过调用智云数据接口,经数据中心实现实时数据采集等。

家居的门禁系统通信流程如图 2-9 所示。

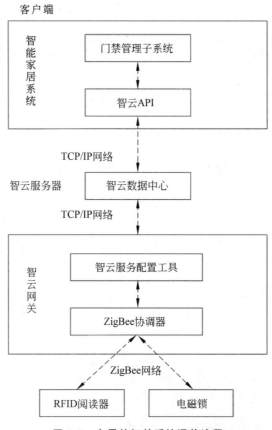

图 2-9 家居的门禁系统通信流程

门禁系统中每个传感器节点数据的发送与接收都遵循 ZXBee 协议，通过 ZXBee 协议，用户可远程获取传感器设备的采集信息和状态信息，还可以实现节点设备的远程控制。

门禁系统通信协议见表 2-4。

表 2-4 门禁系统通信协议

传感器	属 性	参 数	权限	说 明
Sensor-EL（605）	卡号	A0	—	字符串（**主动上报，不可查询**）
	卡类型	A1	R	整型，0 表示 125K，1 表示 13.56M
	卡余额	A2	R	整型，范围为 0～8000.00，**手动查询**
	设备余额	A3	R	浮点型，设备金额
	设备单次消费金额	A4	R	浮点型，设备本次消费扣款金额
	设备累计消费	A5	R	浮点型，设备累计扣款金额
	门锁/设备状态	D1(OD1/CD1)	RW	D1 的 Bit0～Bit1 表示门锁、设备的开关状态，0（关闭），1（打开）

续表

传感器	属 性	参 数	权限	说 明
Sensor-EL (605)	充值金额	V1	RW	返回充值状态，0/1,1 表示操作成功
	扣款金额	V2	RW	返回扣款状态，0/1,1 表示操作成功
	充值金额（设备）	V3	RW	返回充值状态，0/1,1 表示操作成功
	扣款金额（设备）	V4	RW	返回扣款状态，0/1,1 表示操作成功

2.4 系统部署与运行测试

2.4.1 系统软硬件部署

1. 系统硬件部署

智能家居系统硬件环境主要使用中智讯公司 XLab 实验箱中的经典型无线节点 ZXBeeLiteB，采集类、控制类、安防类、识别类传感器，Android 智能网关。请参照实验箱的使用说明书进行设备间的连接操作，设备连接完成后示意图如图 2-10 所示。

2. 移动端应用安装

Android 网关设备使用 USB 数据连接线通过 OTG 接口与 PC 的 USB 接口连接。连接成功后"计算机"窗口中会出现相关设备，如图 2-11 所示。

图 2-10 XLab 实验箱系统硬件连接示意图　　图 2-11 驱动设备显示

打开"计算机"窗口识别的内存设备，复制 SmartDemo.apk 到 Android 网关。在网关的文件管理应用中找到对应的 apk 进行安装。

2.4.2 系统操作与测试

智能家居控制系统主界面如图 2-12 所示。

第 2 章 智能家居 Android 应用分析

图 2-12 智能家居控制系统主界面

这时系统设备还没有连接到服务器,获取不到传感器的数据,需要通过"设置"界面设置服务器 ID 与 IDkey 连接智云服务器。这里使用智云 ID 与 IDkey 进行连接,须同智云服务配置工具中使用配置一致(使用远程服务模式)。

系统设置界面如图 2-13 所示。

图 2-13 智能家居控制系统设置界面

单击"ID 与 Key"按钮,输入正确的账号信息。账号信息界面如图 2-14 所示。

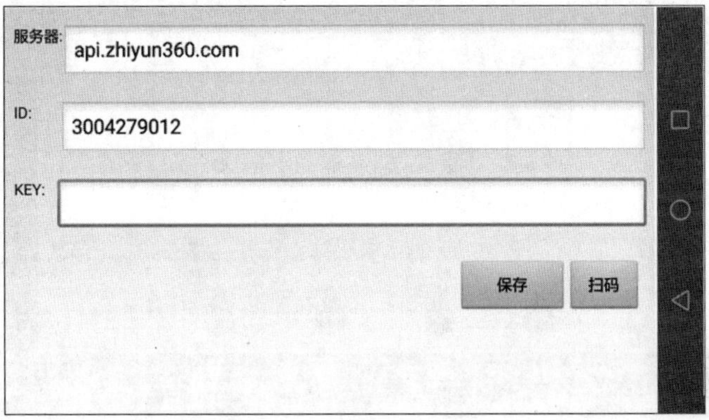

图 2-14 账号信息界面

输入完成后,返回到上一级,查看传感器节点 MAC 设置,移动端自动更新显示。节点地址信息如图 2-15 所示。

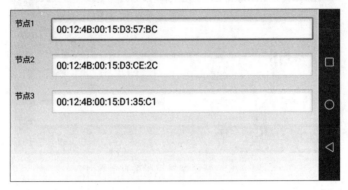

图 2-15　节点地址信息

连接服务器成功后,切换到感知功能界面可看到设备状态更新,传感器的数据会显示到界面。感知功能界面设备状态如图 2-16 所示。

图 2-16　感知功能界面设备状态

接下来单击界面(见图 2-17)中每个设备图标下的"打开/关闭"按钮可以设备控制。

图 2-17　电器控制界面

安防功能界面(见图2-18)会实时显示传感器的报警状态。

图 2-18　安防功能界面

在门禁功能界面(见图2-19),可以设置用户的门禁卡信息,通过读卡器设备记录用户的刷卡信息。

图 2-19　门禁功能界面

在模式设置功能界面(见图2-20),单击界面下方的手动模式/自动模式按钮,切换到自动模式后,可以设置家居模式与离家模式。

图 2-20　模式设置功能界面

习 题

1. 家庭灯光控制系统的设备控制模块有哪些组成部分？
2. 家庭灯光控制系统的系统设置模块有哪些组成部分？
3. 描述智能家居系统的 4 层架构模型。
4. 智能家居系统传输过程分为哪 3 部分？具体通信流程是什么？
5. 智能家居系统有哪些主要界面设计？

第 3 章 Android 开发环境

3.1 Android 系统开发环境

3.1.1 Android 系统与平台架构

1. Android 系统特性

(1) 系统开源,Android 底层使用 Linux 内核,使用的是 GPL 许可证,意味着相关的代码是必须开源的。

(2) 具有跨平台特性。

(3) 具有丰富的应用。

(4) Google 强大的技术支持。

(5) 采用软件叠层方式构建。

2. Android 平台架构

Android 作为一个移动设备系统平台,其采用软件堆层的架构,共分为 4 层,自下而上分别是 Linux 内核(操作系统,即 OS)、中间件层、应用程序框架和应用程序,如图 3-1 所示。

(1) Linux 内核层以 Linux 核心为基础,由 C 语言开发,只提供基本功能,是硬件和其他软件堆层之间的一个抽象隔离层,提供安全机制、内存管理、进程管理、网络协议栈和电源管理等。

(2) 中间件层包括函数库(Library)和虚拟机(Virtual Machine),由 C++ 开发,由函数库和 Android 运行时构成,如图 3-2 所示。

① 函数库。主要提供一组基于 C/C++ 的函数库,包括:

- Surface Manager,支持显示子系统的访问,提供应用程序与 2D、3D 图像层的平滑连接。
- Media Framework,实现音视频的播放和录制功能。
- SQLite,轻量级的关系数据库引擎。
- OpenGL ES,基于 3D 图像加速。

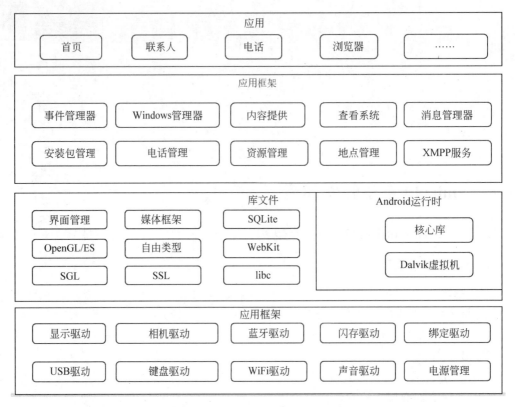

图 3-1 Android 系统结构

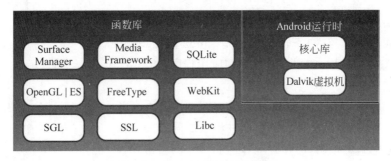

图 3-2 Android 系统中间件层

- FreeType,位图与矢量字体渲染。
- WebKit,Web 浏览器引擎。
- SGL,2D 图像引擎。
- SSL,数据加密与安全传输的函数库。
- Libc,标准 C 运行库,Linux 系统中底层应用程序开发接口。

② Android 运行时。

- 核心库,提供 Android 系统的特有函数功能和 Java 语言函数功能。
- Dalvik 虚拟机,实现基于 Linux 内核的线程管理和底层内存管理。

(3) 应用程序框架层包含操作系统的各种管理程序,如图 3-3 所示,提供 Android 平台基本的管理功能和组件重用机制,包含:

图 3-3　Android 系统应用程序框架层

- Activity Manager，管理应用程序的生命周期。
- Window Manager，启动应用程序的窗体。
- Content Providers，共享私有数据，实现跨进程的数据访问。
- Package Manager，管理安装在 Android 系统内的应用程序。
- Telephony Manager，管理与拨打和接听电话的相关功能。
- Resource Manager，允许应用程序使用非代码资源。
- Location Manager，管理与地图相关的服务功能。
- Notification Manager，允许应用程序在状态栏中显示提示信息。

（4）应用程序层是最上层，有各种应用软件，如邮件客户端、浏览器、通讯录、日历等，应用软件则由各公司自行开发，用 Java 编写，如图 3-4 所示。

图 3-4　Android 系统应用程序层

3.1.2　Android 开发框架

开发框架方面包含基本的应用功能开发、数据存储、网络访问三大块。

1. 应用功能开发

一般而言，一个标准的 Android 程序由如下 4 部分组成，即 Activity、Broadcast Intent Receiver、Service、Content Provider。

1) Activity

Activity 是最频繁、最基本的模块。在 Android 中，一个 Activity 就是手机上一屏，相当于一个网页，不同的是，每个 Activity 运行结束了，有一个返回值，类似于一个函数。Android 系统会自动记录从首页到其他页面的所有跳转记录并且自动将以前的 Activity 压入系统堆栈，用户可以通过编程的方式删除历史堆栈中的 Activity Instance。

Activity 类主要是与界面资源文件关联起来（res/layout 目录下的 xml 资源，也可以不含任何界面资源），内部包含控件的显示设计、界面交互设计、事件的响应设计以及数据处理设计、导航设计等 Application 设计的方方面面。

2) Broadcast Intent Receiver

Intent 提供了各种不同 Activity 进行跳转的机制，譬如，如果从 A activity 跳转到

B activity,则使用 Intent 实现如下:

```
Intent in =new Intent(A.this, B.class);
startActivity(in);
```

BroadcastReceiver 提供了各种不同的 Android 应用程序进行进程间通信的机制,如当电话呼叫来临时,可以通过 BroadcastReceiver 发布广播消息。对于用户而言,BroadcastReceiver 是不透明的,用户无法看到这个事件,BroadcastReceiver 通过 NotificationManager 通知用户这些事件发生了,它既可以在资源 AndroidManifest.xml 中注册,也可以在代码中通过 Context.registerReceiver()注册,只要注册了,当事件来临时,即使程序没有启动,系统在需要时也会自动启动此应用程序;另外,各应用程序可方便地通过 Context.sendBroadcast()将自己的事件广播给其他应用程序。

3) Service

这里讲的 Service 与 Windows 中的 Service 是一个概念,用户可以通过 startService(Intent service)启动一个 Service,也可以通过 Context.bindService()绑定一个 Service。

4) Content Provider

由于 Android 应用程序内部的数据都是私有的,Content Provider 提供了应用程序之间数据交换的机制,一个程序可以通过实现一个 ContentProvider 的抽象接口将自己的数据暴露出去,并且隐蔽了具体的数据存储实现,标准的 ContentProvider 提供了基本的 CRUD(Create,Read,Update,Delete)的接口,并且实现了权限机制,保护了数据交互的安全性。

一个标准的 Android 应用程序的工程文件包含如下六大部分。

① Java 源代码部分(包含 Activity),都在 src 目录中。

② R.java 文件,这个文件是 Eclipse 自动生成与维护的,开发者不需要修改,提供了 Android 对的资源全局索引。

③ Android Library,这是应用运行的 Android 库。

④ assets 目录,这个目录主要用于放置多媒体等一些文件。

⑤ res 目录,放置的是资源文件,与 VC 中的资源目录类似,其中的 drawable 包含的是图片文件,layout 里面包含的是布局文件,values 目录里面主要包含的是字符串(strings.xml)、颜色(colors.xml)以及数组(arrays.xml)资源。

⑥ AndroidManifest.xml,这个文件非常重要,是整个应用的配置文件。在这个文件中需要声明所有用到的 Activity、Service、Receiver 等。

2. 数据存储

在 Android 系统中可供选择的存储方式包括 SharedPreferences、文件存储、SQLite 数据库存储、内容提供器(Content Provider)以及网络存储 5 种,具体如下。

1) SharedPreferences

SharedPreferences 是 Android 提供的一种配置文件读写方式,默认存在应用的 data/<package name>/shared_prefs 下,通过 getSharedPreferences(xx,0);获取 SharedPreferences 对象进行读写操作。

2) 文件存储

通过 openFileInput、openFileOutput 等系统提供的 API 进行数据的读写访问,特别需要注意的是,在 Android 中应用程序的数据是私有的,这就是说,当前应用程序产生的文件其他应用程序无法访问。

3) SQLite 数据库存储

SQLite 数据库存储方式是通过继承 SQLiteOpenHelper 类,并且获取此类的应用程序级别的实例进行数据库操作的,该类中提供了默认的 CRUD 访问接口,方便了应用程序的数据存储操作。

4) 内存提供器

内容提供器(Content Provider)方式,如在上面应用方面论述的一样,通过调用其他应用程序的数据接口实现数据的读写访问。

5) 网络存储

网络存储主要是通过下面要提到的网络访问该网络提供的网络服务接口实现数据的读写服务(如 WebService 数据访问接口)。

3. 网络访问

网络访问主要是 HTTP 访问技术的封装,通过 Java.net.*;以及 Android.net.*;下面提供的 HttpPost、DefaultHttpClient、HttpResponse 等类提供的访问接口实现具体的 Web 服务访问。

3.1.3 Android 开发环境的搭建

1. JDK 的安装与配置

1) 下载 JDK

到 Oracle 公司官网(http://www.oracle.com/technetwork/java/javase/downloads/index.html)下载 JDK 安装包,进入下载页面,根据自己的机型选择相应的版本。JDK 下载界面如图 3-5 所示。操作系统选择界面如图 3-6 所示。

图 3-5　JDK 下载界面

Java SE Development Kit 11.0.1		
Product / File Description	File Size	Download
Linux	147.4 MB	jdk-11.0.1_linux-x64_bin.deb
Linux	154.09 MB	jdk-11.0.1_linux-x64_bin.rpm
Linux	171.43 MB	jdk-11.0.1_linux-x64_bin.tar.gz
macOS	166.2 MB	jdk-11.0.1_osx-x64_bin.dmg
macOS	166.55 MB	jdk-11.0.1_osx-x64_bin.tar.gz
Solaris SPARC	186.8 MB	jdk-11.0.1_solaris-sparcv9_bin.tar.gz
Windows	150.98 MB	jdk-11.0.1_windows-x64_bin.exe
Windows	170.99 MB	jdk-11.0.1_windows-x64_bin.zip

图 3-6　操作系统选择界面

2）安装 JDK

安装 JDK 时，选择安装目录过程中会出现两次安装提示：第一次是安装 JDK；第二次是安装 JRE。无特殊要求时，安装位置按默认位置，一直单击"下一步"按钮，安装完毕后单击"关闭"按钮。

若要更改安装目录，建议 JDK 和 JRE 都安装在同一个 Java 文件夹中的不同子文件夹中（不能都安装在 Java 文件夹的根目录下，JDK 和 JRE 安装在同一文件夹中时会出错）。更改 JDK 安装路径如图 3-7 所示。

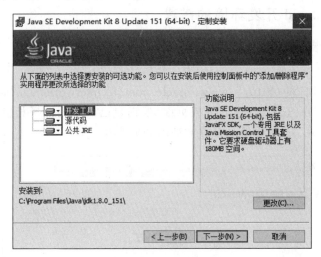

图 3-7　更改 JDK 安装路径

3）环境变量配置

安装完 JDK 后，然后配置环境变量。通过选择"计算机→系统属性→高级系统设置→高级→环境变量"命令，可打开环境变量配置界面，如图 3-8 所示。

创建系统变量 JAVA_HOME、CLASSPATH 并编辑修改系统变量 Path 的值，具体如图 3-9 所示。

(1) 创建 JAVA_HOME,值是刚刚安装 JDK 的目录,如 C:\Program Files\Java\jdk1.8.0_151。
(2) 创建 CLASSPATH,值是.;%JAVA_HOME%\lib;%JAVA_HOME%\lib\tools.jar(注意最前面有一点）。
(3) 编辑 Path,把值放到最前边 %JAVA_HOME%\bin;%JAVA_HOME%\jre\bin;。

图 3-8　环境变量配置界面

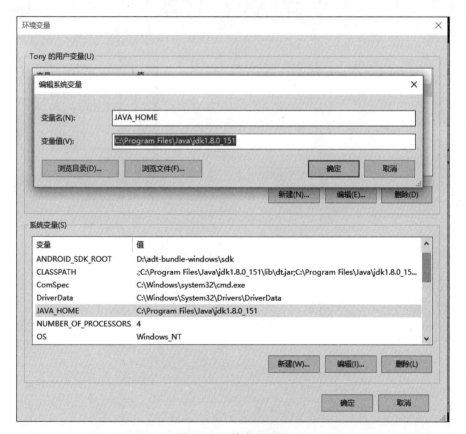

图 3-9　环境变量配置

4）检验安装及配置情况

运行 CMD（Win+R 或右下角单击"开始"菜单的输入处），在展开的命令行窗口中输入两条命令校验！若展示如下，则说明配置成功；若没有展示，请检查前边的配置，具体如图 3-10 所示(图为 1.8 版本，请根据自己安装的版本检查)。

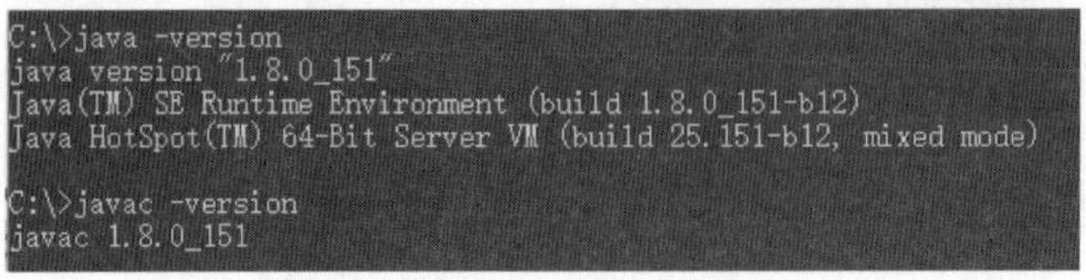

图 3-10　检验安装及配置

java -version 命令检查 Java 安装版本。

javac -version 命令检查 Javac 安装版本。

2．Android Studio 的安装与配置

1) 下载 Android Studio

前往 Android Studio 中文社区(官网)https://developer.android.google.cn/studio/index.html，具体如图 3-11 所示。

图 3-11　Android Studio 下载网站

2) 安装 Android Studio

打开步骤 1)下载完成的安装包。Android Studio 开始安装，如图 3-12 所示。Android Studio 安装界面如图 3-13 所示。

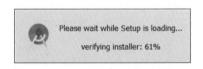

图 3-12　Android Studio 开始安装

选择需要安装的组件，如图 3-14 所示。Android Studio 主程序默认已勾选，Android Virtual Device(安卓虚拟设备)复选框，就是在计算机上虚拟出安卓手机的环境，让用户可以直接在计算机上运行开发出的 App，也将该复选框勾选上，然后单击 Next 按钮。

图 3-13　Android Studio 安装界面

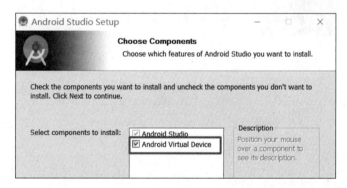

图 3-14　Android Studio 安装组件的选择

Android Studio 安装目录如图 3-15 所示。

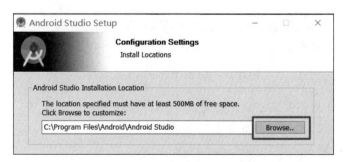

图 3-15　Android Studio 安装目录

直接单击 Install 进行安装(这里没有勾选 Do not create shortcuts 复选框,即不创建桌面快捷方式,如图 3-16 所示)。

Android Studio 安装等待如图 3-17 所示。

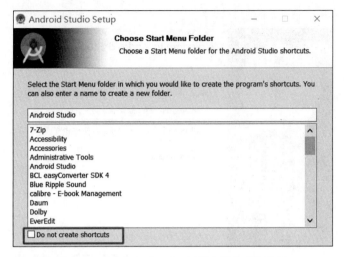

图 3-16　Android Studio 桌面快捷方式的选择

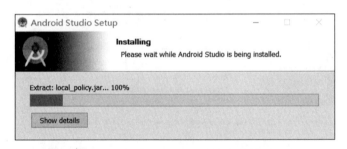

图 3-17　Android Studio 安装等待

Android Studio 安装完成如图 3-18 所示。

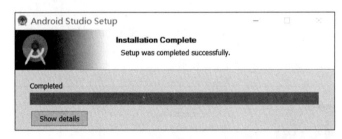

图 3-18　Android Studio 安装完成

之后单击 next 按钮安装完成。勾选 Start Android Studio，单击 Finish 按钮，就直接打开 Android Studio 了，具体操作如图 3-19 所示。

3）配置 SDK 路径

启动 Android Studio，单击 Configure 按钮，如图 3-20 所示。

单击进入 Project Defaults，具体如图 3-21 所示。

单击进入 Project Structure，具体如图 3-22 所示。

单击进入 Project Structure，设置已经安装好的 SDK，具体如图 3-23 所示。

第 3 章 Android 开发环境

图 3-19 开始载入 Android Studio 主程序

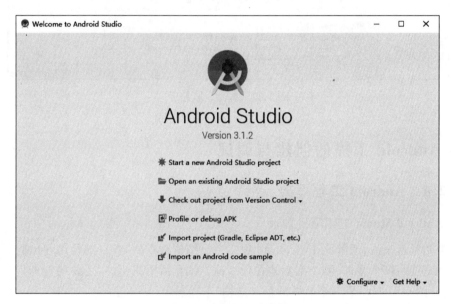

图 3-20 配置 SDK 路径

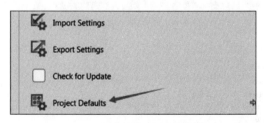

图 3-21 工程默认选项

图 3-22 Android Studio 软件界面

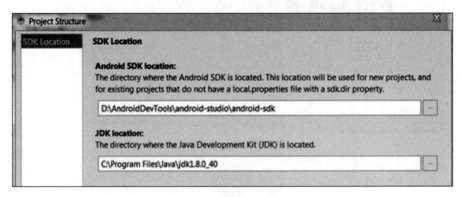

图 3-23 本地 SDK 路径

3.2 Android 工程的创建与调试

3.2.1 Android 工程框架

1. Android Studio 工程项目目录

对于初学者来说,理解整个 Android 项目目录结构很重要,各自的作用,分别在什么时候用,哪个资源、哪个文件、哪个配置放在什么地方读者需要很明白,还要明白如何增加、删除、更新。图 3-24 显示了一个简单的目录结构。

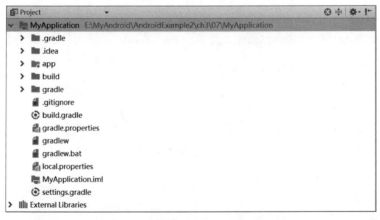

图 3-24 Android Studio 工程项目目录

1）.gradle 和.idea

.gradle 和.idea 两个目录下放置的都是 Android Studio 自动生成的一些文件，用户无须关心，也不要手动编辑。

2）app

项目中的代码、资源等内容几乎都放置在这个目录下，后面的开发工作也基本都是在这个目录下进行的，后面还会对这个目录单独展开讲解。

3）build

不必过多关心这个目录，它主要包含一些在编译时自动生成的文件。

4）gradle

gradle 目录下包含了 gradle wrapper 的配置文件，使用 gradle wrapper 的方式不需要提前将 gradle 下载好，而是会自动根据本地的缓存情况决定是否需要联网下载 gradle。Android Studio 默认没有启动 gradle wrapper 的方式，如果需要打开，可以单击 Android Studio 导航栏 → File → Settings → Build,Execution,Deployment → Gradle，进行配置更改。

5）.gitignore

.gitignore 文件用来将指定的目录或文件排除在版本控制外。

6）build.gradle

build.gradle 是项目全局的 gradle 构建脚本，通常这个文件中的内容是不需要修改的。后面会详细分析 gradle 构建脚本中的具体内容。

7）gradle.properties

gradle.properties 文件是全局的 gradle 配置文件，在这里配置的属性将会影响项目中所有的 gradle 编译脚本。

8）gradlew 和 gradlew.bat

gradlew 和 gradlew.bat 两个文件是用来在命令行界面中执行 gradle 命令的，其中 gradlew 在 Linux 或 Mac 系统中使用，gradlew.bat 在 Windows 系统中使用。

9）MyApplication.iml

iml 文件是所有 IntelliJ IDEA 项目都会自动生成的一个文件（Android Studio 是基于 IntelliJ IDEA 开发的），用于标识这是一个 IntelliJ IDEA 项目，用户不需要修改这个文件中的任何内容。

10）local.properties

local.properties 文件用于指定本机中的 Android SDK 路径，通常内容都是自动生成的，用户并不需要修改。除非你本机中的 Android SDK 位置发生了变化，那么就将这个文件中的路径改成新的位置。

11）settings.gradle

settings.gradle 文件用于指定项目中引入的所有模块。由于 MyApplication 项目中只有一个 App 模块，因此该文件中也就只引入了 App 这一个模块。通常情况下，模块的引入都是自动完成的，需要手动修改这个文件的场景可能比较少。

2. Android 应用解析

1) 应用启动方式

（1）冷启动：当启动应用时，后台没有该应用的进程，这时系统会重新创建一个新的进程分配给该应用，这个启动方式就是冷启动。冷启动因为系统会重新创建一个新的进程分配给它，所以会先创建和初始化 Application 类，再创建和初始化 MainActivity 类（包括一系列的测量、布局、绘制），最后显示在界面上。

（2）热启动：当启动应用时，后台已有该应用的进程（例如，按 back 键、home 键，应用虽然会退出，但是该应用的进程依然会保留在后台，可进入任务列表查看），所以在已有进程的情况下，这种启动会从已有的进程中启动应用，这个方式叫热启动。热启动因为会从已有的进程中启动，所以热启动就不会走 Application 这一步了，而是直接走 MainActivity（包括一系列的测量、布局、绘制）。所以，热启动的过程只需要创建和初始化一个 MainActivity，不必创建和初始化 Application，因为一个应用从新进程的创建到进程的销毁，Application 只会初始化一次。

2) 应用启动流程

Android Application 与其他移动平台有两个重大不同点。

每个 Android App 都在一个独立空间里，意味着其运行在一个单独的进程中，拥有自己的 VM，被系统分配一个唯一的 user ID。

Android App 由很多不同组件组成，这些组件还可以启动其他 App 的组件。因此，Android App 并没有一个类似程序入口的 main()方法。

Android Application 组件包括

（1）Activities：前台界面，直接面向 User，提供 UI 和操作。

（2）Services：后台任务。

（3）Broadcast Receivers：广播接收者。

（4）Context Providers：数据提供者。

Android 进程与 Linux 进程一样，默认情况下，每个 APK 都运行在自己的 Linux 进程中。另外，默认一个进程里面只有一个线程——主线程。这个主线程中有一个 Looper 实例，通过调用 Looper.loop()从 Message 队列里取出 Message 进行相应的处理。

具体的启动过程分为以下 3 步。

（1）创建进程。

ActivityManagerService 调用 startProcessLocked()方法创建新的进程，该方法会通过 socket 通道传递参数给 Zygote 进程。Zygote 孵化自身，调用 ZygoteInit.main()方法实例化 ActivityThread 对象并最终返回新进程的 pid。ActivityThread 随后依次调用 Looper.prepareLoop()和 Looper.loop()开启消息循环。

（2）绑定 Application。

接下来要做的就是将进程和指定的 Application 绑定起来。这是通过上一步的 ActivityThread 对象中调用 bindApplication()方法完成的。该方法发送一个 BIND_APPLICATION 的消息到消息队列中，最终通过 handleBindApplication()方法处理该消息。然后调用 makeApplication()方法加载 App 的 classes 到内存中。

(3) 启动 Activity。

经过前两个步骤后,系统已经拥有了该 Application 的进程。后面的调用顺序就是普通的从一个已经存在的进程中启动一个新进程的 Activity 了。

实际调用方法是 realStartActivity( ),它会调用 Application 线程对象中的 sheduleLaunchActivity( )发送一个 LAUNCH_ACTIVITY 消息到消息队列中,通过 handleLaunchActivity()处理该消息。

3) App 的启动优化

基于上面的启动流程,尽量做到如下 3 点。

- 在 Application 的创建过程中尽量少进行耗时操作。
- 如果用到 SharePreference,尽量在异步线程中操作。
- 减少布局的层次,并且在生命周期回调的方法中尽量减少耗时操作。

3.2.2 Android 工程创建

通过前面的学习,我们对 Android Studio 开发环境已经非常熟悉了。下面创建一个 Android 工程,巩固前面的学习成果。

(1) 选择 File->New Project 命令,出现如图 3-25 所示的对话框。

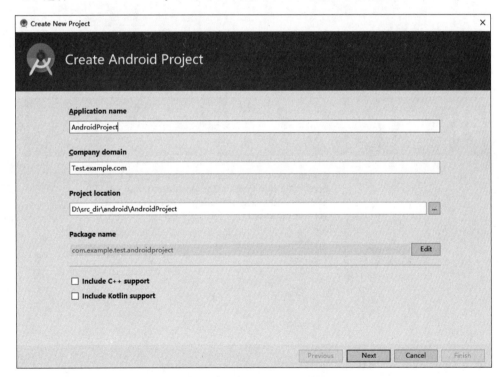

图 3-25 创建 Android 新工程

(2) 选择 Login Activity 例子,如图 3-26 所示。

(3) 完成创建工程。

单击 Next 按钮后,在弹出的向导页中单击 Finish 按钮,完成工程的创建,如图 3-27 所示。

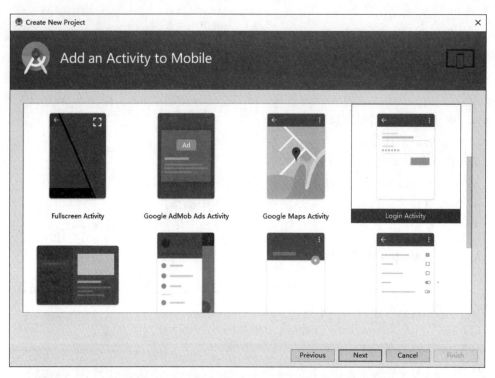

图 3-26 选择 Login Activity 例子

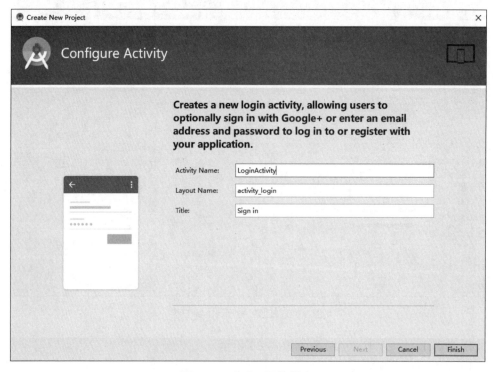

图 3-27 完成工程的创建

3.2.3 Android 工程调试

写代码不可避免有缺陷（Bug），通常情况下除了日志最直接的调试手段就是 Debug；当程序出现缺陷时，调试可以快速找到缺陷。进入调试状态，我们可以清楚地了解程序的整个执行过程，可以对内存的数据进行监视。下面简单总结一下调试的基本使用和一些调试的技巧。

1. 进入调试

1）插入断点

选定要设置断点的代码行，在行号的区域后单击鼠标左键即可，如图 3-28 所示。

```
65     @Override
66     protected void onCreate(Bundle savedInstanceState) {
67         super.onCreate(savedInstanceState);
68         setContentView(R.layout.activity_login);
69         // Set up the login form.
70         mEmailView = (AutoCompleteTextView) findViewById(R.id.email);
71         populateAutoComplete();
72
73         mPasswordView = (EditText) findViewById(R.id.password);
74         mPasswordView.setOnEditorActionListener(new TextView.OnEditorActionListener() {
75             @Override
76             public boolean onEditorAction(TextView textView, int id, KeyEvent keyEvent) {
77                 if (id == EditorInfo.IME_ACTION_DONE || id == EditorInfo.IME_NULL) {
78                     attemptLogin();
79                     return true;
80                 }
81                 return false;
82             }
83         });
```

图 3-28 断点设置

2）进入调试状态

设置好断点后，单击工具栏中的小臭虫（Debug）进入调试状态，如图 3-29 所示。

图 3-29 进入调试状态

当一个应用进入调试状态后，Android Studio IDE 会在软件界面下方显示 Debug 视图，即调试者状态。在这里可以对程序进行监视和调试。调试状态界面如图 3-30 所示。

IDE 下方出现 Debug 视图，左边区域中显示了程序执行到断点处调用过的所用方法，越下面的方法被调用的越早；在右边区域可以给指定的变量赋值（鼠标左键选择变量，在单击右键弹出的菜单中选择 setValue…）。这个功能可以以更加快速地检测条件语句和循环语句。在右边区域中可以对某一个特定的变量进行监视。

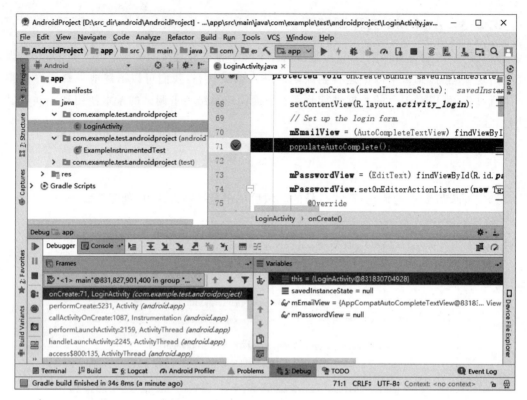

图 3-30 调试状态界面

2. 常用的调试方式和快捷键

1)常用的调试功能及快捷键

- Step Into（F7）：进入子函数。
- Step Over（F8）：越过子函数，但子函数会执行。
- Step Out（Shift ＋ F8）：跳出子函数。
- Run to Cursor（Alt ＋ F9）：运行到光标所在的位置。
- Show Execution Point（Alt ＋ F10）：快速定位当前调试的位置，并将该行高亮地显示出来。

2)调试功能解释

- Step Into：单步执行，遇到子函数就进入并且继续单步执行。例如，当执行到 System. out. println("XXXX")时，使用这个功能就会进入 System. out. println 方法所在类的 println 方法下（当然，这样做是没有必要的，如果进入后想跳出，执行 step out 命令就可以了）。
- Step Over：单步执行时，在函数内遇到子函数时不会进入子函数内单步执行，而是将子函数整个执行完再停止，也就是把子函数整个作为一步。例如，上面的例子中，System. out. println("XXXX")执行完后是跳到下一个语句中，而不会跳进去，这个功能也是比较常用的，一直按 F8 键就可以了。

- Step Out：单步执行到子函数内时，用 Step Out 就可以执行完子函数的余下部分，并返回到上一层函数。
- Run to Cursor：运行到光标所在的位置，执行该功能后，不论执行到哪里，程序都可以执行到光标所在行下。
- Show Execution Point：当不知道程序当前已经执行到哪里时，可以使用这个功能，Android Studio 会跳到执行所在的界面，并将该行高亮地显示出来。

3.2.4 Android 生命周期

1. 程序的生命周期

程序的生命周期是指在 Android 系统中进程从启动到终止的所有阶段，也就是 Android 程序启动到停止的全过程。程序的生命周期由 Android 系统进行调度和控制。

Android 系统中的进程分为：前台进程、可见进程、服务进程、后台进程、空进程。

Android 系统中的进程优先级由高到低，如图 3-31 所示。

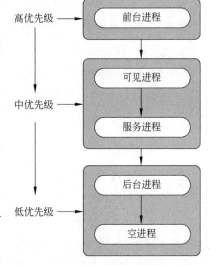

图 3-31 Android 系统的进程及优先级

1）前台进程

前台进程是 Android 系统中最重要的进程，是指与用户正在交互的进程，包含以下 4 种情况。

- 进程中的 Activity 正在与用户进行交互。
- 进程服务被 Activity 调用，而且这个 Activity 正在与用户进行交互。
- 进程服务正在执行声明周期中的回调方法，如 onCreate()、onStart() 或 onDestroy()。
- 进程的 BroadcastReceiver 正在执行 onReceive() 方法。

Android 系统在多个前台进程同时运行时，可能会出现资源不足的情况，此时会清除部分前台进程，保证主要的用户界面能够及时响应。

2）可见进程

可见进程指部分程序界面能够被用户看见，但不在前台与用户交互，不响应界面事件的进程。如果一个进程包含服务，且这个服务正在被用户可见的 Activity 调用，此进程同样被视为可见进程。

Android 系统一般存在少量的可见进程，只有在特殊的情况下，Android 系统才会为保证前台进程的资源而清除可见进程。

3）服务进程

服务进程是指包含已启动服务的进程，通常有如下特点：

- 没有用户界面。

- 在后台长期运行。

Android 系统在不能保证前台进程或可视进程运行所必要的资源情况下,才会强行清除服务进程。

4)后台进程

后台进程是指不包含任何已经启动的服务,而且没有任何用户可见的 Activity 的进程。

Android 系统中一般存在数量较多的后台进程,在系统资源紧张时,系统将优先清除用户较长时间没有见到的后台进程。

5)空进程

空进程是指不包含任何活跃组件的进程。空进程在系统资源紧张时会被首先清除,但为了提高 Android 系统应用程序的启动速度,Android 系统会将空进程保存在系统内存,用户重新启动该程序时,空进程会被重新使用。

除以上优先级外,以下两方面也决定它们的优先级。

- 进程的优先级取决于所有组件中的优先级最高的部分。
- 进程的优先级会根据与其他进程的依赖关系而变化。

2. Activity 生命周期

1) Activity 状态

在 Activity 生命周期中,其表现状态有 4 种,分别是:Active(活动状态)、Pause(暂停状态)、Stop(停止状态)和 Unactive(非活动状态)。

- Active(活动状态):是指 Activity 通过 onCreate 被创建,Activity 在用户界面中处于最上层,完全能让用户看到,能够与用户进行交互。
- Pause(暂停状态):是指当一个 Activity 失去焦点,该 Activity 将进入 pause 状态,Activity 在界面上被部分遮挡,该 Activity 不再处于用户界面的最上层,且不能与用户进行交互,系统在内存不足时会将其终止。
- Stop(停止状态):是指当一个 Activity 被另一个 Activity 覆盖,该 Activity 将进入 Stop 状态,Activity 在界面上完全不能被用户看到。也就是说,这个 Activity 被其他 Activity 全部遮挡,系统在需要内存的时候会将其终止。
- Unactive(非活动状态):不在以上 3 种状态中的 Activity 则处于非活动状态。

当 Activity 处于 Pause 或者 Stop 状态时,都可能被系统终止并回收。因此,有必要在 onPause 和 onStop 方法中将应用程序运行过程中的一些状态(如用户输入等),保存到持久存储中。如果程序中启动了其他后台线程,也需要注意在这些方法中进行一些处理,例如,在线程中打开了一个进度条对话框,如果不在 Pause 或 Stop 中取消掉线程,则当线程运行完取消掉对话框时,就会抛出异常,如图 3-32 所示。

在 Activity 生命周期中,其事件的回调方法有 7 个,Activity 状态保存/恢复的事件回调方法有两个,如下所示。

Activity 生命周期的事件回调方法见表 3-1。

第 3 章　Android 开发环境

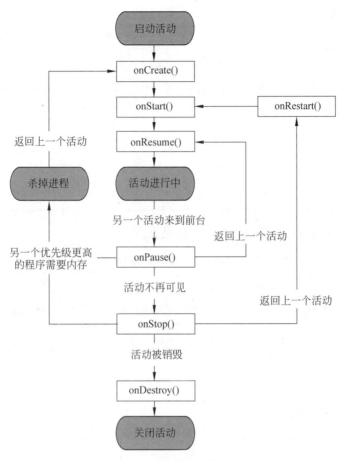

图 3-32　Activity 生命周期调用流程

```
public class MyActivity extends Activity {
    protected void onCreate(Bundle savedInstanceState);
    public void onRestoreInstanceState(Bundle savedInstanceState);
    public void onSaveInstanceState(Bundle savedInstanceState);
    protected void onStart();
    protected void onRestart();
    protected void onResume();
    protected void onPause();
    protected void onStop();
    protected void onDestroy();
}
```

表 3-1　Activity 生命周期的事件回调方法

方　　法	是否可终止	说　　明
onCreate()	否	Activity 启动后第一个被调用的函数，常用来进行 Activity 的初始化，如创建 View、绑定数据或恢复信息等
onStart()	否	当 Activity 显示在屏幕上时，该函数被调用

49

续表

方　法	是否可终止	说　明
onRestart()	否	当 Activity 从停止状态进入活动状态前,调用该函数
onResume()	否	当 Activity 能够与用户交互,接受用户输入时,该函数被调用,此时的 Activity 位于 Activity 栈的栈顶
onPause()	是	当 Activity 进入暂停状态时,该函数被调用,一般用来保存持久的数据或释放占用的资源
onStop()	是	当 Activity 进入停止状态时,该函数被调用
onDestroy()	是	在 Activity 被终止前,即进入非活动状态前,该函数被调用

Activity 状态保存/恢复的事件回调方法见表 3-2。

表 3-2　Activity 状态保存/恢复的事件回调方法

方　法	是否可终止	说　明
onSaveInstanceState()	否	Android 系统因资源不足终止 Activity 前调用该函数,用以保存 Activity 的状态信息,供 onRestoreInstanceState() 或 onCreate()恢复用
onRestoreInstanceState()	否	恢复 onSaveInstanceState()保存的 Activity 状态信息,在 onStart()和 onResume ()之间被调用

2) Activity 生命周期分类

Activity 生命周期指 Activity 从启动到销毁的过程。Activity 的生命周期可分为全生命周期、可视生命周期和活动生命周期。Activity 的每个生命周期中包含不同的事件回调方法。

(1) 全生命周期。

全生命周期是从 Activity 建立到销毁的全部过程,始于 onCreate(),结束于 onDestroy()。使用者通常在 onCreate()中初始化 Activity 能使用的全局资源和状态,并在 onDestroy()中释放这些资源。特殊情况下,Android 系统不调用 onDestroy()函数,而直接终止进程。

(2) 可视生命周期。

可视生命周期是 Activity 在界面上从可见到不可见的过程,开始于 onStart(),结束于 onStop()。

在可视生命周期中,onStart()方法一般用来初始化或启动与更新界面相关的资源,onStop()一般用来暂停或停止一切与更新用户界面相关的线程、计时器和服务。onRestart()方法在 onStart()前被调用,用来在 Activity 从不可见变为可见的过程中进行一些特定的处理。在可视生命周期中,onStart()和 onStop()一般会被多次调用。此外 onStart()和 onStop()也经常被用来注册和注销 BroadcastReceiver。

(3) 活动生命周期。

活动生命周期是指 Activity 在屏幕的最上层,并能够与用户交互的阶段,开始于 onResume(),结束于 onPause()。在 Activity 的状态变换过程中,onResume()和 onPause()经常被调用,因此应简洁、高效地实现这两个方法。onPause()是第一个被标识为"可终止"的方法,在 onPause()返回后,onStop()和 onDestroy()随时能被 Android 系统终止,onPause()常用来保存持久数据,如界面上用户的输入信息等。

Activity 事件的生命周期划分及回调方法的调用顺序如图 3-33 所示。

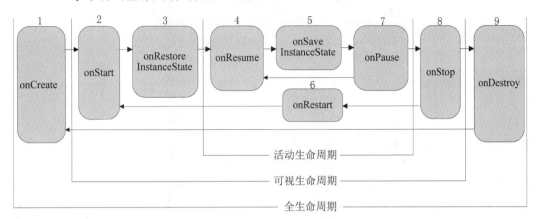

图 3-33　Activity 事件的生命周期划分及回调方法的调用顺序

在活动生命周期中,关于 onPause()和 onSaveInstanceState()方法,它们之间的相同之处是这两个方法都可以用来保存界面的用户输入数据,区别在于:

onPause()一般用于保存持久性数据,并将数据保存在存储设备上的文件系统或数据库系统中。

onSaveInstanceState()主要用来保存动态的状态信息,信息一般保存在 Bundle(保存多种格式数据的对象)中,系统调用 onRestoreInstanceState()和 onCreate()时,会同样利用 Bundle 将数据传递给方法。

3. Service 生命周期

Service 组件通常没有用户界面(UI),其启动后一直运行于后台;它与应用程序的其他模块(如 Activity)一同运行于程序的主线程中。

一个 Service 的生命周期通常包含创建、启动、销毁这 3 个过程。

Service 只继承了 onCreate()、onStart()、onDestroy()3 个方法,第一次启动 Service 时,先后调用了 onCreate()、onStart()两个方法,当停止 Service 时,则执行 onDestroy()方法。需要注意的是,如果 Service 已经启动,当再次启动 Service 时,不会执行 onCreate()方法,而是直接执行 onStart()方法。

创建 Service 的方式有两种:一种是通过 startService()创建;另一种是通过 bindService()创建 Service。两种创建方式的区别在于,startService()是创建并启动 Service,而 bindService()只是创建了一个 Service 实例,并取得了一个与该 Service 关联的 binder 对象,但没有启动它。Service 生命周期如图 3-34 所示。

如果没有程序停止它或者它自己停止,Service 将一直运行。在这种模式下,Service 开始于调用 Context.startService(),停止于 Context.stopService()。Service 可以通过调用 Android Service 生命周期() 或 Service.stopSelfResult() 停止自己。不管调用多少次 startService(),只调用一次 stopService() 就可以停止 Service。一般在 Activity 中启动和终止 Service。它可以通过接口被外部程序调用。外部程序建立到 Service 的连接,通过连

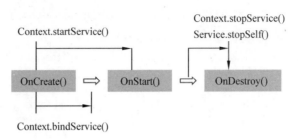

图 3-34　Service 生命周期

接操作 Service。建立连接开始于 Context.bindService()，结束于 Context.unbindService()。多个客户端可以绑定到同一个 Service，如果 Service 没有启动，bindService() 可以选择启动它。

上述两种方式不是完全分离的。通过 startService() 启动的服务，如一个 intent 想要播放音乐，可通过 startService() 方法启动后台播放音乐的 Service。然后，如果用户想操作播放器或者获取当前正在播放的乐曲的信息，一个 Activity 就会通过 bindService() 建立一个到这个 Service 的连接。这种情况下，stopService() 在全部连接关闭后，才会真正停止 Service。

像 Activity 一样，Service 也有可以通过监视状态实现的生命周期，但是比 Activity 要少，通常只有 3 种方法，而且是 public 的，而不是 protected 的，具体如下。

```
1. Void onCreate()
2. Void onStart(Intent intent)
3. Void onDestroy()
```

通过实现上述 3 个方法，可以监视 Service 生命周期的两个嵌套循环。

整个生命周期 从 onCreate() 开始，从 onDestroy() 结束，像 Activity 一样，一个 Android Service 生命周期在 onCreate() 中执行初始化操作，在 onDestroy() 中释放所有用到的资源。如后台播放音乐的 Service 可能在 onCreate() 创建一个播放音乐的线程，在 onDestroy() 中销毁这个线程。

活动生命周期开始于 onStart()。这个方法处理传入 startService() 方法的 intent。音乐服务会打开 intent 查看要播放哪首歌曲，并开始播放。当服务停止时，没有方法可检测到（没有 onStop() 方法），onCreate() 和 onDestroy() 用于所有通过 Context.startService() 或 Context.bindService() 启动的 Service。onStart() 只用于通过 startService() 开始的 Service。

如果一个 Android Service 生命周期是可以从外部绑定的，它就可以触发以下方法。

```
1. IBinder onBind(Intent intent)
2. Boolean onUnbind(Intent intent)
3. Void onRebind(Intent intent)
```

onBind() 回调被传递给调用 bindService 的 intent，onUnbind()、unbindService() 中的 intent 处理。如果服务允许被绑定，那么 onBind() 方法返回客户端和 Service 的沟通通

道。如果一个新的客户端连接到服务,onUnbind()会触发 onRebind()调用。

后续案例将会讲解 Service 的回调方法,将通过 startService()和 bindService()启动的 Service 分开了,但是要注意,不管它们是怎么启动的,但都有可能被客户端连接,因此都有可能触发到 onBind()和 onUnbind()方法。

4. BroadcastReceiver 生命周期

Android 接收到一个广播 Intent 后,就找到了处理该 Intent 的 BroadcastReceiver,此时创建一个对象来处理 Intent。然后,调用被创建的 BroadcastReceiver 对象的 onReceive()方法进行处理,然后撤销这个对象,如图 3-35 所示。只有在执行这个方法时,BroadcastReceiver 才是活动的。

图 3-35　BroadcastReceiver 处理过程

BroadcastReceiver 活动时,它的进程不能被杀掉,而当它的进程中只包含不活动组件时,可能会被系统随时杀掉(其他进程需要消耗它占用的内存)。解决这个问题的办法是,onReceive()方法启动一个 Android Service 生命周期,让 Service 去做耗时的工作,这样系统就知道此进程中还有活动的工作。

需要注意的是,对象在 onReceive()方法返回之后就被撤销,所以在 onReceive 方法中不宜处理异步的过程。例如,弹出对话框与用户交互,可使用消息栏替代。

3.3　项目案例

3.3.1　项目目标

学习 Activity 生命周期中的事件调用顺序及上述介绍的 Activity 中方法的应用过程,掌握它们的测试及转换过程。

使用 Activity 的 onCreate()、onStart()、onRestoreInstanceState()、onResume()、InstanceState()、onPause()、onStop()、onDestroy()方法,在不同生命周期中进行调用,并在日志 logcat 中输出其相关调用顺序。

3.3.2　案例描述

本案例使用创建时的 Empty Activity 模板,工程项目目录如图 3-36 所示。
界面布局文件也采用工程项目生成的默认设置,界面布局编辑图如图 3-37 所示。

3.3.3　案例要点

在调试生命周期时,注意设置 Logcat 的信息过滤器,便于分析查看,具体如图 3-38 所示。

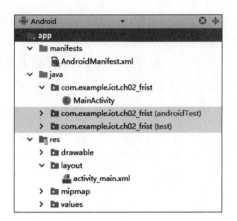

图 3-36　工程项目目录

图 3-37　界面布局编辑图

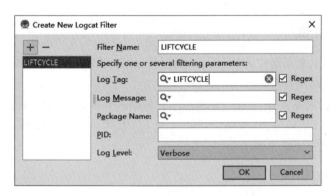

图 3-38　设置 Logcat 的信息过滤器

3.3.4　案例实施

1. 创建工程项目

首先创建工程项目,应用名称设置为 ch03-First,公司域名设置为 iot.example.com,项目存放目录请设置一个英文目录(如 D:\src-dir\android\ch03First)。Android 的 API 版本设置为 Android 4.4(KitKat)。设置项目名称信息如图 3-39 所示。设置 API 版本如

图 3-40 所示。选择 Empty Activity 模板如图 3-41 所示。

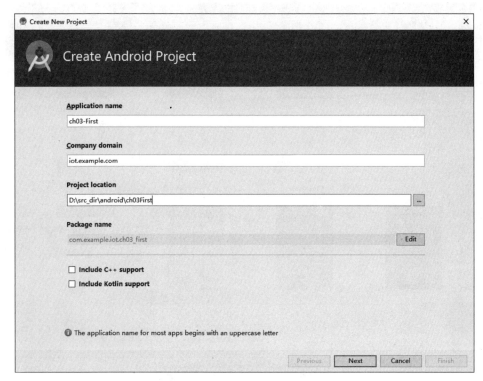

图 3-39 设置项目名称信息

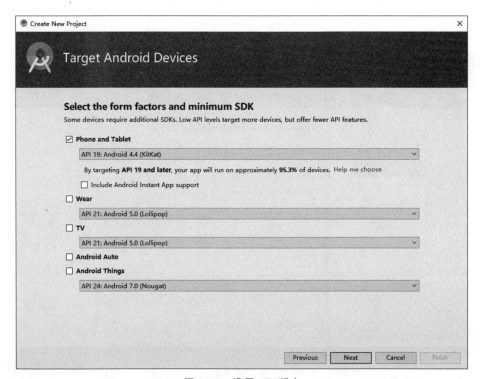

图 3-40 设置 API 版本

图 3-41　选择 Empty Activity 模板

设置名称如图 3-42 所示。

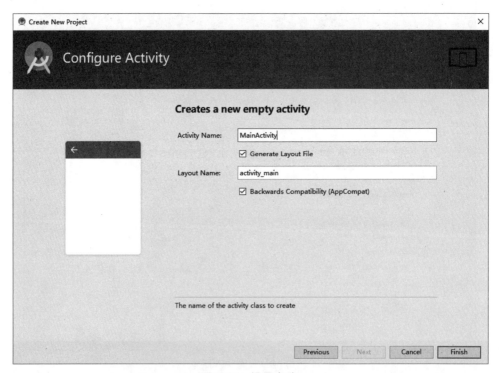

图 3-42　设置名称

设置屏幕为横向，如图 3-43 所示。

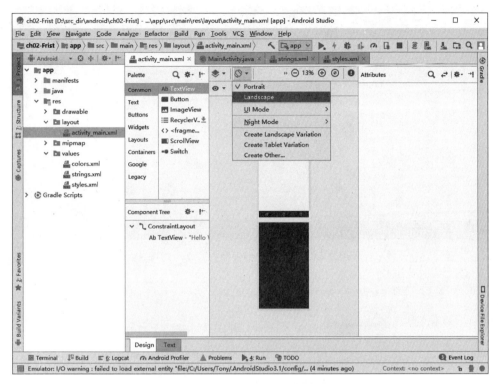

图 3-43　设置屏幕为横向

2. 修改界面显示内容测试

修改工程目录中的 activity_main.xml 文件代码，在代码中的第 4 行设置 TextView 显示内容，在第 5 行设置显示的字体大小。

```
1.    <TextView
2.        android:layout_width="wrap_content"
3.        android:layout_height="wrap_content"
4.        android:text="智能家居控制系统"
5.        android:textSize="30sp"
6.        app:layout_constraintBottom_toBottomOf="parent"
7.        app:layout_constraintLeft_toLeftOf="parent"
8.        app:layout_constraintRight_toRightOf="parent"
9.        app:layout_constraintTop_toTopOf="parent" />
```

运行程序，项目在虚拟设备中的显示效果如图 3-44 所示。

3. 程序生命周期测试

修改工程目录中的 activity_main.xml 文件代码，分别实现 Activity 生命周期的相关函数，在函数中输出调试信息，并设置 LogCat 的过滤器，具体如图 3-45 所示。

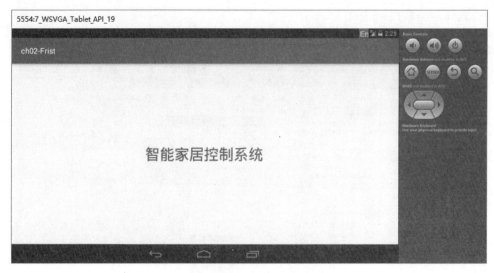

图 3-44　项目在虚拟设备中的显示效果

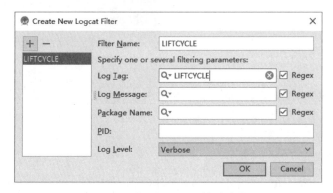

图 3-45　设置 LogCat 的过滤器

```
package com.example.iot.ch02_first;

import android.os.Bundle;
import android.support.v7.app.AppCompatActivity;
import android.util.Log;

public class MainActivity extends AppCompatActivity {
    private static String TAG ="LIFTCYCLE";
    @Override      //完全生命周期开始时被调用,初始化Activity
    protected void onCreate(Bundle savedInstanceState) {
        super.onCreate(savedInstanceState);
        setContentView(R.layout.activity_main);
        Log.i(TAG, "(1) onCreate()");
    }
    @Override      //可视生命周期开始时被调用,对用户界面进行必要的更改
    public void onStart() {
        super.onStart();
```

```
        Log.i(TAG, "(2) onStart()");
    }
    @Override
    //在 onStart()后被调用,用于恢复 onSaveInstanceState()保存的用户界面信息
    public void onRestoreInstanceState(Bundle savedInstanceState) {
        super.onRestoreInstanceState(savedInstanceState);
        Log.i(TAG, "(3) onRestoreInstanceState()");
    }
    @Override
    //在活动生命周期开始时被调用,恢复被 onPause()停止的用于界面更新的资源
    public void onResume() {
        super.onResume();
        Log.i(TAG, "(4) onResume()");
    }
    @Override
    // 在 onResume()后被调用,保存界面信息
    public void onSaveInstanceState(Bundle savedInstanceState) {
        super.onSaveInstanceState(savedInstanceState);
        Log.i(TAG, "(5) onSaveInstanceState()");
    }
    @Override
    //在重新进入可视生命周期前被调用,载入界面需要的更改信息
    public void onRestart() {
        super.onRestart();
        Log.i(TAG, "(6) onRestart()");
    }
    @Override
    //在活动生命周期结束时被调用,用来保存持久的数据或释放占用的资源
    public void onPause() {
        super.onPause();
        Log.i(TAG, " (7) onPause()");
    }
    @Override      //在可视生命周期结束时被调用,一般用来保存持久的数据或释放占用的资源
    public void onStop() {
        super.onStop();
        Log.i(TAG, "(8) onStop()");
    }
    @Override      //在完全生命周期结束时被调用,释放资源,包括线程、数据连接等
    public void onDestroy() {
        super.onDestroy();
        Log.i(TAG, "(9) onDestroy()");
    }
}
```

启动程序,查看 Logcat 输出信息,分析调用的函数,如图 3-46 所示。

单击虚拟机上的"显示主界面"按钮,查看 Logcat 输出信息,分析调用的函数,如图 3-47 所示。

```
04-01 03:06:22.134 2601-2601/? I/LIFTCYCLE: (1) onCreate()
    (2) onStart()
04-01 03:06:22.154 2601-2601/? I/LIFTCYCLE: (4) onResume()
    Process pipe failed
```

图 3-46　启动程序

```
04-01 03:07:20.584 2601-2601/com.example.iot.ch02_frist I/LIFTCYCLE: (7) onPause()
04-01 03:07:21.164 2601-2601/com.example.iot.ch02_frist I/LIFTCYCLE: (5) onSaveInstanceState()
    (8) onStop()
```

图 3-47　单击"显示主界面"按钮

打开后台任务,单击当前测试程序,查看 Logcat 输出信息,分析调用的函数,如图 3-48 所示。

```
04-01 03:07:58.994 2601-2601/com.example.iot.ch02_frist I/LIFTCYCLE: (6) onRestart()
    (2) onStart()
    (4) onResume()
```

图 3-48　单击当前测试程序

单击"返回"按钮,查看 Logcat 输出信息,分析调用的函数,如图 3-49 所示。

```
04-01 03:08:49.664 2601-2601/com.example.iot.ch02_frist I/LIFTCYCLE: (7) onPause()
04-01 03:08:50.284 2601-2601/com.example.iot.ch02_frist I/LIFTCYCLE: (8) onStop()
    (9) onDestroy()
```

图 3-49　单击"返回"按钮

习　题

1. Android 系统特性有哪些?
2. 描述 Android 系统的 4 层架构。
3. 一般而言,一个标准的 Android 程序由哪些部分组成? 简单描述每部分。
4. 一个标准的 Android 应用程序的工程文件包含哪些部分?
5. Android 可供选择的存储方式包括哪 5 种? 简单描述每种存储方式。
6. 简述 Activity 生命周期中表现状态分为哪些? 其涉及的回调方法有哪些? 它们与生命周期之间有什么关系?

第 4 章 Android 应用界面

4.1 Android 界面布局

UI(用户界面)布局(Layout)是用户界面结构的描述,定义了界面中所有的元素、结构及它们之间的相互关系。

Android 下创建界面布局的方法有 3 种。

(1) XML 方式,使用 XML 文件描述界面布局。

(2) 程序代码创建,在程序运行时动态添加或修改界面布局。

(3) XML 和程序代码创建相结合。

一般采用 XML 布局文件创建用户界面,当然,用户既可以独立使用任何一种声明界面布局的方式,也可以同时使用两种方式。与使用代码方式相比,使用 XML 文件声明界面布局的优势主要有:

将程序的表现层和控制层分离。

在后期修改用户界面时,无须更改程序的源代码。

用户还能够通过可视化工具直接看到所设计的用户界面,有利于加快界面设计的过程,并且为界面设计与开发带来极大的便利。

在 Android 系统中,布局管理器是控件的容器,每个控件在窗体中都有具体的位置和大小,在窗体中摆放各种控件时,很难判断其具体位置和大小。不过,使用 Android 布局管理器可以很方便地控制各控件的位置和大小。Android 提供了 5 种布局管理器用来管理控件,它们是线性布局管理器(LinearLayout)、表格布局管理器(TableLayout)、帧布局管理器(FrameLayout)、相对布局管理器(RelativeLayout)和绝对布局管理器(AbsoluteLayout)。布局管理器的主要作用有:

- 适应不同的移动设备屏幕分辨率。
- 方便横屏和竖屏之间相互切换。
- 管理每个控件的大小以及位置。

4.1.1　Android 用户界面框架

Android 用户界面通常包含活动(Activity)、片段(Fragment)、布局(Layout)、小部件(Widget),如图 4-1 所示。

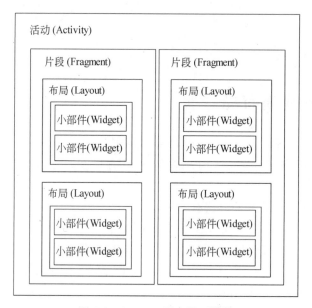

图 4-1　Android 用户界面结构

活动(Activity)如前面所述,它是 Android 应用的核心组件,通常用来表示一个界面,可以添加多个界面到一个活动中,它是负责界面显示什么的控件实例,可用来移除或添加新的组件,也可以通过 Intent(触发意图)启动触发新的活动。

片段(Fragment)是界面上独立的一个部分,可以和其他片段放在一起,也可以单独放置,通常把它作为一个子活动。它是 Android 3.0 版本后引进的新特性,其目的是为了让用户应用程序具有更强的跨设备扩展能力(在智能手机和平板电脑之间)。

布局(Layout)是对用户界面中小部件排列设置的容器,如同规定房间中的家具如何放置及其放置的位置。

小部件(Widget)是 Android 中独立的组件,包含按钮、文本框、编辑框等。

4.1.2　Android 视图树

Android 用户界面框架(Android UI Framework)采用视图树(View Tree)模型,即在 Android 用户界面框架中,界面元素以一种树状结构组织在一起,并称为视图树。视图树由 View 和 ViewGroup 构成,如图 4-2 所示。

Android 系统会依据视图树的结构从上至下绘制每个界面元素。每个元素负责对自身的绘制,如果元素包含子元素,则该元素会通知其下所有子元素进行绘制。

4.1.3　Android 线性布局

线性布局(LinearLayout)是一种常用的界面布局,也是 RadioGroup、TabWidget、

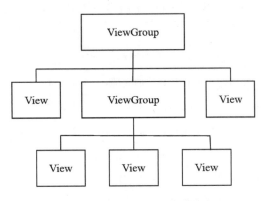

图 4-2　Android 视图树模型

TableLayout、TableRow、ZoomControls 类的父类。在线性布局中，LinearLayout 可以让它的子元素以垂直或水平的方式排成一行（不设置方向的时候默认按垂直方向排列）。

如果是垂直排列，则每行仅包含一个界面元素，如图 4-3 所示。

如果是水平排列，则每列仅包含一个界面元素，如图 4-4 所示。

　　图 4-3　垂直排列

　　图 4-4　水平排列

LinearLayout 常用属性及对应方法见表 4-1。

表 4-1　LinearLayout 常用属性及对应方法

XML 属性名	对应的方法	描述
android:divider	setDividerDrawable(Drawable)	设置用于在按钮间垂直分割的可绘制对象
android:gravity	setGravity(int)	指定在对象内部，横纵方向上如何放置对象的内容
android:orientation	setOrientation(int)	设置线性布局管理器内组件的排列方式，可以设置为 horizontal（水平排列）、vertical（垂直排列、默认值）两个值的其中之一
android:weightSum		定义最大的权值和

在 setGravity(int) 方法中，可以设置参数，设置线性布局 LinearLayout 中放置的对象元素的排列对齐方式。如果需要设置多个属性或者组合设置对齐方式，属性常量由'|'分割。setGravity(int) 方法可取的属性常量及描述见表 4-2。

表 4-2　setGravity(int)方法可取的属性常量及描述

属性常量	值	描述
top	0x30	将对象放在其容器的顶部,不改变其大小
bottom	0x50	将对象放在其容器的底部,不改变其大小
left	0x03	将对象放在其容器的左侧,不改变其大小
right	0x05	将对象放在其容器的右侧,不改变其大小
center_vertical	0x10	将对象纵向居中,不改变其大小
fill_vertical	0x70	必要的时候增加对象的纵向大小,以完全充满其容器
center_horizontal	0x01	将对象横向居中,不改变其大小
fill_horizontal	0x07	必要的时候增加对象的横向大小,以完全充满其容器
center	0x11	将对象横纵居中,不改变其大小
fill	0x77	必要的时候增加对象的横纵向大小,以完全充满其容器
clip_vertical	0x80	附加选项,用于按照容器的边剪切对象的顶部和/或底部的内容。剪切基于其纵向对齐设置：顶部对齐时,剪切底部；底部对齐时,剪切顶部；除此之外,剪切顶部和底部
clip_horizontal	0x08	附加选项,用于按照容器的边剪切对象的左侧和/或右侧的内容。剪切基于其横向对齐设置：左侧对齐时,剪切右侧；右侧对齐时,剪切左侧；除此之外,剪切左侧和右侧

　　线性布局(LinearLayout)是一种常用的界面布局,也是 RadioGroup、TabWidget、TableLayout、TableRow、ZoomControls 类的父类。在线性布局中,LinearLayout 可以让它的子元素以垂直或水平的方式排成一行(不设置方向的时候默认按垂直方向排列),通过将 android.orientation 属性设置为 Horizontal(水平)或 Vertical(垂直)达到设置线性布局的目的。线性布局不支持元素的自动浮动。

　　LinearLayout 是 Android 控件中的线性布局控件,它包含的子控件将以横向(Horizontal)或竖向(Vertical)方式排列,按照相对位置排列所有的子控件及引用的布局容器。超过边界时,某些控件将缺失或消失。因此,一个垂直列表的每行只会有一个控件或者是引用的布局容器。

　　代码示例 example4.1：

```
1.  <?xml version="1.0" encoding="utf-8"?>
2.  <LinearLayout xmlns:android="http://schemas.android.com/apk/res/android"
3.   android:orientation="vertical"
4.   android:layout_width="fill_parent"
5.   android:layout_height="fill_parent"
6.   >
7.   <Button
8.    android:id="@+id/b1"
9.    android:layout_width="wrap_content"
10.   android:layout_height="wrap_content"
11.   android:text="button1"
```

```
12.     />
13.     <Button
14.     android:id="@+id/b2"
15.     android:layout_width="wrap_content"
16.     android:layout_height="wrap_content"
17.     android:text="button2"
18.     />
19.     <Button
20.     android:id="@+id/b3"
21.     android:layout_width="wrap_content"
22.     android:layout_height="wrap_content"
23.     android:text="button3"
24.     />
25.     <Button
26.     android:id="@+id/b4"
27.     android:layout_width="wrap_content"
28.     android:layout_height="wrap_content"
29.     android:text="button4"
30.     />
31.     <Button
32.     android:id="@+id/b5"
33.     android:layout_width="wrap_content"
34.     android:layout_height="wrap_content"
35.     android:text="button5"
36.     />
37.     </LinearLayout>
```

第 2~6 行声明了一个线性布局，第 2 行代码声明 XML 文件的根元素为线性布局，第 3 行设置了线性布局的元素排列方式是垂直排列。

第 4、5 行设置了线性布局在所属父容器中的布局方式为横向和纵向填充父容器，就是将线性布局在横向和纵向上占据父控件的所有空间。

第 7~12 行声明了一个 Button 控件，第 8 行设置了 ID 为 b1，第 11 行设置了 button 按钮显示为 button1。

第 9 设置了 Button 控件在父容器中的布局方式为只占据自身大小的空间，表示线性布局宽度等于所有子控件的宽度总和，也就是线性布局的宽度会刚好将所有子控件包含其中。

第 10 设置了 Button 控件在父容器中的布局方式为只占据自身大小的空间，表示线性布局高度等于所有子控件的高度总和，也就是线性布局的高度会刚好将所有子控件包含其中。

src 目录下 com. hisoft. activity 包下的 LinearLayoutActivity.java 文件和 res—>values 目录下的 strings.xml 文件都暂不做修改。部署运行项目工程，线性布局运行结果如图 4-5 所示。

注意：LinearLayout 布局中的控件按顺序从左到

图 4-5　线性布局运行结果

右或从上到下依次排列。

建立横向线性布局与建立纵向线性布局相似,只需注意将线性布局的 Orientation 属性值设置为 horizontal 即可。

4.1.4　Android 相对布局

相对布局(RelativeLayout)是一种非常灵活的布局方式,按照控件之间指定的相对位置参数自动对控件进行排列,确定界面中所有元素的布局位置。让子元素指定它们相对于其他元素的位置(通过 ID 来指定)或相对于父布局对象,与 AbsoluteLayout 这个绝对坐标布局相反。实际开发中,一般推荐使用这种布局。Android 相对布局如图 4-6 所示。

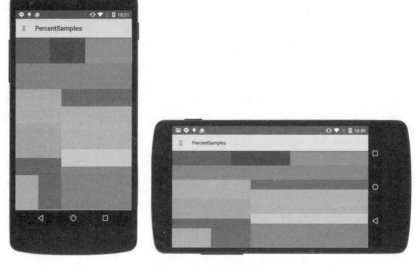

图 4-6　Android 相对布局

相对布局的特点:能够最大程度保证在各种屏幕类型的手机上正确显示界面布局。
在 RelativeLayout 布局里的控件包含丰富的排列属性,总的可以分为 3 类。
(1) 以 parent(父控件)为参照物的 XML 属性,属性取值可以为 true 或 false,见表 4-3。

表 4-3　parent(父控件)为参照物的 XML 属性及描述

XML 属性名称	描　　述
android:layout_alignParentTop	如果为 true,将该控件的顶部与其父控件的顶部对齐
android:layout_alignParentBottom	如果为 true,将该控件的底部与其父控件的底部对齐
android:layout_alignParentLeft	如果为 true,将该控件的左部与其父控件的左部对齐
android:layout_alignParentRight	如果为 true,将该控件的右部与其父控件的右部对齐
android:layout_centerHorizontal	如果为 true,将该控件置于父控件的水平居中位置
android:layout_centerVertical	如果为 true,将该控件置于父控件的垂直居中位置
android:layout_centerInParent	如果为 true,将该控件置于父控件的中央

(2) 要指定参照物的 XML 属性、layout_alignBottom、layout_toLeftOf、layout_above、

layout_alignBaseline 系列和其他控件 ID，见表 4-4。

表 4-4 参照物的 XML 属性及描述

XML 属性名称	描 述
android:layout_alignBaseline	将该控件的 baseline 与给定 ID 的 baseline 对齐
android:layout_alignTop	将该控件的顶部边缘与给定 ID 的顶部边缘对齐
android:layout_alignBottom	将该控件的底部边缘与给定 ID 的底部边缘对齐
android:layout_alignLeft	将该控件的左边缘与给定 ID 的左边缘对齐
android:layout_alignRight	将该控件的右边缘与给定 ID 的右边缘对齐
android:layout_above	将该控件的底部置于给定 ID 的控件之上
android:layout_below	将该控件的底部置于给定 ID 的控件之下
android:layout_toLeftOf	将该控件的右边缘与给定 ID 的控件左边缘对齐
android:layout_toRightOf	将该控件的左边缘与给定 ID 的控件右边缘对齐

（3）指定移动像素的 XML 属性，见表 4-5。

表 4-5 移动像素的 XML 属性及描述

XML 属性名称	描 述	XML 属性名称	描 述
android:layout_marginTop	上偏移的值	android:layout_marginLeft	左偏移的值
android:layout_marginBottom	下偏移的值	android:layout_marginRight	右偏移的值

注意事项：

（1）使用 RelativeLayout 布局时，尽量少在程序运行时做控件布局的更改，因为 RelativeLayout 布局里的属性之间很容易冲突。

（2）在 RelativeLayout 的大小和它的子控件位置之间避免出现循环依赖，如设置 RelativeLayout 的高度属性为 WRAP_CONTENT，就不能再设置它的子控件高度属性为 ALIGN_PARENT_BOTTOM。

代码示例 example4.2：

```
1.    <?xml version="1.0" encoding="utf-8"?>
2.    <RelativeLayout xmlns: android =" http://schemas. android. com/apk/res/
      android"
3.      android:layout_width="fill_parent"
4.      android:layout_height="fill_parent">
5.    <TextView
6.        android:id="@+id/label"
7.        android:layout_width="fill_parent"
8.        android:layout_height="wrap_content"
9.        android:text="请输入:"/>
10.   <EditText
11.       android:id="@+id/entry"
```

```
12.        android:layout_width="fill_parent"
13.        android:layout_height="wrap_content"
14.         android:background="@android:drawable/editbox_background"
15.        android:layout_below="@id/label"/>
16.    <Button
17.        android:id="@+id/ok"
18.        android:layout_width="wrap_content"
19.        android:layout_height="wrap_content"
20.        android:layout_below="@id/entry"
21.        android:layout_alignParentRight="true"
22.        android:layout_marginLeft="10dip"
23.        android:text="OK" />
24.    <Button
25.        android:layout_width="wrap_content"
26.        android:layout_height="wrap_content"
27.        android:layout_toLeftOf="@id/ok"
28.        android:layout_alignTop="@id/ok"
29.        android:text="Cancel" />
30. </RelativeLayout>
```

第2~4行声明了一个相对布局,第2行代码声明 XML 文件的根元素为相对布局,第3、4行设置了相对布局在所属的父容器中的布局方式为横向和纵向填充父容器。

第5~9行声明了一个 TextView 控件,第6行设置了 ID 为 label,第7行设置宽度为填充父容器,第8行设置了高度为控件自身内容,第9行设置了 TextView 显示的文字内容。

第10~15设置了一个 EditText 控件,第11行设置了 ID 为 entry,第12行设置宽度为填充父容器,第13行设置了高度为控件自身内容,第14行设置了背景,第15行设置了 ID 为 entry 位于 ID 为 label 的下面。

第16~29行设置了两个 Button 控件,第20行设置了 Button 位于 ID 为 entry 的控件下方,第21行设置了该控件的右部与其父控件的右部对齐;第22设置了按钮从右边框左偏移10个 dip;第23行设置了按钮显示文字为 OK。

第27行设置了 Cancel 按钮控件的右边缘与给定 ID 为 OK 的控件左边缘对齐。

第28行设置了 Cancel 按钮控件的顶部边缘与给定 ID 为 OK 的控件顶部边缘对齐。

第29行设置了按钮显示文字为 Cancel。

(3) src 目录下 com.hisoft.activity 包下的 RelativeLayoutActivity.java 文件和 res—>values 目录下的 strings.xml 文件都暂不做修改。部署运行 RelativeLayoutDemo 项目工程,项目运行效果如图4-7所示。

图 4-7 RelativeLayoutDemo 项目运行结果

4.1.5 Android 表格布局

表格布局(TableLayout)也是一种常用的界面布局,采用行、列的形式管理 UI 组件,它将屏幕划分成网格单元(网格的边界对用户不可见),然后通过指定行和列的方式,将界面元素添加到网格中。它并不需要明确声明包含多少行、列,而是通过添加 TableRow、其他组件控制表格的行数和列数。每次向 TableLayout 中添加一个 TableRow,该 TableRow 就是一个表格行,TableRow 也是容器,因此它可以不断地添加其他组件,每添加一个子组件,该表格就增加一列。每一行可以有 0 个或多个单元格,每个单元格就是一个 View,一个 Table 中可以有空的单元格,单元格可以像在 HTML 中使用的方式一样,合并多个单元格,跨越多列。这些 TableRow,单元格不能设置 layout_width,宽度属性默认是 fill_parent,只有高度 layout_height 可以自定义,默认值是 wrap_content。

在表格布局中,一个列的宽度由该列中最宽的单元格决定。表格布局支持嵌套,可以将另一个表格布局放置在前一个表格布局的网格中,也可以在表格布局中添加其他界面布局,如线性布局、相对布局等。布局 TableLayout 常用属性及相关方法见表 4-6。

表 4-6 布局 TableLayout 常用属性及相关方法

属性名称	相关方法	描述
android:collapseColumns	setColumnCollapsed(int,boolean)	设置指定列为 collapse,列索引从 0 开始
android:shrinkColumns	setShrinkAllColumns(boolean)	设置指定列为 shrink,列索引从 0 开始
android:stretchColumns	setStretchAllColumns(boolean)	设置指定列为 stretch,列索引从 0 开始

在表格布局 TableLayout 中,如果一个列通过 setColumnShrinkable() 方法设置为 shrinkable,则该列的宽度可以进行收缩,使表格能够适应它的父容器的大小。

如果一个列通过 setColumnStretchable() 方法设置为 stretchable,则该列的宽度可以进行拉伸,扩展它的宽度填充空余的空间。

建立表格布局要注意以下两点。

(1) 向界面中添加一个线性布局,无须修改布局的属性值。其中,ID 属性为 TableLayout01,Layout width 和 Layout height 属性都为 wrap_content。

(2) 向 TableLayout01 中添加两个 TableRow。TableRow 代表一个单独的行,每行被划分为几个小的单元,单元中可以添加一个界面控件。其中,ID 属性分别为 TableRow01 和 TableRow02,Layout width 和 Layout height 属性都为 wrap_content。表格布局示意和表格布局效果分别如图 4-8 和图 4-9 所示。

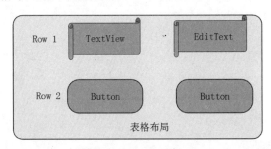

图 4-8 表格布局示意

图 4-9 表格布局效果

代码示例 example4.3 如下:

```
1.   <?xml version="1.0" encoding="utf-8"?>
2.   <TableLayout xmlns:android="http://schemas.android.com/apk/res/android"
3.       android:layout_width="fill_parent"
4.       android:layout_height="fill_parent"
5.       android:stretchColumns="1">
6.   
7.       <TableRow>
8.           <TextView
9.               android:layout_column="1"
10.              android:text="姓名："
11.              android:padding="3dip" />
12.          <TextView
13.              android:text="张三"
14.              android:gravity="right"
15.              android:padding="3dip" />
16.      </TableRow>
17.  
18.      <TableRow>
19.          <TextView
20.              android:layout_column="1"
21.              android:text="年龄："
22.              android:padding="3dip" />
23.          <TextView
24.              android:text="10"
25.              android:gravity="right"
26.              android:padding="3dip" />
27.      </TableRow>
28.  
29.      <TableRow>
30.          <TextView
31.              android:layout_column="1"
32.              android:text="性别："
33.              android:padding="3dip" />
34.          <TextView
35.              android:text="男"
36.              android:gravity="right"
37.              android:padding="3dip" />
38.      </TableRow>
39.  
40.      <View
41.          android:layout_height="2dip"
42.          android:background="#FF909090" />
43.  
44.      <TableRow>
45.          <TextView
46.              android:layout_column="1"
47.              android:text="所在城市："
48.              android:padding="3dip" />
49.          <TextView
50.              android:text="北京"
```

```
51.                android:gravity="right"
52.                android:padding="3dip" />
53.        </TableRow>
54.
55.        <TableRow>
56.            <TextView
57.                android:layout_column="1"
58.                android:text="国籍:"
59.                android:padding="3dip" />
60.            <TextView
61.                android:text="中国"
62.                android:gravity="right"
63.                android:padding="3dip" />
64.        </TableRow>
65.
66.        <View
67.            android:layout_height="2dip"
68.            android:background="# FF909090" />
69.
70.        <TableRow>
71.            <TextView
72.                android:layout_column="1"
73.                android:text="附加信息:"
74.                android:padding="3dip" />
75.        </TableRow>
76.    </TableLayout>
```

第 2~5 行声明了一个表格布局,第 2 行代码声明 XML 文件的根元素为表格布局,第 3、4 行设置了表格布局在所属的父容器中的布局方式为横向和纵向填充父容器。第 5 行设置 TableLayout 所有行的第二列为扩展列,剩余的空间由第二列补齐。

第 7~16 行声明了一个 TableRow。

第 8~11 行声明了一个 TextView,第 9 行设置了从第二列开始填写(0 是起始列),第 11 行设置了字符四周到 TextView 的空白边的大小。

第 12~15 行声明了第二个 TextView,第 14 行设置了 TextView 内字符的对齐方式。此为右对齐。

第 40~42 行声明了一个 View,加一个分割线,View 是 TextView 的父类;第 41 行设置了线的高度为 2;第 42 行设置了背景颜色。

(3) src 目录下 com.hisoft.activity 包下的 TableLayoutActivity.java 文件和 res—>values 目录下的 strings.xml 文件都暂不做修改。部署运行 TableLayoutDemo 项目工程,运行效果如图 4-10 所示。

4.1.6 Android 帧布局

帧布局(FrameLayout)是 Android 布局系统中

图 4-10 TableLayoutDemo 运行结果

最简单的界面布局,是用来存放一个元素的空白空间,且子元素的位置是不能够指定的,只能够放置在空白空间的左上角。在帧布局中,如果先后存放多个子元素,后放置的子元素将遮挡先放置的子元素。

图 4-11 帧布局图片叠加效果

帧布局由 FrameLayout 代表,帧布局容器为每个加入其中的组件创建一个空白的区域(成为一帧),每个子组件占据一帧,这些帧都会根据 gravity 属性自动对齐。也就是说,把组件一个一个地叠加在一起。

FrameLayout 控件继承自 ViewGroup,它在 ViewGroup 的基础上定义了自己的 3 个属性,对应的 XML Attributes 分别为 android:foreground、android:foregroundGravity、android:measureAllChildren。第一个属性是设置前景色;第二个属性是控制前景色的重心,前两个属性其实是对 android:background 的重写,其目的是可以控制背景的重心。第三个属性如果为 true,则在测量时测量所有的子元素(即使该子元素为 gone)。帧布局 FrameLayout 常用属性及相关方法见表 4-7。帧布局图片叠加效果如图 4-11 所示。

表 4-7 帧布局 FrameLayout 常用属性及相关方法

属 性 名 称	相 关 方 法	描 述
android:foreground	setForeground(Drawable)	设置绘制在子控件上的内容,设置前景色
android:foregroundGravity	setForegroundGravity(int)	设置应用于绘制在子控件之上内容的 gravity 属性,控制前景色的重心
android:measureAllChildren	setMeasureAllChildren(boolean)	根据参数值决定是设置测试所有的元素,还是仅测量状态是 VISIBLE 或 INVISIBLE 的元素

代码示例 example4.4 如下:

```xml
<?xml version="1.0" encoding="utf-8"?>
<FrameLayout xmlns:android="http://schemas.android.com/apk/res/android"
    android:id="@+id/frameLayout1"
    android:layout_width="fill_parent"
    android:layout_height="fill_parent">
    <ImageView android:src="@drawable/frame"
        android:id="@+id/imageView1"
        android:layout_width="wrap_content"
        android:layout_height="wrap_content">
    </ImageView>
    <ImageView android:src="@drawable/icon"
        android:id="@+id/imageView2"
```

```
            android:layout_width="wrap_content"
            android:layout_height="wrap_content">
</ImageView>
```

4.1.7　Android 绝对布局

之所以把 AbsoluteLayout(绝对布局)放到最后,是因为基本上不使用绝对布局,我们开发的应用需要在很多的机型上进行适配,如果使用了绝对布局,可能在 4 英寸(1 英寸=2.54 厘米)的手机上显示正常,但在 5 英寸的手机上就可能出现偏移和变形,所以不建议使用。

AbsoluteLayout(绝对布局)的常用属性:
- android:layout_width:组件宽度。
- android:layout_height:组件高度。
- android:layout_x:设置组件的 X 坐标。
- android:layout_y:设置组件的 Y 坐标。

代码示例 example4.5 如下:

```
1.  <?xml version="1.0" encoding="utf-8"?>
2.  <AbsoluteLayout xmlns:android="http://schemas.android.com/apk/res/android"
3.          android:id="@+id/absoluteLayout1"
4.          android:layout_width="fill_parent"
5.          android:layout_height="fill_parent">
6.      <TextView android:textSize="18pt"
7.          android:id="@+id/tv1"
8.          android:layout_height="wrap_content"
9.          android:layout_width="wrap_content"
10.         android:text="@string/tv1"
11.         android:layout_x="37dp"
12.         android:layout_y="37dp">
13.     </TextView>
14.     <TextView android:textSize="18pt"
15.         android:id="@+id/tv2"
16.         android:layout_height="wrap_content"
17.         android:layout_width="wrap_content"
18.         android:text="@string/tv2"
19.         android:layout_x="186dp"
20.         android:layout_y="104dp">
21.     </TextView>
22.     <TextView android:textSize="18pt"
23.         android:id="@+id/tv3"
24.         android:layout_height="wrap_content"
25.         android:layout_width="wrap_content"
26.         android:text="@string/tv3"
27.         android:layout_x="106dp"
28.         android:layout_y="188dp">
29.     </TextView>
30. </AbsoluteLayout>
```

第 2~5 行声明了一个绝对布局,第 2 行代码声明 XML 文件的根元素为绝对布局,第 3 行设置了 ID,第 4、5 行设置了绝对布局在所属的父容器中的布局方式为横向和纵向填充父容器。

第 6~13 行声明了一个 TextView 控件,第 6 行设置了文本的大小,第 7 行设置了 ID 的名称,第 8、9 行设置了控件在父容器中的布局方式为只占据自身内容大小的空间,第 10 行设置了 TextView 控件显示的文本内容为资源文件 strings.xml 中设置的名称为 tv1 的值。

第 11、12 行设置了控件显示的起始坐标位置。

第 14~21 行声明了第二个 TextView 控件。

第 22~29 行声明了第三个 TextView 控件。

4.2 Android 界面控件基础

4.2.1 文本框 TextView

android.widget 包中的 TextView 是文本表示控件,一般用来展示文本,是一种用于显示字符串的控件,主要功能是向用户展示文本的内容,可作为应用程序的标签或者邮件正文的显示,默认情况下不允许用户直接编辑。

在程序设计和开发中,使用 TextView 可以采用以下两种方式。

1. 在程序中创建控件的对象方式使用 TextView 控件

如 TextView 控件,可以通过编写如下代码完成控件的使用。

```
TextView tv=new TextView(this);
tv.setText("大家好");
setContentView(tv);
```

2. 使用 XML 描述控件,并在程序中引用和使用

1) 在 res/layout 文件下的 XML 文件中描述控件

```
<TextView
Android:id="@+id/text_view"
Android:layout_width="fill_parent"
Android:layout_height="wrap_content"
Android:textSize="16sp"
Android:padding="10dip"
Android:background="#00f0d0"
Android:text="大家好,这里是 TextView"/>
```

2) 在程序中引用 XML 描述的 TextView

```
TextView text_view = (TextView) findViewById(R.id.text_view);
```

上述两种方式各有优缺点,根据不同的需要,采用相应的方法。相比而言,采用第二种方法更好,主要优势:一是方便代码的维护;二是编码灵活;三是利于分工协作。

TextView 控件常用的方法:getText()、setText()。

TextView 控件有与之相应的属性,通过选择不同的属性,给予其值,能够实现不同的效果。TextView 控件属性的设置既可以在 XML 文件中通过属性名称设定赋值,也可以采用对应的方法在程序代码中设定。TextView 控件常用 XML 属性及对应方法见表 4-8。

表 4-8 TextView 控件常用 XML 属性及对应方法

属性名称	对应方法	说明
android:text	setText(CharSequence)	设置 TextView 控件显示的文字
android:autoLink	setAutoLinkMask(int)	设置是否当文本为 URL 链接/E-mail/电话号码/map 时,文本显示为可单击的链接。可选值(none/web/email/phone/map/all)
android:hint	setHint(int)	当 TextView 中显示的内容为空时,显示该文本
android:textColor	setTextColor(ColorStateList)	设置字体颜色
android:textSize	setTextSize(float)	设置字体大小
android:typeface	setTypeface(Typeface)	设置文本字体,必须是以下常量值之一:normal 0、sans 1、serif 2、monospace(等宽字体) 3
android:ellipsize	setEllipsize(TextUtils.TruncateAt)	如果设置了该属性,当 TextView 中要显示的内容超过 TextView 的长度时,会对内容进行省略。可取的值有 start、middle、end 和 marquee
android:gravity	setGravity(int)	定义 TextView 在 X 轴和 Y 轴方向上的显示方式
android:height	setHeight(int)	设置文本区域的高度,支持度量单位:px(像素)/dp/sp/in/mm(毫米)
android:minHeight	setMinHeight(int)	设置文本区域的最小高度
android:maxHeight	setMaxHeight(int)	设置文本区域的最大高度
android:width	setWidth(int)	设置文本区域的宽度,支持度量单位:px/dp/sp/in/mm
android:minWidth	setMinWidth(int)	设置文本区域的最小宽度
android:maxWidth	setMaxWidth(int)	设置文本区域的最大宽度

TextView 定义示例 example4.6:

```
<?xml version="1.0" encoding="utf-8"?>
<?xml version="1.0" encoding="utf-8"?>
<LinearLayout xmlns:android="http://schemas.android.com/apk/res/android"
  android:orientation="vertical"
  android:layout_width="fill_parent"
  android:layout_height="fill_parent"
  >

  <TextView
```

```xml
    android:layout_width="fill_parent"
    android:layout_height="wrap_content"
    android:text="字体大小为 14 的文本"
    android:textSize="14pt"
/>

<TextView
    android:layout_width="fill_parent"
    android:layout_height="wrap_content"
    android:singleLine="true"
    android:text="TextView 示例"
    android:ellipsize="middle"
/>

<TextView
    android:layout_width="fill_parent"
    android:layout_height="wrap_content"
    android:singleLine="true"
    android:text="访问: http://www.zfjsjx.cn"
    android:autoLink="web"
/>

<TextView
    android:layout_width="fill_parent"
    android:layout_height="wrap_content"
    android:text="红色并带阴影的文本"
    android:shadowColor="#0000ff"
    android:shadowDx="15.0"
    android:shadowDy="20.0"
    android:shadowRadius="45.0"
    android:textColor="#ff0000"
    android:textSize="20pt"
/>

</LinearLayout>
```

4.2.2 编辑框 EditText

EditText 控件继承自 android.widget.TextView,在 android.widget 包中。EditText 为输入框,是编辑文本控件,主要功能是让用户输入文本的内容,它是可以编辑的,用来输入和编辑字符串的控件。

利用控件 EditText 不仅可以实现输入信息,还可以根据需要对输入信息进行限制约束,如,限制控件 EditText 输入信息。

```xml
<EditText
    android:layout_width="fill_parent"
    android:layout_height="wrap_content"
    android:inputType="number"/>
```

与 4.2.1 节讲述的 TextView 一样,EditText 控件的使用也有两种方式:一种是在程序中创建控件的对象使用 EditText 控件;另一种是在 res/layout 文件下的 XML 文件中描述控件,程序中使用 EditText 控件。

例如:1) 用 XML 描述一个 EditView

```
<EditText Android:id="@+id/edit_text"
Android:layout_width="fill_parent"
Android:layout_height="wrap_content"
Android:text="这里可以输入文字" />
```

2) 在程序中引用 XML 描述的 TextView

```
EditText editText =(EditText) findViewById(R.id.editText);
```

EditText 常用方法 getText(),它也有与之相应的属性,通过选择不同的属性,给予其值,能够实现不同的效果。EditText 控件常用 XML 属性及对应方法见表 4-9。

表 4-9 EditText 控件常用 XML 属性及对应方法

属性名称	对应方法	说明
android:hint	setHint(CharSequence)	输入框的提示文字
android:password	setTransformationMethod(TransformationMethod)	设置文本框中的内容是否显示为密码,当为 true 时,以小点"."显示文本
android:phoneNumber	setKeyListener(KeyListener)	设置文本框中的内容只能是电话号码,当为 true 时,表示电话框
android:digits	setKeyListener(KeyListener),可使用此方法监听键盘来实现	设置允许输入哪些字符,如"1234567890.+-*/%\n()"
android:numeric	setKeyListener(KeyListener),可使用此方法监听键盘来实现	设置只能输入数字,并且置顶可输入的数字格式,可选值有 integer | signed | decimal。Integer 为正整数,signed 为整数(可带负号),decimal 为浮点数
android:singleLine	setTransformationMethod(TransformationMethod)	设置文本框的单行模式
android:maxLenght	setFilters(InputFilter)	设置最大显示长度
android:cursorVisible	setCursorVisible(boolean)	设置光标是否可见,默认可见
android:lines	setLines(int)	通过设置固定的行数决定 EditText 的高度
android:maxLines	setMaxLines(int)	设置最大的行数
android:minLines	setMinLines(int)	设置最小的行数
android:scrollHorizontally	setHorizontallyScrolling(boolean)	设置文本框是否可以水平滚动
android:selectAllOnFocus	setSelectAllOnFocus(boolean)	如果文本内容可选中,当文本框获得焦点时,自动选中全部文本内容

续表

属性名称	对应方法	说明
android:shadowColor	setShadowLayer(float,float,float,int)	为文本框设置指定颜色的阴影,需要与 shadowRadius 一起使用
android:shadowDx	setShadowLayer(float,float,float,int)	设置阴影横向坐标开始位置,为浮点数
android:shadowDy	setShadowLayer(float,float,float,int)	设置阴影纵向坐标开始位置,为浮点数
android:shadowRadius	setShadowLayer(float,float,float,int)	为文本框设置阴影的半径,为浮点数

EditText 定义示例 example4.7 如下:

```xml
<?xml version="1.0" encoding="utf-8"?>
<LinearLayout xmlns:android="http://schemas.android.com/apk/res/android"
    android:orientation="vertical"
    android:layout_width="fill_parent"
    android:layout_height="fill_parent">
  <TextView android:text="请输入:"
      android:id="@+id/textView1"
      android:layout_width="wrap_content"
      android:layout_height="wrap_content">
  </TextView>
  <EditText android:layout_height="wrap_content"
      android:layout_width="match_parent"
      android:id="@+id/editText1"
      android:hint="这里键入输入内容">
    <requestFocus></requestFocus>
  </EditText>
```

EditTextDemo 工程运行结果如图 4-12 所示。

图 4-12　EditTextDemo 工程运行结果

图 4-13　Button 类继承图

4.2.3　按钮控件 Button

Button 是一种常用的按钮控件,继承自 android.widget.TextView,在 android.widget 包中。如图 4-13 所示,用户能够在该控件上单击,然后引发相应的事件处理函数。

它的常用子类有 CheckBox、RadioButton、ToggleButton 等,后续章节会讲到。

Button 控件的通常用法是：在程序中通过 super.findViewById(id)得到在 layout 中 XML 文件中声明的 Button 的引用,然后使用 setOnClickListener(View.OnClickListener)添加监听,再在 View.OnClickListener 监听器中使用 v.equals(View)方法判断是哪一个按钮被按下,调用不同方法分别进行处理,如示例 example4.8 所示。

(1) 用 XML 描述一个 Button。

```xml
<Button Android:id="@+id/button"
Android:layout_width="wrap_content"
Android:layout_height="wrap_content"
Android:text="这是一个 button" />
```

(2) 在程序代码中用 XML 描述的 Button。

```
Button button = (Button) findViewById(R.id.button);
```

(3) 给 Button 设置事件响应。

```
button.setOnClickListener(button_listener);
```

(4) 生成一个按钮事件监听器。

```java
private Button.OnClickListener button_listener =new
Button.OnClickListener() {
public void onClick(View v) {
switch(v.getId()){
     case R.id.Button:
         textView.setText("Button 按钮 1");
         return;
     case R.id.Button01:
         textView.setText("Button 按钮 2");
         return;
    }
  }
};
```

此外,也可以采用在 Layout 的 XML 文件中声明分配一个方法给 Button,使用 android:onClick 属性,如:

```xml
<Button
android:layout_height="wrap_content"
android:layout_width="wrap_content"
android:text="@string/self_destruct"
android:onClick="selfDestruct" />
```

当用户单击 Button 时,Android 系统会自动调用 Activity 中的 selfDestruct(View)方法,但 selfDestruct(View)方法必须声明为 public,并只能接受 View 作为其唯一的参数。传递给这个方法的 View 是被单击的控件的一个引用,如下:

```
public void selfDestruct(View view) {
//Kabloey
}
```

4.2.4 图片按钮 ImageButton

ImageButton 继承自 ImageView 类,是用以实现能够显示图像功能的控件按钮,既可以显示图片,又可以作为 Button 使用。

ImageButton 与 Button 之间的区别:ImageButton 中没有 text 属性。

在 ImageButton 控件中设置按钮中显示的图片可以通过 android:src 属性设置,也可以通过 setImageResource(int)设置。默认情况下,ImageButton 与 Button 具有一样的背景色,当按钮处于不同的状态时,背景色会发生变化,一般将 ImageButton 控件背景色设置为图片或者透明,以避免控件显示的图片不能完全覆盖背景色时影响显示效果。

下面通过例子 example4.9 说明使用 XML 描述 ImageButton 控件,并在程序中引用和使用的简要过程。

(1) 在 res/layout 文件下的 XML 文件中描述 ImageButton 控件。

```
<ImageButton android:id="@+id/ImageButton01"
  android:layout_width="wrap_content"
  android:layout_height="wrap_content">
</ImageButton>
```

(2) 在程序中引用 XML 描述的 ImageButton:

```
ImageButton imageButton = (ImageButton)findViewById(R.id.ImageButton01);
```

(3) 利用 setImageResource()函数将新加入的 png 文件 R.drawable.download 传递给 ImageButton。

```
imageButton.setImageResource(R.drawable.download);
```

注意:Button 把图片当作背景与放在 ImageButton/ImageView 中的效果是不一样的。当我们的图片作为 Button 的背景时,被拉伸得很厉害,而 ImageButton 是带图标的按钮,src 属性用于设置按钮的图标,而不是背景,所以并不会将图片拉伸。

```
<?xml version="1.0" encoding="utf-8"?>
<LinearLayout xmlns:android="http://schemas.android.com/apk/res/android"
  android:orientation="vertical" android:layout_width="fill_parent"
  android:layout_height="wrap_content">
<TextView
    android:layout_width="wrap_content"
    android:layout_height="wrap_content"
    android:text="图片按钮:" />
```

```
<ImageButton android:src="@drawable/icon"
        android:layout_height="wrap_content"
        android:layout_width="wrap_content"
        android:id="@+id/imageButton1">
</ImageButton>
</LinearLayout>
```

4.2.5 单选按钮 RadioButton

RadioButton 是仅可以选择一个选项的控件,继承自 android.widget.CompoundButton,在 android.widget 包中,如图 4-14 所示。

单选按钮要声明在 RadioGroup 中,RadioGroup 是 RadioButton 的承载体,程序运行时不可见,应用程序中可能包含一个或多个 RadioGroup,RadioGroup 是 LinearLayout 的子类。RadioGroup 的类继承图如图 4-15 所示,一个 RadioGroup 包含多个 RadioButton,RadioGroup 用于对单选框进行分组,在每个 RadioGroup 中(相同组内的单选按钮),用户仅能够选择其中一个 RadioButton。

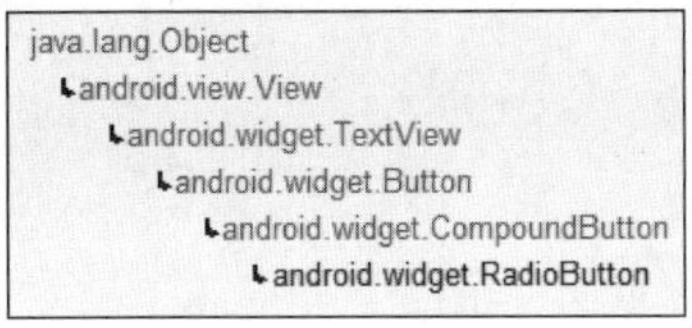

```
java.lang.Object
  ↳android.view.View
    ↳android.widget.TextView
      ↳android.widget.Button
        ↳android.widget.CompoundButton
          ↳android.widget.RadioButton
```

```
java.lang.Object
  ↳android.view.View
    ↳android.view.ViewGroup
      ↳android.widget.LinearLayout
        ↳android.widget.RadioGroup
```

图 4-14 RadioButton 类继承图 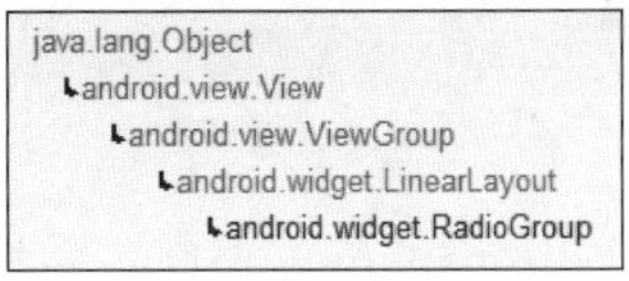   图 4-15 RadioGroup 的类继承图

RadioButton 状态更改的监听是要给它的 RadioGroup 添加 setOnCheckedChangeListener (RadioGroup.OnCheckedChangeListener)监听器。注意,监听器类型和复选按钮(CheckBox)是不相同的。

单选按钮的通常用法 example4.10 如下:

1. 用 XML 描述的 RadioGroup 和 RadioButton 应用的界面设计

```
<?xml version="1.0" encoding="utf-8"?>
<LinearLayout xmlns:android="http://schemas.android.com/apk/res/android"
    android:orientation="vertical"
    android:layout_width="fill_parent"
    android:layout_height="fill_parent">
<RadioGroup android:id="@+id/radioGroup"
   xmlns:android="http://schemas.android.com/apk/res/android"
   android:layout_width="wrap_content"
   android:layout_height="wrap_content">
    <RadioButton android:id="@+id/java"
        android:layout_width="wrap_content"
        android:layout_height="wrap_content"
        android:text="java" />
```

```xml
    <RadioButton android:id="@+id/dotNet"
        android:layout_width="wrap_content"
        android:layout_height="wrap_content"
        android:text="dotNet" />
    <RadioButton android:id="@+id/php"
        android:layout_width="wrap_content"
        android:layout_height="wrap_content"
        android:text="PHP" />
</RadioGroup>
</LinearLayout>
```

2. 引用处理程序

```java
public void onCreate(Bundle savedInstanceState) {
    ...
    RadioGroup radioGroup = (RadioGroup) findViewById(R.id.radioGroup);
    radioGroup.setOnCheckedChangeListener(new RadioGroup.OnCheckedChangeListener() {
        public void onCheckedChanged(RadioGroup group, int checkedId) {
            RadioButton radioButton = (RadioButton) findViewById(checkedId);
            Log.i(TAG, String.valueOf(radioButton.getText()));
        }
    });
}
```

RadioButton 和 RadioGroup 常用的方法及描述见表 4-10。

表 4-10　RadioButton 和 RadioGroup 常用的方法及描述

方 法 名 称	描　　述
RadioGroup.check（int id）	通过传递的参数设置 RadioButton 单选框
RadioGroup.clearCheck（）	清空选中的项
RadioGroup.setOnCheckedChangeListener（）	处理单选框 RadioButton 被选择事件，把 RadioGroup.OnCheckedChangeListener 实例作为参数传入
RadioButton.getText（）	获取单选框的值

参考代码：

```java
RadioGroup.check(R.id.dotNet);        //将 id 名为 dotNet 的单选框设置成选中状态
(RadioButton) findViewById(radioGroup.getCheckedRadioButtonId());
                                      //获取被选中的单选框
RadioButton.getText();                //获取单选框的值
```

4.2.6　复选框 CheckBox

CheckBox 是一个同时可以选择多个选项的控件，继承自 android.widget.CompoundButton，在 android.widget 包中，如图 4-16 所示。

每个复选框都是独立的，可以通过迭代所有复选框，然后根据其状态是否被选中再获取其值。CheckBox 常用方法及描述见表 4-11。

第 4 章 Android 应用界面

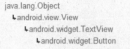

图 4-16　CheckBox 类继承结构

表 4-11　**CheckBox 常用方法及描述**

方 法 名 称	描　　述
isChecked()	检查是否被选中
setChecked(boolean)	如为 true，则设置成选中状态
setOnCheckedChangeListener()	处理复选框 CheckBox 被选择事件，监听按钮状态是否更改，把 CompoundButton.OnCheckedChangeListener 实例作为参数传入
getText()	获取复选框的值

CheckBox 的通常用法 example4.11：

1. 用 XML 描述的 CheckBox 应用界面设计

```
<?xml version="1.0" encoding="utf-8"?>
<LinearLayout
  xmlns:android="http://schemas.android.com/apk/res/android"
  android:layout_width="wrap_content"
  android:layout_height="fill_parent">
  <CheckBox android:id="@+id/checkboxjava"
    android:layout_width="wrap_content"
    android:layout_height="wrap_content"
    android:text="java" />
  <CheckBox android:id="@+id/checkboxdotNet"
    android:layout_width="wrap_content"
    android:layout_height="wrap_content"
    android:text="dotNet" />
  <CheckBox android:id="@+id/checkboxphp"
    android:layout_width="wrap_content"
    android:layout_height="wrap_content"
    android:text="PHP" />

  <Button android:id="@+id/checkboxButton"
    android:layout_width="fill_parent"
    android:layout_height="wrap_content"
    android:text="获取值" />
</LinearLayout>
```

2. 引用 XML 描述的代码处理

```
public class CheckBoxActivity extends Activity {
private static final String TAG ="CheckBoxActivity";
private List<CheckBox>checkboxs =new ArrayList<CheckBox>();

    @Override
    public void onCreate(Bundle savedInstanceState) {
        super.onCreate(savedInstanceState);
        setContentView(R.layout.checkbox);
        checkboxs.add((CheckBox) findViewById(R.id.checkboxdotNet));
        checkboxs.add((CheckBox) findViewById(R.id.checkboxjava));
        checkboxs.add((CheckBox) findViewById(R.id.checkboxphp));
        checkboxs.get(1).setChecked(true);       //设置成选中状态
        for(CheckBox box : checkboxs){
                box.setOnCheckedChangeListener(listener);
        }
        Button button = (Button)findViewById(R.id.checkboxButton);
        button.setOnClickListener(new View.OnClickListener() {
                @Override
                public void onClick(View v) {
                    List<String>values =new ArrayList<String>();
                    for(CheckBox box : checkboxs){
                        if(box.isChecked()){
                            values.add(box.getText().toString());
                        }
                    }
                    Toast.makeText(CheckBoxActivity.this, values.toString(), 1).
                    show();
                }
        });
    CompoundButton.OnCheckedChangeListener listener = new CompoundButton.
    OnCheckedChangeListener() {  @Override
            public void onCheckedChanged(CompoundButton buttonView, boolean
            isChecked) {
             CheckBox checkBox =(CheckBox) buttonView;
             Log.i(TAG, "isChecked="+isChecked +",value="+checkBox.getText());
                                        //输出单选框的值
            }
    };
}
```

4.2.7 列表控件 ListView

ListView 是一种用于垂直显示的列表控件，其类继承如图 4-17 所示。

ListView 是比较常用的组件，它以列表的形式展示具体内容，如果 ListView 控件显示内容过多，则会出现垂直滚动条，并且它能够根据数据的长度自适应显示。列表的显示需要 3 个元素：

图 4-17　ListView 类继承

（1）ListView 用来展示列表的 View。
（2）适配器用来把数据映射到 ListView 上的中介。
（3）数据，指被映射的字符串、图片或者基本组件。

根据列表的适配器类型，列表分为 3 种：ArrayAdapter、SimpleAdapter 和 SimpleCursorAdapter。

ListView 能够通过适配器将数据和自身绑定，在有限的屏幕上提供大量内容供用户选择，所以是经常使用的用户界面控件。

其中 ArrayAdapter 最简单，只能展示一行字。SimpleAdapter 有最好的扩充性，可以自定义出各种效果。SimpleCursorAdapter 可以认为是 SimpleAdapter 对数据库的简单结合，可以方便地把数据库的内容以列表的形式展示出来。

ListView 支持单击事件处理，用户可以用少量的代码实现复杂的选择功能。ListView 常用的 XML 属性及描述见表 4-12。

表 4-12　ListView 常用的 XML 属性及描述

属性名称	描　　述
android:dividerHeight	分隔符的高度。若没有指明高度，则用此分隔符固有的高度。必须为带单位的浮点数，如"14.5sp"。可用的单位如 px（pixel 像素）、dp（density-independent pixels 与密度无关的像素）、sp（scaled pixels based on preferred font size 基于字体大小的固定比例的像素）、in（inches 英寸）、mm（millimeters 毫米）
android:entries	指定一个数组资源，Android 将根据该数组资源生成 ListView
android:footerDividersEnabled	设成 false 时，此 ListView 将不会在页脚视图前画分隔符。此属性默认值为 true。属性值必须设置为 true 或 false。
android:headerDividersEnabled	设成 false 时，此 ListView 将不会在页眉视图后画分隔符。此属性默认值为 true。属性值必须设置为 true 或 false
android:choiceMode	规定 ListView 使用的选择模式。默认状态下，list 没有选择模式。属性值必须设置为下列常量之一：none，值为 0，表示无选择模式；singleChoice，值为 1，表示最多可以有一项被选中；multipleChoice，值为 2，表示可以选中多项

在布局文件中，用 XML 描述的 ListView 控件，代码如下：

```
1.    <ListView
2.    android:id="@+id/myListView01"
3.    android:layout_width="fill_parent"
```

```
4.    android:layout_height="287dip"
5.    android:fadingEdge="none"
6.    android:divider="@drawable/list_driver"
7.    android:scrollingCache="false"
8.    android:background="@drawable/list">
9. </ListView>
```

第 5 行是消除 ListView 的上边和下边黑色的阴影。

第 8 行是消除 ListView 在拖动的时候背景图片消失变成的黑色背景。

第 6 行是在 ListView 的每一项之间设置一个图片作为间隔,其中@drawable/list_driver 是一个图片资源。

4.3　Android 菜单设计

菜单是应用程序中非常重要的组成部分,能够在不占用界面空间的前提下,为应用程序提供统一的功能和设置界面,并为程序开发人员提供易于使用的编程接口。在 Android 系统中,菜单和前面讲述的控件一样,不仅能够在代码中定义,而且可以像界面布局一样在 XML 文件中定义。使用 XML 文件定义界面菜单,将代码与界面设计分类,有助于简化代码的复杂程度,并且有利于界面的可视化。

Android 系统支持 3 种菜单:
- 选项菜单(Option Menu)。
- 子菜单(Submenu)。
- 上下文菜单(Context Menu)。

在 Activity 中可以通过重写 onCreateOptionsMenu(Menu menu)方法创建选项菜单,然后在用户按下手机的 Menu 按钮时会显示创建好的菜单,在 onCreateOptionsMenu(Menu menu)方法内部可以调用 Menu.add()方法实现菜单的添加。

如果处理选择事件,可以通过重写 Activity 的 onMenuItemSelected()方法,该方法常用于处理菜单被选择事件。

4.3.1　Android 选项菜单

选项菜单是一种经常被使用的 Android 系统菜单。可以通过"菜单"(Menu)键打开浏览或选择。

选项菜单通常分为两类,分别是图标菜单(Icon Menu)和扩展菜单(Expanded Menu)。

对于 Android 4.0 之后的版本,系统默认的 UI 风格有所变化,如果仍希望采用原有的显示方式,可以通过为 Activity 设置 Theme 指定风格,通过指定 Theme 以及 ThemeLight 就可以使用旧的菜单风格。具体实现方式是通过在 AndroidManifest.xml 中的 activity 标签中添加属性 android:theme,显示图 4-18,代码如下:

```
< activity android: name =". MyMenuTest" android: label =" @ string/myMenuTest"
android:theme="@android:style/Theme.Light" />
```

第 4 章 Android 应用界面

图 4-18　图标菜单

图标菜单在 Android 4.0 之后，默认为垂直的列表型菜单，可以同时显示文字和图标。图标菜单不支持单选框和复选框控件。创建 Menu 时，如果不采用上述在 XML 中设定显示原有风格的方法，而仅通过 setIcon()方法给菜单添加图标，无法显示出来（虽然在 Android 2.3 系统中是可以显示出来的）。其原因在于，4.0 系统中涉及菜单的源码类 MenuBuilder 做了改变，mOptionalIconsVisible 成员初始默认为 false（菜单设置图标不进行显示），所以，只要在创建菜单时通过调用 setOptionalIconsVisible 方法设置 mOptionalIconsVisible 为 true 即可显示。

扩展菜单是垂直的列表型菜单，它不支持显示图标，但支持单选按钮和复选框控件。

1) onCreateOptionMenu()方法

只有在 Activity 中重载 onCreateOptionMenu()方法，才能在 Android 应用程序中使用选项菜单。第一次使用选项菜单时，会调用 onCreateOptionMenu()方法，用来初始化菜单子项的相关内容（设置菜单子项目自身的子项的 ID 和组 ID、菜单子项显示的文字和图片等）。

```
1.    final static in DOWNLOAD =Menu.FIRST;
2.    final static int UPLOAD =Menu.FIRST+1;
3.    @Override
4.    public Boolean onCreateOptionsMenu(Menu menu){
5.      menu.add(0,DONWLOAD,0,"下载");
6.      menu.add(0,UPLOAD,1,"上传");
7.      return true;
8.    }
```

第 1 行和第 2 行代码将菜单子项 ID 定义成静态常量，并使用静态常量 Menu.FIRST（整数类型，值为 1）定义第一个菜单子项，后续的菜单子项在 Menu.FIRST 基础上增加相应的数值即可。

第 4 行 Menu 对象作为一个参数被传递到方法内部，因此，在 onCreateOptionsMenu()

方法中,用户可以使用 Menu 对象的 add()方法添加设置的菜单子项。

第 7 行代码是 onCreateOptionsMenu()方法返回值,返回 true 将显示在方法中设置的菜单,否则不显示菜单。

add()方法的语法:

```
MenuItem android.view.Menu.add(int groupId, int itemId, int order, CharSequence title)
```

groupId 是组 ID,用以批量地对菜单子项进行处理和排序。

itemId 是子项 ID,是每个菜单子项的唯一标识,通过子项 ID 使应用程序能够定位到用户选择的菜单子项。

order 是定义菜单子项在选项菜单中的排列顺序。

title 是菜单子项所显示的标题。

添加菜单子项的图标和快捷键:使用 setIcon()方法和 setShortcut()方法。

```
1.    menu.add(0, DOWNLOAD, 0, " ")
2.        .setIcon(R.drawable.download);
3.        .setShortcut(',' d);
```

第 2 行代码中设置新的图像资源,用户将需要使用的图像文件复制到 res/drawable 目录下。

setShortcut()方法中第一个参数是为数字键盘设定的快捷键;第二个参数是为全键盘设定的快捷键且不区分字母的大小写。

注意:添加前需要在 AndroidManifest.xml 中的 Activity 标签中添加属性 android:theme。

2) onPrepareOptionsMenu()方法

重载 Activity 中的 onPrepareOptionsMenu()方法,能够实现动态地添加、删除菜单子项,或修改菜单的标题、图标和可见性等内容。

onPrepareOptionsMenu()方法的返回值含义与 onCreateOptionsMenu()相同,即若返回 true,则显示菜单;若返回 false,则不能显示菜单。

4.3.2 Android 子菜单

子菜单是指能够显示更加详细信息的菜单子项。在子菜单中,菜单子项使用浮动窗体的显示形式更好地适应了小屏幕的显示。

Android 系统的子菜单的使用非常灵活,可以在选项菜单或快捷菜单中使用子菜单,这样有利于将相同或相似的菜单子项组织在一起,便于显示和分类。此外,子菜单不支持嵌套,子菜单的添加使用 addSubMenu()方法实现。

```
1.    SubMenu uploadMenu = (SubMenu) menu.addSubMenu(0,UPLOAD,1,"上传")
        .setIcon(R.drawable.upload);
2.    uploadMenu.setHeaderIcon(R.drawable.upload);
```

```
3.  uploadMenu.setHeaderTitle("上传");
4.  uploadMenu.add(0,SUB_UPLOAD_A,0,"上传参数 A");
5.  uploadMenu.add(0,SUB_UPLOAD_B,0,"上传参数 B");
```

第 1 行代码在上述的 onCreateOptionsMenu()方法传递的 menu 对象上调用 addSubMenu()方法,在选项菜单中添加一个菜单子项,用户单击后可以打开子菜单。

第 2 行代码调用 setHeaderIcon()方法,定义子菜单的图标。

第 3 行定义子菜单的标题,如果不设定子菜单的标题,子菜单将显示父菜单子项标题,即第 1 行代码中的"上传"。

第 4 行和第 5 行在子菜单中添加了两个菜单子项,菜单子项的更新和选择事件处理仍然使用 onPrepareOptionsMenu()方法和 onOptionsItemSelected()方法。

4.3.3　Android 上下文菜单

上下文菜单又称为内容菜单(ContextMenu)或者称为长按菜单,当用户长按住一个注册了上下文菜单的控件时,会弹出一个上下文菜单,它是一个流式的列表,供用户选择某项;内容菜单扩展自 Menu,提供了修改上下文菜单头(header)的功能,上下文菜单不支持菜单项的快捷方式和图标,但是可以为上下文菜单设置图标。

下面是为 TextView 控件增加内容菜单的代码 example4.12。

首先要在布局的 XML 文件中增加一个 TextView 控件并实现实例化,还要为 TextView 控件注册上下文菜单。

```
protected void onCreate(Bundle savedInstanceState) {
    super.onCreate(savedInstanceState);
    setContentView(R.layout.main);
    lv = (ListView) this.findViewById(R.id.lv);
    this.registerForContextMenu(lv);
}
```

然后采用 onCreateContextMenu()方法创建上下文菜单,当长按 TextView 控件时,onCreateContextMenu() 函数被调用,函数把定义好的 XML 文件直接填充进来。onCreateContextMenu()函数和 XML 文件如下。

```
<?xml version="1.0" encoding="utf-8"?>
<menu xmlns:android="http://schemas.android.com/apk/res/android" >
    <item
        android:id="@+id/settings"
        android:alphabeticShortcut="s"
        android:icon="@android:drawable/ic_menu_preferences"
        android:title="@string/settings_label"/>
    <item
        android:id="@+id/teams"
        android:alphabeticShortcut="t"
        android:icon="@drawable/team"
```

```xml
            android:title="@string/team_label"/>
    <item
        android:id="@+id/about"
        android:alphabeticShortcut="a"
        android:icon="@android:drawable/ic_menu_info_details"
        android:title="@string/about_label"/>
    <item
        android:id="@+id/help"
        android:alphabeticShortcut="h"
        android:icon="@android:drawable/ic_menu_help"
        android:title="@string/help_label"/>
</menu>
```

```java
public void onCreateContextMenu (ContextMenu menu, View v,    ContextMenuInfo menuInfo) {
    super.onCreateContextMenu(menu, v, menuInfo);

    MenuInflater inflater =getMenuInflater();
    inflater.inflate(R.menu.menu, menu);
}
```

以上是静态方式实现上下文菜单,还可以在 onCreateContextMenu()函数中动态实现上下文菜单,一个简单的实现代码如下。

```java
    public void onCreateContextMenu (ContextMenu menu, View v, ContextMenuInfo menuInfo) {
        super.onCreateContextMenu(menu, v, menuInfo);
        menu.setHeaderTitle("Title");
        menu.setHeaderIcon(R.drawable.team);
        menu.add(0, 0, 0, "复制");
        menu.add(0, 1, 0, "剪贴");
        menu.add(0, 2, 0, "重命名");
    }
```

最后添加菜单选择监听事件,也就是覆盖函数 onContextItemSelected(),当上下文菜单被选择的时候,该函数会被调用。

```java
    public boolean onContextItemSelected (MenuItem item) {
        switch (item.getItemId()) {
        case R.id.about:
            Logger.d("Displaying the about box");
            displayAboutBox();
            return true;
        case R.id.help:
            Logger.d("Displaying the help dialog");
            displayHelpDialog();
            return true;
        case R.id.settings:
            Logger.d("Displaying the settings");
            displaySettings();
```

```
            return true;
        case R.id.teams:
            Logger.d("Displaying the team configuration");
            displayTeamConfiguration();
            return true;
        default:
            Logger.e("Unknown menu item selected");
            return false;
    }
}
```

从上述代码分析，控件增加上下文菜单，主要分为以下 3 步：

（1）覆盖 onCreateContextMenu()方法，或者静态或者动态地创建上下文菜单。

（2）覆盖 onOptionsItemSelected()方法，为上下文菜单实现监听函数。

（3）为控件注册上下文菜单，这里的注册函数 registerForContextMenu()是将控件和上下文菜单联系起来的桥梁。

4.4 项目案例

4.4.1 项目目标

学习 Android 用户界面框架，使用 Android 的常用布局方式及控件，完成智能家居数据采集系统的界面。

项目界面要求通过图标、文字显示采集到的温度、湿度、光照度数据，通过文本框输入云服务账号，程序具有选项菜单功能。

4.4.2 案例描述

本项目案例，创建时使用 EmptyActivity 模板，工程目录如图 4-19 所示：

项目案例中使用到 LinearLayout、TableLayout 布局方式，使用了 textView、imageView、editText 以及 button 控件，它们之间的关系如图 4-20 所示。

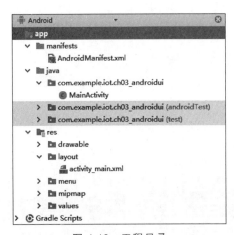

图 4-19　工程目录

图 4-20　布局方式与控件的关系

4.4.3 案例要点

界面布局时,可以先通过界面原型设计工具草图,具体如图 4-21 所示,再通过布局编辑器进行代码设计。

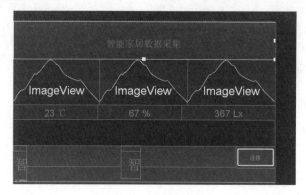

图 4-21 界面布局

4.4.4 案例实施

1. 项目工程的创建

首先创建工程项目,应用名称设置为 ch04-AndriodUi,具体如图 4-22 所示,其他后继工程创建步骤可参考 3.3.4 节的案例创建步骤。

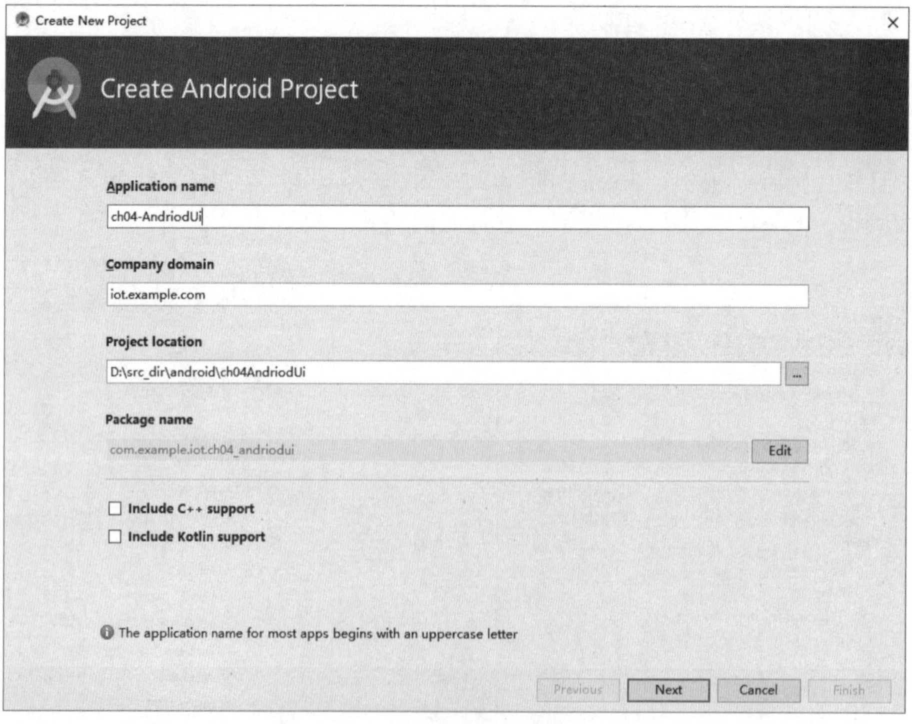

图 4-22 创建项目工程

2. 界面布局的设计

界面布局按照界面设计图进行，首先设置最外层的 LinearLayout，以 vertical 方向向其中添加用于显示界面标题的控件与子布局。

activity_main.xml 代码实现如下：

```xml
<?xml version="1.0" encoding="utf-8"?>
<LinearLayout xmlns:android="http://schemas.android.com/apk/res/android"
    xmlns:app="http://schemas.android.com/apk/res-auto"
    xmlns:tools="http://schemas.android.com/tools"
    android:layout_width="fill_parent"
    android:layout_height="fill_parent"
    android:background="@drawable/bg2"
    android:orientation="vertical"
    tools:context=".MainActivity">

    <TextView
        android:id="@+id/textView2"
        android:layout_width="match_parent"
        android:layout_height="wrap_content"
        android:paddingBottom="20dp"
        android:paddingTop="30dp"
        android:text="智能家居数据采集"
        android:textAlignment="center"
        android:textColor="@android:color/white"
        android:textSize="24sp"
        android:textStyle="bold" />
    <!--在这个布局中放置 3 个图标-->
    <LinearLayout
        android:layout_width="match_parent"
        android:layout_height="wrap_content"
        android:orientation="horizontal">

        <ImageView
            android:id="@+id/imageView3"
            android:layout_width="80dp"
            android:layout_height="100dp"
            android:layout_weight="1"
            app:srcCompat="@drawable/temp" />

        <ImageView
            android:id="@+id/imageView2"
            android:layout_width="80dp"
            android:layout_height="100dp"
            android:layout_weight="1"
            app:srcCompat="@drawable/hum" />

        <ImageView
```

```xml
        android:id="@+id/imageView"
        android:layout_width="80dp"
        android:layout_height="100dp"
        android:layout_weight="1"
        app:srcCompat="@drawable/light" />
    <!--在这个布局中放置3个图标的文字说明-->
</LinearLayout>
<LinearLayout
    android:layout_width="match_parent"
    android:layout_height="match_parent"
    android:layout_weight="1"
    android:orientation="horizontal">

    <TextView
        android:id="@+id/textView4"
        android:layout_width="wrap_content"
        android:layout_height="wrap_content"
        android:layout_weight="1"
        android:textAlignment="center"
        android:textColor="@android:color/white"
        android:textSize="24sp"
        android:textStyle="bold"
        android:text="23 ℃" />

    <TextView
        android:id="@+id/textView5"
        android:layout_width="wrap_content"
        android:layout_height="wrap_content"
        android:layout_weight="1"
        android:text="67 %"
        android:textAlignment="center"
        android:textColor="@android:color/white"
        android:textSize="24sp"
        android:textStyle="bold"/>

    <TextView
        android:id="@+id/textView6"
        android:layout_width="wrap_content"
        android:layout_height="wrap_content"
        android:layout_weight="1"
        android:text="367 Lx"
        android:textAlignment="center"
        android:textColor="@android:color/white"
        android:textSize="24sp"
        android:textStyle="bold"/>
</LinearLayout>
<!--在这个布局中放置文本输入框与按钮-->
<TableLayout
    android:layout_width="match_parent"
    android:layout_height="match_parent"
```

```xml
            android:layout_weight="1">
            <TableRow
                android:layout_width="match_parent"
                android:layout_height="match_parent">

                <TextView
                    android:id="@+id/textID"
                    android:layout_width="wrap_content"
                    android:layout_height="wrap_content"
                    android:layout_weight="1"
                    android:text="智云 ID: "
                    android:textAlignment="center"
                    android:textColor="@android:color/white"
                    android:textSize="16sp" />
                <EditText
                    android:id="@+id/editTextID"
                    android:layout_width="wrap_content"
                    android:layout_height="wrap_content"
                    android:ems="10"
                    android:inputType="textPersonName"
                    android:text="12345678"
                    android:textColor="@android:color/white" />
                <TextView
                    android:id="@+id/textKey"
                    android:layout_width="wrap_content"
                    android:layout_height="wrap_content"
                    android:layout_weight="1"
                    android:text="智云 Key: "
                    android:textAlignment="center"
                    android:textColor="@android:color/white"
                    android:textSize="16sp" />

                <EditText
                    android:id="@+id/editTextKey"
                    android:layout_width="wrap_content"
                    android:layout_height="wrap_content"
                    android:ems="10"
                    android:textColor="@android:color/white"
                    android:inputType="textPersonName"
                    android:text="abcdefghijkmn" />
                <Button
                    android:id="@+id/buttonON"
                    android:layout_width="wrap_content"
                    android:layout_height="wrap_content"
                    android:paddingLeft="10dp"
                    android:paddingRight="10dp"
                    android:text="连接" />
            </TableRow>
        </TableLayout>
</LinearLayout>
```

布局与控件界面运行效果如图 4-23 所示。

图 4-23　布局与控件界面运行效果

3. 选项功能的实现

添加字符串资源。在 strings.xml 文件中添加第 3、4 行内容。

```xml
<resources>
    <string name="app_name">ch03-AndroidUI</string>
    <string name="set">设置</string>
    <string name="about">关于</string>
</resources>
```

在 res 目录中添加菜单文件目录，并添加一个 menu.xml 菜单资源文件，其代码如下。

```xml
<?xml version="1.0" encoding="utf-8"?>
<menu xmlns:android="http://schemas.android.com/apk/res/android"
    xmlns="http://www.w3.org/1999/XSL/Transform">
<item
    android:id="@+id/set"
    android:title="@string/set"
    />
<item
    android:id="@+id/about"
    android:title="@string/about"
    />
</menu>
```

接下来修改 MainActivity.java 文件中的代码，在代码中添加 onCreateOptionsMenu() 与 onOptionsItemSelected() 方法的功能实现。

```java
package com.example.iot.ch03_androidui;
import android.os.Bundle;
import android.support.v7.app.AppCompatActivity;
import android.view.Menu;
```

```java
import android.view.MenuInflater;
import android.view.MenuItem;
import android.widget.Toast;

public class MainActivity extends AppCompatActivity {

    @Override
    protected void onCreate(Bundle savedInstanceState) {
        super.onCreate(savedInstanceState);
        setContentView(R.layout.activity_main);
    }
    @Override
    public boolean onCreateOptionsMenu(Menu menu) {
        MenuInflater menuInflater =new MenuInflater(this);
        menuInflater.inflate(R.menu.menu,menu);
        return super.onCreateOptionsMenu(menu);
    }
    @Override
    public boolean onOptionsItemSelected(MenuItem item) {
        switch (item.getItemId()) {          //获取选中菜单的 Id
            case R.id.set:                   //通过选中 id 跳转指定页面
                Toast.makeText(this,"选择了设置",Toast.LENGTH_SHORT).show();
                break;
            case R.id.about:                 //通过选中 id 跳转指定页面
                Toast.makeText(this,"选择了关于",Toast.LENGTH_SHORT).show();
                break;
        }
        return super.onOptionsItemSelected(item);
    }
}
```

4. 程序运行与测试

运行程序,应用程序右上角出现选项菜单,如图 4-24 所示。单击 3 个点的选项菜单图标,出现程序中设计的选项菜单,选择不同的菜单选项会弹出不同的消息提示框,具体如图 4-25 所示。

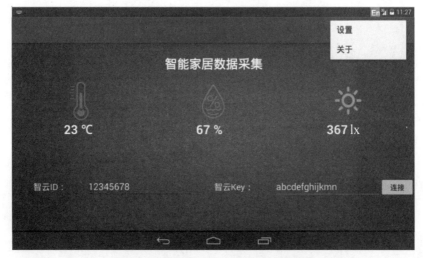

图 4-24　应用程序右上角出现选项菜单

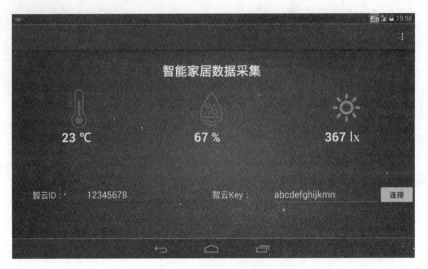

图 4-25 选项菜单弹出效果

习题

1. Android UI 的设计原则包括哪些内容？描述 Android UI 设计当前不同版本的变化、未来发展的趋势是什么？
2. 简述 Android UI 框架与 MVC 设计模式的关系，以及采用 MVC 设计有何优势？
3. Android 中 View 和 ViewGroup 以及视图树模型有什么联系，并就控件分类。
4. 简述 Android UI 不同界面布局适用于什么界面设计，它们常用的组合应用，在实际开发中有哪些。
5. 什么情况下会采用绝对布局，采用它一般需要注意什么问题？

第 5 章 Android 组件与事件

5.1 Android 组件

Android 应用程序在 Android 应用框架之上,由一些系统自带的应用程序和用户创建的应用程序组成。组件是可以调用的基本功能模块,Android 应用程序就是由组件组成的。一个 Android 应用程序通常包含 4 个核心组件和一个 Intent,4 个核心组件分别是 Activity、Service、BroadcastReceiver 和 ContentProvider。Intent 是组件之间进行通信的载体,不仅可以在同一个应用中起传递信息的作用,还可以在不同的应用间传递信息,如图 5-1 所示。

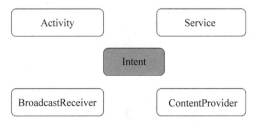

图 5-1 Android 应用程序组件

5.1.1 Android 组件 Activity

1. Activity 的生命周期与创建

Activity 是与用户交互的接口,提供了一个用户完成相关操作的窗口。当在开发中创建 Activity 后,通过调用 setContentView(View)方法给该 Activity 指定一个布局界面,而这个界面就是提供给用户交互的接口。Android 系统中是通过 Activity 栈的方式管理 Activity 的,而 Activity 自身则是通过生命周期的方法管理自己的创建与销毁。Activity 生命周期流程图如图 5-2 所示。

Activity 的形态如下。

(1) Active/Running:Activity 处于活动状态,此时 Activity 处于栈顶,是可见状态,可与用户进行交互。

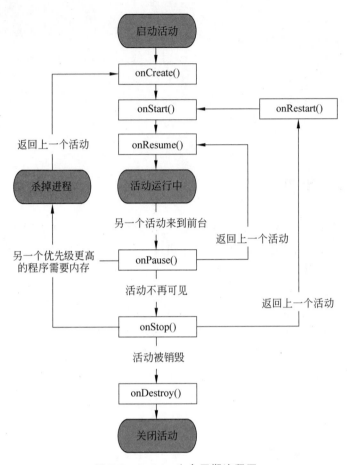

图 5-2 Activity 生命周期流程图

（2）Paused：当 Activity 失去焦点时，或被一个新的非全屏的 Activity，或被一个透明的 Activity 放置在栈顶时，Activity 就转化为 Paused 状态。但此时 Activity 只是失去了与用户交互的能力，其所有的状态信息及其成员变量都还存在，只在系统内存紧张的情况下，才有可能被系统回收。

（3）Stopped：当一个 Activity 被另一个 Activity 完全覆盖时，被覆盖的 Activity 就会进入 Stopped 状态，此时它不再可见，但是与 Paused 状态一样保持着其所有的状态信息及其成员变量。

（4）Killed：当 Activity 被系统回收时，Activity 就处于 Killed 状态。

所谓典型的生命周期，就是在有用户参与的情况下，Activity 经历创建、运行、停止、销毁等正常的生命周期过程。这里先介绍几个主要方法的调用时机，然后再通过代码层验证其调用流程。

（1）onCreate()：该方法在 Activity 被创建时调用，它是生命周期第一个调用的方法，创建 Activity 时一般都需要重写该方法，然后在该方法中做一些初始化的操作，如通过 setContentView() 设置界面布局的资源，初始化所需要的组件信息等。

（2）onStart()：此方法被调用时表示 Activity 正在启动，此时 Activity 已处于可见状态，只是还没有在前台显示，因此无法与用户进行交互。可以简单理解为 Activity 已显示，但我们无法看见。

(3) onResume()：当此方法被调用时，说明 Activity 已在前台可见，可与用户交互了（处于 Active/Running 形态）。onResume()方法与 onStart()的相同点是，两者都表示 Activity 可见，只不过 onStart()调用时 Activity 还是后台，无法与用户交互，而调用 onResume()时 Activity 已显示在前台，可与用户交互。当然，从流程图也可以看出，当 Activity 停止后(onPause()方法和 onStop()方法被调用)，重新回到前台时也会调用 onResume()方法，因此也可以在 onResume()方法中初始化一些资源，如重新初始化在 onPause()或者 onStop()方法中释放的资源。

(4) onPause()：此方法被调用时，表示 Activity 正在停止(处于 Paused 形态)。一般情况下，onStop()方法会紧接着被调用。通过流程图还可以看到的一种情况是：onPause()方法执行后直接执行了 onResume()方法，这属于比较极端的现象，这可能是用户操作使当前 Activity 退居后台后又迅速再回到当前的 Activity，此时 onResume()方法就会被调用。当然，在 onPause()方法中，我们可以做一些数据存储或者动画停止或者资源回收的操作，但是不能太耗时，因为这可能会影响到新的 Activity 的显示——onPause()方法执行完成后，新 Activity 的 onResume()方法才会被执行。

(5) onStop()：一般在 onPause()方法执行完成后直接执行，表示 Activity 即将停止或者完全被覆盖(处于 Stopped 形态)，此时 Activity 不可见，仅在后台运行。同样，在 onStop()方法可以做一些资源释放的操作(不能太耗时)。

(6) onRestart()：表示 Activity 正在重新启动，当 Activity 由不可见状态变为可见状态时，该方法被调用。这种情况一般是用户打开一个新的 Activity 时，当前的 Activity 就会被暂停(onPause()和 onStop()被执行了)，接着又回到当前 Activity 页面，onRestart()方法就会被调用。

(7) onDestroy()：此时 Activity 正在被销毁，也是生命周期最后一个执行的方法。一般地可以在此方法中做一些回收工作和最终的资源释放。

下面通过程序验证上面流程中的几种比较重要的情况，见 example5.1。

```
package com.cmcm.activitylifecycle;

import android.content.Intent;
import android.support.v7.app.AppCompatActivity;
import android.os.Bundle;
import android.view.View;
import android.widget.Button;
public class MainActivity extends AppCompatActivity {
    Button bt;
    //Activity 创建时被调用,@param savedInstanceState
    @Override
    protected void onCreate(Bundle savedInstanceState) {
        super.onCreate(savedInstanceState);
        setContentView(R.layout.activity_main);
        LogUtils.e("onCreate is invoke!!!");
        bt= (Button) findViewById(R.id.bt);
        bt.setOnClickListener(new View.OnClickListener() {
            @Override
            public void onClick(View v) {
```

```java
                Intent i =new Intent(MainActivity.this,SecondActivity.class);
                startActivity(i);
            }
        });
    }
    //Activity 从后台重新回到前台时被调用
    @Override
    protected void onRestart() {
        super.onRestart();
        LogUtils.e("onRestart is invoke!!!");
    }
    //Activity 创建或者从后台重新回到前台时被调用
    @Override
    protected void onStart() {
        super.onStart();
        LogUtils.e("onStart is invoke!!!");
    }
    //Activity 创建或者从被覆盖、后台重新回到前台时被调用
    @Override
    protected void onResume() {
        super.onResume();
        LogUtils.e("onResume is invoke!!!");
    }
    //Activity 被覆盖到下面或者锁屏时被调用
    @Override
    protected void onPause() {
        super.onPause();
        LogUtils.e("onPause is invoke!!!");
    }
    //退出当前 Activity 或者跳转到新 Activity 时被调用
    @Override
    protected void onStop() {
        super.onStop();
        LogUtils.e("onStop is invoke!!!");
    }
    //退出当前 Activity 时被调用,调用之后 Activity 就结束了
    @Override
    protected void onDestroy() {
        super.onDestroy();
        LogUtils.e("onDestroy is invoke!!!");
    }
}
```

2. Activity 间的数据传递与交互

1) 数据传递

假设有两个 Activity，即 MainActivity 与 SecondActivity，其中 MainActivity 是主活动。MainActivity 中有一个字符串，现在想把这个字符串传递到 SecondActivity，可以用 putExtra 与 getStringExtra 在 Activity 之间传递数据，见示例 example5.2。

```java
public String getStringExtra(String name){
  return mExtras ==null?null:mExtras.getString(name);
}
```
MainActivity 需要传递 data 给 SecondActivity,具体使用如下:
```java
//MainActivity(sender)
        button.setOnClickListener(new View.OnClickListener() {
            @Override
            public void onClick(View v) {
                String data =" hello world!";
                Intent intent =new Intent(MainActivity.this, SecondActivity.class);
                intent.putExtra("extra_data",data); //{"extra_data":data}
                startActivity(intent);
            }
        });
// SecondActivity(receiver)
public class SecondActivity extends Activity {
    @Override
    protected void onCreate(Bundle savedInstanceState){
        super.onCreate(savedInstanceState);
        requestWindowFeature(Window.FEATURE_NO_TITLE);
        setContentView(R.layout.second_layout);
        //通过 intent 获取数据
        Intent intent =getIntent();
        String data =intent.getStringExtra("extra_data");
        Toast.makeText(SecondActivity.this,data,Toast.LENGTH_SHORT).show();
    }
}
```

2) 数据返回

因为数据返回一般是 Activity 的销毁,而不是调用,因此与 1)中的方式不一样。假设现在需要从 SecondActivity 返回数据给 MainActivity:

```java
// SecondActivity
public class SecondActivity extends Activity {
    @Override
    protected void onCreate(Bundle savedInstanceState){
        super.onCreate(savedInstanceState);
        requestWindowFeature(Window.FEATURE_NO_TITLE);
        setContentView(R.layout.second_layout);
        Button button2 = (Button) findViewById(R.id.button_2);
        button2.setOnClickListener(new View.OnClickListener() {
            @Override
            public void onClick(View v) {
                Intent intent =new Intent();
                intent.putExtra("data_return", "Hello MainActivity");
                //绑定 result_code 与 intent 的内容
                setResult(RESULT_OK,intent);
                finish();
```

```
        }
    });
}
```

MainActivity 需要接收的参数有 request Code、result Code 和一个 intent。

```
public class MainActivity extends AppCompatActivity {
    @Override
    protected void onCreate(Bundle savedInstanceState) {
        super.onCreate(savedInstanceState);
        requestWindowFeature(Window.FEATURE_NO_TITLE);
        setContentView(R.layout.activity_main);
        final Button button = (Button) findViewById(R.id.button_1);
        button.setOnClickListener(new View.OnClickListener() {
            @Override
            public void onClick(View v) {
                Intent intent =new Intent(MainActivity.this, SecondActivity.class);
                startActivityForResult(intent, 200);
            }
        });
    }
    @Override
    protected void onActivityResult(int requestCode, int resultCode, Intent data) {
        switch (requestCode){
            case 200:
                if (requestCode ==RESULT_OK){
                    String returnedData =data.getStringExtra("data_return");
                    Log.d("MainActivity", returnedData);
                }
                break;
            default:
        }
        ...
    }
}
```

3）在 Bundle 中传递及保存数据

在 Bundle 中传递及保存数据是为了防止 Activity 调用时，当前 Activity 如果需要在 onDestroy()时保存一些临时数据，则可以用构造函数 onSaveInstanceState()。

保存数据示例 example5.3 如下。

```
@Override
protected void onSaveInstanceState(Bundle outState){
    super.onSaveInstanceState(outState);
    String tempData ="Something you just typed";
    outState.putString("data_key",tempData);
}
```

取出数据：

```
public class ActivityLifeCycleTest extends AppCompatActivity {
    public static final String TAG ="MainActivity";
    @Override
    protected void onCreate(Bundle savedInstanceState) {
        super.onCreate(savedInstanceState);
        Log.d(TAG, "onCreate");
        Toast.makeText(ActivityLifeCycleTest.this,TAG+"===onCreate==",Toast.
LENGTH_SHORT).show();
        requestWindowFeature(Window.FEATURE_NO_TITLE);
        setContentView(R.layout.activity_activity_life_cycle_test);
        if (savedInstanceState !=null){
            String data =savedInstanceState.getString("data_key");
            Log.d(TAG, data);
        }
...
}
```

5.1.2 Android 组件 Service

Service 常用于没有用户界面,但需要长时间在后台运行的应用,与应用程序的其他模块(如 Activity)一同运行于主线程中。一般通过 startService()或 bindService()方法创建 Service,通过 stopService()或 stopSelf()方法终止 Service。通常,都在 Activity 中启动和终止 Service。

在 Android 应用中,Service 的典型应用是：音乐播放器,在一个媒体播放器程序中,大概要有一个或多个活动(Activity)供用户选择歌曲并播放。然而,音乐的回放就不能使用活动(Activity)了,因为用户希望能够切换到其他界面时音乐继续播放。这种情况下,媒体播放器活动(Activity)要用 Context. startService()启动一个服务在后台运行,保持音乐的播放。系统将保持这个音乐回放服务的运行,直到它结束。需要注意,要用 Context. bindService()方法连接服务(如果它没有运行,要先启动它)。当连接到服务后,可以通过服务暴露的一个接口和它通信。对于音乐服务,它支持暂停、倒带、重放等功能。

1. Service 与 Thread

Service(服务)：Android 四大组件之一,非常适合执行那些不需要与用户交互且要求长期执行的任务。需要注意：服务依赖于创建服务时所在的应用程序进程。

Thread(线程)：程序执行的最小单元,可以用 Thread 执行一些异步操作。

子进程和服务的使用及其区别如下。

(1) 子进程的使用：通常使用子线程完成耗时任务。但是,有时需要根据任务的执行结果更新显示相应的 UI 控件,要知道 Android 的 UI 与许多其他 GUI 库一样是线程不安全的,必须在主线程中操作,于是需要采用异步消息机制。为了方便起见,我们还是使用基于异步消息机制的 AsyncTask 抽象类：使用 AsyncTask 的诀窍在于,在 doInBackground(运行在子线程中)方法中执行耗时操作,在 onProgressUpdate(运行在主线程中)方法中进行 UI 操作,在 onPostExcute(运行在主线程中)方法中执行任务的收尾工作。

(2) 服务的使用：服务我们最初的理解是在后台处理一些耗时操作，但是不要被其所谓的后台概念迷惑，实际上服务不会自动开启线程，所有的代码都是默认运行在主线程中的，如果直接在服务中进行耗时操作，必定会阻塞主线程，出现 ANR 的情况。因此，需要在服务中手动创建子线程，在子线程中进行耗时操作。一个比较标准的服务如 example5.4 所示。

```
public class MyService extends Service {
    …
    @Override
    public int onStartCommand(Intent intent,int flags,int startId)
    {
        new Thread(new Runnable()
        {
            public void run()
            {
                //处理具体逻辑
            }
        }).start();
        return super.onStartCommand(intent,flags,startId);
    }
}
```

但是，这种服务一旦启动，必须调用 stopSelf() 方法或 stopService() 方法，才能停止该服务。为了简单地创建一个异步的、会自动停止的服务，Android 专门提供了一个 IntentService 类，只需要新建一个 MyIntentService，继承 IntentService 类，在 onHandlerIntent() 方法中执行耗时操作即可，因为这个方法是在子线程中运行的，且这个服务在运行结束后会自动停止。

2. IntentService 的使用

Android 中的 IntentService 继承自 Service 类，我们在讨论 IntentService 之前，先想一下 Service 的特点：Service 的回调方法（onCreate、onStartCommand、onBind、onDestroy）都是运行在主线程中的。当通过 startService 启动 Service 之后，需要在 Service 的 onStartCommand() 方法中写代码完成工作，但是 onStartCommand() 是运行在主线程中的，如果需要在此处完成一些网络请求或 IO 等耗时操作，就会阻塞主线程 UI 无响应，从而出现 ANR 现象。为了解决这种问题，最好的办法是在 onStartCommand() 中创建一个新的线程，并把耗时代码放到这个新线程中执行。在 onStartCommand() 中开启新的线程作为工作线程执行网络请求，这样不会阻塞主线程。可见，创建一个带有工作线程的 Service 是一种很常见的需求（因为工作线程不会阻塞主线程），所以 Android 为了简化开发带有工作线程的 Service，Android 额外开发了一个类——IntentService。

IntentService 的特点：

(1) IntentService 自带一个工作线程，当 Service 需要做一些可能会阻塞主线程的工作时，可以考虑使用 IntentService。

(2) 需要将要做的实际工作放入 IntentService 的 onHandleIntent() 回调方法中，当通过 startService(intent)启动 IntentService 之后,最终 Android Framework 会回调其 onHandleIntent()方法,并将 intent 传入该方法,这样就可以根据 intent 做实际工作,并且 onHandleIntent 运行在 IntentService 所持有的工作线程中,而非主线程。

(3) 当通过 startService 多次启动 IntentService,会产生多个 job,由于 IntentService 只有一个工作线程,所以每次 onHandleIntent 只能处理一个 job。面对多个 job,IntentService 会如何处理?处理方式是 one-by-one,也就是一个一个按照先后顺序处理,先将 intent1 传入 onHandleIntent,让其完成 job1,然后将 intent2 传入 onHandleIntent,让其完成 job2……,直至所有 job 完成,所以说 IntentService 不能并行执行多个 job,只能一个一个地按先后顺序完成,当所有 job 完成时,IntentService 就销毁了,会执行 onDestroy()回调方法。

IntentService 继承自 Service 类,并且 IntentService 重写了 onCreate()、onStartCommand()、onStart()、onDestroy()回调方法,IntentService 还添加了一个 onHandleIntent()回调方法。下面依次解释这几个方法在 IntentService 中的作用。

(1) onCreate:在 onCreate()回调方法中,利用 mName 作为线程名称,创建 HandlerThread,HandlerThread 是 IntentService 的工作线程。HandlerThread 执行了 start()方法后,其本身就关联了消息队列和 Looper,并且消息队列开始循环起来。

(2) onStartCommand:IntentService 重写了 onStartCommand()回调方法,即在内部调用 onStart()回调方法。

(3) onStart:在 onStart()方法中创建 Message 对象,并将 intent 作为 Message 的 obj 参数,这样 Message 与 Intent 就关联起来了,然后通过 Handler 的 sendMessage()方法将关联了 Intent 信息的 Message 发送给 Handler。

(4) onHandleIntent:在 onStart()方法中,通过 sendMessage()方法将 Message 放入 Handler 所关联的消息队列中后,Handler 所关联的 Looper 对象会从消息队列中取出一个 Message,然后将其传入 Handler 的 handleMessage()方法中,在 handleMessage()方法中首先通过 Message 的 obj 获取到原始的 Intent 对象,然后将其作为参数传给 onHandleIntent()方法让其执行。handleMessage()方法是运行在 HandlerThread 中的,所以 onHandleIntent()也是运行在工作线程中的。执行完 onHandleIntent()之后,需要调用 stopSelf(startId)声明某个 job 完成了。当所有 job 完成时,Android 会回调 onDestroy()方法,销毁 IntentService。

(5) onDestroy:当所有 job 完成时,Service 会销毁并执行其 onDestroy()回调方法。在该方法中调用了 Handler 的 quit()方法,该方法会终止消息循环。

总结:IntentService 可以在工作线程中完成工作,而不阻塞主线程,但是 IntentService 不能并行处理多个 job,只能依次处理,一个接一个,当所有 job 完成后,会自动执行 onDestroy()方法而无须自己调用 stopSelf()或 stopSelf(startId)方法。IntentService 并不神秘,只是 Android 对一种常见开发方式的封装,便于开发人员减少开发工作量。IntentService 是一个助手类,如果 Android 没有提供该类,也可以写一个类似的类。IntentService 之于 Service,类似于 HandlerThread 之于 Handler。

5.1.3 BroadcastReceiver 组件

1. BroadcastReceiver

在 Android 中，Broadcast 是一种广泛运用在应用程序之间传输信息的组件，而 BroadcastReceiver 是接收并响应广播消息的组件；对发送出来的 Broadcast 进行过滤接收并响应，它不包含任何用户界面，可以通过启动 Activity 或者 Notification 通知用户接收到重要消息，在 Notification 中有多种方法提示用户，如闪动背景灯、振动设备、发出声音或在状态栏上放置一个持久的图标。

BroadcastReceiver 过滤接收的过程如图 5-3 所示。

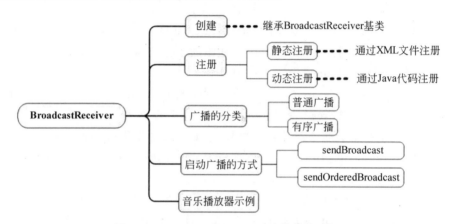

图 5-3　BroadcastReceiver 过滤接收的过程

需要发送消息时，把要发送的消息和用于过滤的信息（如 Action、Category）装入一个 Intent 对象，然后通过调用 Context.sendBroadcast()、sendOrderBroadcast() 或 sendStickyBroadcast()方法，把 Intent 对象以广播方式发送出去。

当 Intent 发送后，所有已经注册的 BroadcastReceiver 会检查注册时的 Intent Filter 是否与发送的 Intent 相匹配，若匹配，则调用 BroadcastReceiver 的 onReceive()方法。因此，在定义一个 BroadcastReceiver 时，通常需要实现 onReceive()方法。

BroadcastReceiver 注册有以下两种方式。

（1）静态地在 AndroidManifest.xml 中用＜receiver＞标签声明注册，并在标签内用＜intent-filter＞标签设置过滤器。

（2）动态地在代码中先定义并设置好一个 Intent Filter 对象，然后在需要注册的地方调用 Context.registerReceiver()方法，如果取消，就调用 Context.unregisterReceiver()方法。

不管是用 XML 注册的，还是用代码注册的，程序退出时，一般需要注销，否则下次启动程序可能会有多个 BroadcastReceiver。另外，若在使用 sendBroadcast()方法时指定了接收权限，则只有在 AndroidManifest.xml 中用＜user-permission＞标签声明了拥有此权限的 BroadcastReceiver 时，才有可能接收到发送来的 Broadcast。

同样，若在注册 BroadcastReceiver 时指定了可接收的 Broadcast 的权限，则只有在包内的 AndroidManifest.xml 中用＜user-permission＞标签声明了拥有此权限的 Context 对

象所发送的 Broadcast 时，才能被这个 BroadcastReceiver 接收。

2. LocalBroadcastReceiver

BroadcastReceiver 是针对应用间、应用与系统间、应用内部进行通信的一种方式。LocalBroadcastReceiver 仅在自己的应用内发送接收广播，也就是只有自己的应用能收到，数据更加安全广播只在这个程序里，而且效率更高。

LocalBroadcastReceiver 不能静态注册，只能采用动态注册的方式。发送和注册时采用 LocalBroadcastManager 的 sendBroadcast()方法和 registerReceiver()方法。

3. 自定义广播接收者 BroadcastReceiver

自定义广播接收者继承 BroadcastReceiver 基类，必须复写抽象方法 onReceive()。

广播接收器接收到相应广播后，会自动回调 onReceive() 方法。一般情况下，onReceive()方法会涉及与其他组件之间的交互，如发送 Notification、启动 Service 等。默认情况下，广播接收器运行在 UI 线程，因此，onReceive()方法不能执行耗时操作，否则将导致 ANR。

代码范例：

```
public class mBroadcastReceiver extends BroadcastReceiver {
  //复写 onReceive()方法
  //接收到广播后,自动调用该方法
  @Override
  public void onReceive(Context context, Intent intent) {
     //写入接收广播后的操作
     }
}
```

4. 注册的方式

注册的方式分为两种：静态注册、动态注册。

示例 example5.5：

静态注册在 AndroidManifest.xml 里通过＜receiver＞标签声明，＜receiver＞相关属性设置如下：

```
<receiver
    android:enabled=["true" | "false"]
    //此 BroadcastReceiver 能否接收其他 App 发出的广播
    //默认值是由 receiver 中有无 intent-filter 决定的:如果有 intent-filter,默认值为
    //true,否则为 false
    android:exported=["true" | "false"]
    android:icon="drawable resource"
    android:label="string resource"
    //继承 BroadcastReceiver 子类的类名
    android:name=".mBroadcastReceiver"
    //具有相应权限的广播发送者发送的广播才能被此 BroadcastReceiver 接收
    android:permission="string"
    //BroadcastReceiver 运行所处的进程
```

```xml
        //默认为 App 的进程,可以指定独立的进程
        //注:Android 四大基本组件都可以通过此属性指定自己的独立进程
        android:process="string" >
        //用于指定此广播接收器将接收的广播类型
        //本示例中给出的是用于接收网络状态改变时发出的广播
        <intent-filter>
            <action android:name="android.net.conn.CONNECTIVITY_CHANGE" />
        </intent-filter>
</receiver>
```

静态注册示例:

```xml
<receiver
        //此广播接收者类是 mBroadcastReceiver
        android:name=".mBroadcastReceiver" >
        //用于接收网络状态改变时发出的广播
        <intent-filter>
            <action android:name="android.net.conn.CONNECTIVITY_CHANGE" />
        </intent-filter>
</receiver>
```

动态注册在代码中调用 Context.registerReceiver()方法,具体代码如下。

```java
//选择在 Activity 生命周期方法中的 onResume()中注册
  @Override
  protected void onResume(){
      super.onResume();
    //1. 实例化 BroadcastReceiver 子类 & IntentFilter
    mBroadcastReceiver mBroadcastReceiver =new mBroadcastReceiver();
    IntentFilter intentFilter =new IntentFilter();
    //2. 设置接收广播的类型
    intentFilter.addAction(android.net.conn.CONNECTIVITY_CHANGE);
    //3. 动态注册:调用 Context 的 registerReceiver()方法
    registerReceiver(mBroadcastReceiver, intentFilter);
}
//注册广播后,要在相应位置销毁广播
//在 onPause() 中 unregisterReceiver(mBroadcastReceiver)
//当此 Activity 实例化时,会动态将 MyBroadcastReceiver 注册到系统中
//当此 Activity 销毁时,动态注册的 MyBroadcastReceiver 将不再接收相应的广播
  @Override
  protected void onPause() {
      super.onPause();
        //销毁在 onResume()方法中的广播
      unregisterReceiver(mBroadcastReceiver);
      }
  }
```

特别注意,动态广播最好在 Activity 的 onResume()注册、onPause()注销。因为对于动态广播,有注册就必然有注销,否则会导致内存泄漏,重复注册、重复注销也不允许。

5.1.4 ContentProvider 组件

ContentProvider 是 Android 系统提供的一种标准的共享数据的机制。在 Android 中，每个应用程序的资源都为私有，应用程序可以通过 ContentProvider 组件访问其他应用程序的私有数据(私有数据可以是存储在文件系统中的文件，或者是存放在 SQLite 中的数据库)，如图 5-4 所示。

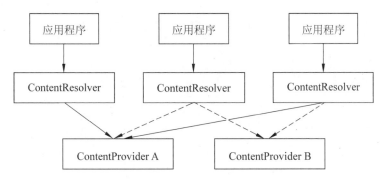

图 5-4 应用程序、ContentResolver 与 ContentProvider

对 ContentProvider 的使用，有以下两种方式。

(1) ContentResolver 访问。

(2) Context.getContentResolver()。

Android 系统内部也提供了一些内置的 ContentProvider，能够为应用程序提供重要的数据信息。使用 ContentProvider 对外共享数据的好处是统一了数据的访问方式。

进程间共享数据的本质是：添加、删除、获取、修改(更新)数据。所以，ContentProvider 核心的方法函数也主要是上述 4 个作用。

ContentProvider 主要方法：

```
<--4个核心方法 -->
//外部进程向 ContentProvider 中添加数据
public Uri insert(Uri uri, ContentValues values)

//外部进程删除 ContentProvider 中的数据
public int delete(Uri uri, String selection, String[] selectionArgs)

//外部进程更新 ContentProvider 中的数据
public int update (Uri uri, ContentValues values, String selection, String[] selectionArgs)

//外部应用获取 ContentProvider 中的数据
public Cursor query(Uri uri, String[] projection, String selection, String[] selectionArgs,  String sortOrder)

/*注：
1. 上述 4 个方法由外部进程回调，并运行在 ContentProvider 进程的 Binder 线程池中(不是主线程)
```

> 2. 存在多线程并发访问,需要实现线程同步
> a. 若 ContentProvider 的数据存储方式是使用 SQLite & 一个,则不需要,因为 SQLite 内部实现好了线程同步,若是多个 SQLite,则需要,因为 SQL 对象之间无法进行线程同步
> b. 若 ContentProvider 的数据存储方式是内存,则需要自己实现线程同步 */
>
> <--2个其他方法 -->
> //ContentProvider 创建后 或 打开系统后,其他进程第一次访问该 ContentProvider 时由系
> //统进行调用
> //注:运行在 ContentProvider 进程的主线程,故不能做耗时操作
> public boolean onCreate()
>
> //得到数据类型,即返回当前 URL 所代表数据的 MIME 类型
> public String getType(Uri uri)

5.1.5 Intent 组件

1. Intent 简介

Intent 提供了一种通用的消息系统,它允许在应用程序与其他应用程序间传递 Intent 执行动作和产生事件。

Intent 负责对应用中一次操作的动作、动作涉及数据、附加数据进行描述,Android 则根据 Intent 的描述找到对应的组件,将 Intent 传递给调用的组件,并完成组件的调用。

Intent 不仅可用于应用程序之间,也用于应用程序内部的 Activity/Service 之间的交互。因此,Intent 在这里起媒体中介的作用,类似于消息、事件通知,它充当 Activity、Service、BroadcastReceiver 之间联系的桥梁,专门提供组件互相调用的相关信息,实现调用者与被调用者之间的解耦,具体如图 5-5 所示。

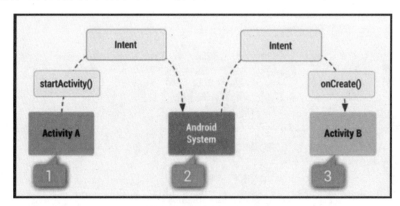

图 5-5 Intent 作用示意图

使用 Intent 可以激活 Android 应用的 3 个核心组件:活动、服务和广播接收器。

在 Android 系统中,Intent 的用途主要有 3 个,分别是:

(1) 启动 Activity。

(2) 启动 Service。

(3) 在 Android 系统上发布广播消息(广播消息可以是接收到特定数据或消息,也可

以是手机的信号变化或电池的电量过低等信息)。

通常,Intent 分为显式或隐式两类。显式的 Intent 就是指定了组件名字的 Intent,由程序指定具体的目标组件来处理,即在构造 Intent 对象时就指定接收者,指定了一个明确的组件(setComponent 或 setClass)来处理 Intent。

```
Intent intent =new Intent(
    getApplicationContext(),
    Test.Class
);
startActivity(intent);
```

隐式的 Intent 就是没有指定 Intent 的组件名字,没指定明确的组件处理该 Intent。使用这种方式时,需要让 Intent 与应用中的 Intent Filter 描述表相匹配。需要 Android 根据 Intent 中的 Action、Data、Category 等解析匹配。由系统接受调用并决定如何处理,即 Intent 的发送者在构造 Intent 对象时,并不知道也不关心接收者是谁,这有利于降低发送者和接收者之间的耦合。例如:startActivity(new Intent(Intent.ACTION_DIAL));。

```
Intent intent =new Intent();
intent.setAction("test.intent.IntentTest");
startActivity(intent);
```

目标组件(Activity、Service、BroadcastReceiver)是通过设置它们的 Intent Filter 界定其处理的 Intent。如果一个组件没有定义 Intent Filter,那么它只能接收处理显式的 Intent,只有定义了 Intent Filter 的组件,才能同时处理隐式和显式的 Intent。

一个 Intent 对象包含很多数据的信息,由以下 6 个部分组成。

(1) Action:要执行的动作。
(2) Data:执行动作要操作的数据。
(3) Category:被执行动作的附加信息。
(4) Extras:其他所有附加信息的集合。
(5) Type:显式指定 Intent 的数据类型(MIME)。
(6) Component:指定 Intent 的目标组件的类名称,如要执行的动作、类别、数据、附加信息等。

下面就一个 Intent 中包含的信息进行简要介绍。

1) Action

一个 Intent 的 Action 在很大程度上说明这个 Intent 要做什么,如查看(View)、删除(Delete)、编辑(Edit)等。Action 是一个用户定义的字符串,Android 中预定义了很多 Action,可以参考 Intent 类查看。图 5-6 是 Android 文档中的几个动作。

此外,用户也可以自定义 Action,如 com.flysnow.intent.ACTION_ADD,定义的 Action 最好能表明其所表示的意义,要做什么,这样 Intent 中的数据才容易填充。Intent 对象的 getAction()可以获取动作,使用 setAction()可以设置动作。

2) Data

Data 实质上是一个 URI,用于执行一个 Action 时所用到的数据的 URI 和 MIME。不

Constant	Target component	Action
ACTION_CALL	Activity	Initiate a phone call.
ACTION_EDIT	Activity	Display data for the user to edit.
ACTION_MAIN	Activity	Start up as the initial activity of a task, with no data input and no returned output.
ACTION_SYNC	Activity	Synchronize data on a server with data on the mobile device.
ACTION_BATTERY_LOW	BroadcastReceiver	A warning that the battery is low.
ACTION_HEADSET_PLUG	BroadcastReceiver	A headset has been plugged into the device, or unplugged from it.
ACTION_SCREEN_ON	BroadcastReceiver	The screen has been turned on.
ACTION_TIMEZONE_CHANGED	BroadcastReceiver	The setting for the time zone has changed.

图 5-6 Action

同的 Action 有不同的数据规格，如 ACTION_EDIT 动作，数据就可以包含一个用于编辑文档的 URI，如果是一个 ACTION_CALL 动作，数据就是一个包含了 tel:6546541 的数据字段，所以上面提到自定义 Action 时要规范命名。数据的 URI 和类型对于 Intent 的匹配很重要，Android 往往根据数据的 URI 和 MIME 找到能处理该 Intent 的最佳目标组件。

3) Component(组件)

Component 指定 Intent 的目标组件的类名称。通常，Android 会根据 Intent 中包含的其他属性的信息，如 action、data/type、category 进行查找，最终找到一个与之匹配的目标组件。

如果设置了 Intent 目标组件的名字，那么这个 Intent 就会被传递给特定的组件，而不再执行上述查找过程，指定这个属性后，Intent 的其他所有属性都是可选的，也就是我们说的显式 Intent。如果不设置，则是隐式的 Intent，Android 系统将根据 Intent Filter 中的信息进行匹配。

4) Category

Category 指定了用于处理 Intent 的组件的类型信息。一个 Intent 可以添加多个 Category，使用 addCategory() 方法即可，使用 removeCategory() 删除一个已经添加的类别。Android 的 Intent 类里定义了很多常用的类别，可以参考使用。

5) Extras

Extras 有些用于处理 Intent 的目标组件需要一些额外的信息，那么就可以通过 Intent 的 put() 方法把额外的信息塞入 Intent 对象中，用于目标组件的使用。一个附件信息就是一个 key-value 的键值对，Intent 有一系列 put() 和 get() 方法用于处理附加信息的塞入和取出。

2. 使用 Intent 进行组件通信

前面已经讲述了 Intent 的作用、分类及其包含的信息，由上可知，Intent 就是一个动作的完整描述，包含了动作的产生组件、接收组件和传递的数据信息。Intent 也可称为一个在不同组件之间传递的消息，这个消息到达接收组件后，接收组件会执行相关的动作。Intent 为 Activity、Service 和 BroadcastReceiver 等组件提供了交互的能力，如图 5-7 所示。

对于 Activity、Service 和 BroadcastReceiver 这 3 个组件，它们都有自己独立的传递 Intent 的机制。

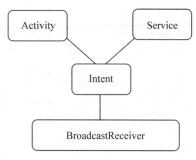

图 5-7　组件交互

(1) Activity：对于 Activity 来说，它主要通过 Context.startActivity() 或 Activity.startActivityForRestult() 启动一个存在的 Activity 做一些事情。当使用 Activity.startActivityForResult() 启动一个 Activity 时，可以使用 Activity.setResult() 返回一些结果信息，可以在 Activity.onActivityResult() 中得到返回的结果。

(2) Service：对于 Service 来说，它主要通过 Context.startService() 初始化一个 Service 或者传递消息给正在运行的 Service。同样，也可以通过 Context.bindService() 建立一个调用组件和目标服务之间的连接。

(3) BroadcastReceiver：它可以通过 Context.sendBroadcast()、Context.sendOrderedBroadcast() 以及 Context.sendStickyBroadcast() 方法传递 Intent 给感兴趣的广播。

消息之间的传递是没有重叠的，如调用 startActivity() 传播一个 Intent，只会传递给 Activity，而不会传递给 Service 和 BroadcastReceiver，反过来也一样。

3. 使用 Intent 启动 Activity

在 Android 系统中，应用程序一般都有多个 Activity，Intent 可以实现不同 Activity 之间的切换和数据传递。

使用 Intent 启动 Activity 方式，主要有两种，分别是显式启动和隐式启动。如前面章节所述，显式启动必须在 Intent 中指明启动的 Activity 所在的类。而隐式启动，Android 系统根据 Intent 的动作和数据决定启动哪一个 Activity，也就是说，在隐式启动时，Intent 中只包含需要执行的动作和所包含的数据，并没有指明具体启动的 Activity，而是由 Android 系统和最终用户决定。下面介绍显式和隐式启动 Activity 的通常用法。

上述包含了两个 Activity 类，分别是 IntentTestDemo 和 NewActivity，程序默认启动的是 IntentTestDemo。example5.6 的程序实现步骤如下：

1) 显式启动 Activity 的通常用法

(1) 新建一个 Intent。

(2) 指定当前的应用程序上下文以及要启动的 Activity。

(3) 把新建好的 Intent 作为参数传递给 startActivity() 方法。

```
Intent intent =new Intent(IntentTestDemo.this, NewActivity.class);
startActivity(intent);
```

上述包含了两个 Activity 类，分别是 IntentTestDemo 和 NewActivity，程序默认启动

的是 IntentTestDemo。具体步骤如下。

(1) 依照前面案例创建的步骤新创建一个工程名为 IntentTestDemo 的工程,然后打开工程中的 AndroidManifest.xml 文件,在<application>根节点下添加<activity>标签,注册新添加的 activity,嵌套在<application>根节点标签下,添加代码如下。

```
<activity android:name=".NewActivity"
    android:label="@string/app_name"/activity>
```

在 Android 应用程序中,用户使用的每个组件都必须在 AndroidManifest.xml 文件中的<application>节点内定义,<application>节点下共有两个<activity>节点,分别代表应用程序中使用的两个 Activity:IntentTestDemo(创建工程时自动生成)和 NewActivity。

(2) 修改 res 目录下 layout 文件夹中的 main.xml 文件,设置线性布局,添加一个 Button 控件描述,并设置相关属性,代码如下所示。

```
<?xml version="1.0" encoding="utf-8"?>
<LinearLayout xmlns:android="http://schemas.android.com/apk/res/android"
    android:orientation="vertical"
    android:layout_width="fill_parent"
    android:layout_height="fill_parent">
<Button android:id="@+id/bt1"
    android:layout_height="wrap_content"
    android:layout_width="fill_parent"
    android:text="测试显式 Intent"
/>
</LinearLayout>
```

(3) 修改 src 目录下 com.hisoft.activity 包下的 IntentTestDemoActivity.java 文件,添加显示使用 Intent 启动 Activity 的核心代码,代码如下。

```
Button button = (Button)findViewById(R.id.bt1);
button.setOnClickListener(new OnClickListener(){
    public void onClick(View view){
        Intent intent = new Intent (IntentTestDemoActivity.this, NewActivity.class);
        startActivity(intent);
    }
});
```

在单击事件的处理函数中,Intent 构造函数的第 1 个参数是应用程序上下文,程序中的应用程序上下文就是 IntentTestDemo;第 2 个参数是接收 Intent 的目标组件,使用的是显式启动方式,直接指明了需要启动的 Activity。

(4) 在 src 目录下 com.hisoft.activity 包下创建新的 NewActivity,在 res 目录下 layout 文件夹中创建 new_main.xml 文件,在 values 文件夹下的 strings.xml 文件中添加 text 引用,让 NewActivity 界面显示 NewActivity application。

(5) 部署运行程序,ItentTestDemo 运行效果如图 5-8 所示。单击"测试显式 Intent"按钮,程序运行效果如图 5-9 所示。

图 5-8　IntentTestDemo 运行效果

图 5-9　测试显式 Intent 效果

2) 隐式启动 Activity 的通常用法

隐式启动 Activity 时,Android 系统在应用程序运行时解析 Intent,并根据一定的规则对 Intent 和 Activity 进行匹配,使 Intent 上的动作、数据与 Activity 完全匹配。

(1) 在 AndroidManifest.xml 中注册声明需要匹配 Activity。

(2) 在程序代码中创建新的 Intent(可以向 Intent 中添加运行 Activity 需要的附加信息)。

(3) 将 Intent 传递给 startActivity()。

创建 Intent 时,默认情况下,Android 系统会调用内置的 Web 浏览器,如

```
Intent intent = new Intent(Intent.ACTION_VIEW, Uri.parse("http://www.google.com"));
startActivity(intent);
```

上述代码中 Intent 的动作是 Intent.ACTION_VIEW,根据 URI 的数据类型匹配动作,数据部分的 URI 是 Web 地址,使用 Uri.parse(urlString)方法可以简单地把一个字符串解释成 Uri 对象。

创建 Intent 对象的语法如下:

```
Intent intent = new Intent(Intent.ACTION_VIEW, Uri.parse(urlString));
```

Intent 构造函数的第 1 个参数是 Intent 需要执行的动作,第 2 个参数是 Uri,表示需要传递的数据。

Android 系统支持的常见动作字符串常量见表 5-1。

表 5-1　Android 系统支持的常见动作字符串常量

动　　作	说　　明
ACTION_ANSWER	打开接听电话的 Activity,默认为 Android 内置的拨号盘界面
ACTION_CALL	打开拨号盘界面并拨打电话,使用 Uri 中的数字部分作为电话号码
ACTION_DELETE	打开一个 Activity,对提供的数据进行删除操作
ACTION_DIAL	打开内置拨号盘界面,显示 Uri 中提供的电话号码
ACTION_EDIT	打开一个 Activity,对所提供的数据进行编辑操作

续表

动 作	说 明
ACTION_INSERT	打开一个 Activity,在提供数据的当前位置插入新项
ACTION_PICK	启动一个子 Activity,从提供的数据列表中选取一项
ACTION_SEARCH	启动一个 Activity,执行搜索动作
ACTION_SENDTO	启动一个 Activity,向数据提供的联系人发送信息
ACTION_SEND	启动一个可以发送数据的 Activity
ACTION_VIEW	最常用的动作,对以 URI 方式传送的数据,根据 URI 协议部分以最佳方式启动相应的 Activity 进行处理。对于 http:address,将打开浏览器查看;对于 tel:address,将打开拨号呼叫指定的电话号码
ACTION_WEB_SEARCH	打开一个 Activity,对提供的数据进行 Web 搜索

隐式 Intent 应用的具体步骤如下。

(1) 同显式 Intent 一样,新创建一个工程,然后打开工程中的 AndroidManifest.xml 文件,在<application>根节点下添加<activity>标签,注册新添加的 activity,嵌套在<application>根节点标签下,添加的代码见 example5.7。

```xml
<activity
        android:name=".FirstActivity"
        android:label="First Activity">
    <intent-filter >
        <action android:name="com.android.activity.Me_Action"/>
        <category android:name="android.intent.category.DEFAULT"/>
    </intent-filter>
</activity>
```

(2) 修改 res 目录下 layout 文件夹中的 main.xml 文件,设置线性布局,添加一个 Button 控件描述,并设置相关属性,代码如下所示。

```xml
<?xml version="1.0" encoding="utf-8"?>
<LinearLayout xmlns:android="http://schemas.android.com/apk/res/android"
    android:orientation="vertical"
    android:layout_width="fill_parent"
    android:layout_height="fill_parent">
<Button android:id="@+id/bt1"
  android:layout_height="wrap_content"
  android:layout_width="fill_parent"
  android:text="测试隐式 Intent"/>
</LinearLayout>
```

(3) 修改 src 目录下 com.hisoft.activity 包下的 IntentTestDemoActivity.java 文件,添加显示使用 Intent 启动 Activity 的核心代码,具体如下。

```
Button button = (Button)findViewById(R.id.bt1);
    button.setOnClickListener(new OnClickListener(){

        @Override
        public void onClick(View view){
            Intent intent =new Intent();
            intent.setAction("com.android.activity.Me_Action");
            startActivity(intent);
        }
    });
```

（4）在 src 目录下 com.hisoft.activity 包下的 FirstActivity.java 文件中添加如下代码。

```
public class FirstActivity extends Activity {
    @Override
    protected void onCreate(Bundle savedInstanceState) {
        super.onCreate(savedInstanceState);
        setContentView(R.layout.second);
        Intent intent = new Intent(Intent.ACTION_VIEW, Uri.parse("http://www.google.com"));
        startActivity(intent);
    }
}
```

（5）在 res 目录下的 layout 文件夹中新创建 second.xml 文件，并设置相关属性，代码如下所示。

```
<?xml version="1.0" encoding="utf-8"?>
<LinearLayout xmlns:android="http://schemas.android.com/apk/res/android"
    android:orientation="vertical"
    android:layout_width="fill_parent"
    android:layout_height="fill_parent">
<TextView
  android:layout_width="fill_parent"
    android:layout_height="wrap_content"
    android:text="@string/start"
    />
</LinearLayout>
```

（6）修改 res 目录下 values 文件夹中的 strings.xml 文件，并设置相关属性，代码如下所示。

```
<?xml version="1.0" encoding="utf-8"?>
<resources>
    <string name="hello">Hello World, IntentTestDemoActivity!</string>
    <string name="app_name">IntentTestDemo</string>
    <string name="start">NewActivity application</string>
    <string name="app">NewActivity</string>
</resources>
```

（7）部署运行程序，程序运行效果如图 5-10 所示。单击"测试隐式 Intent"按钮，程序根据设定的网址生成一个 Intent，并以隐式启动的方式调用 Android 内置的 Web 浏览器，打开指定的 Google 网站运行，如图 5-11 所示。

图 5-10 隐式 Intent 运行结果

图 5-11 Web 浏览

注意：Android 本地的应用程序组件和第三方应用程序一样，都是 Intent 解析过程中的一部分。它们没有更高的优先度，可以被新的 Activity 完全代替，这些新的 Activity 宣告自己的 Intent Filter 能响应相同的动作请求。

隐式 Intent 与显式 Intent 相比更有优势，它不需要指明需要启动哪个 Activity，而是由 Android 系统决定，这样有利于使用第三方组件。此外，匹配的 Activity 可以是应用程序本身的，也可以是 Android 系统内置的，还可以是第三方应用程序提供的。因此，这种方式更加强调了 Android 应用程序中组件的可复用性。

在一个 Activity 中可以使用系统提供的 startActivity(Intent intent)方法打开新的 Activity。打开新的 Activity 前，可以决定是否为新的 Activity 传递参数。

```
startActivity(new Intent(MainActivity.this, NewActivity.class));
```

Bundle 类用作携带数据，它类似于 Map，用于存放 key-value 对形式的值。相对于 Map，它提供了各种常用类型的 putXxx()/getXxx()方法，如 putString()/getString()和 putInt()/getInt()，putXxx()用于往 Bundle 对象放入数据，getXxx()方法用于从 Bundle 对象里获取数据。Bundle 的内部实际上是使用 HashMap<String, Object>类型的变量存放 putXxx()方法放入的值，参见 example5.8。

启动 Activity 并传递数据。

```
public final class Bundle implements Parcelable, Cloneable {
        ...
Map<String, Object>mMap;
public Bundle() {
      mMap =new HashMap<String, Object>();
        ...
}
public void putString(String key, String value) {
      mMap.put(key, value);
```

```
}
public String getString(String key) {
    Object o = mMap.get(key);
      return (String) o;
}
}
```

调用 Bundle 对象的 getXxx()方法时,方法内部会从该变量中获取数据,然后对数据进行类型转换,转换成什么类型由方法的 Xxx 决定。getXxx()方法会把转换后的值返回。

打开新的 Activity,并传递若干个参数给它:

```
Intent intent = new Intent(MainActivity.this, NewActivity.class)
Bundle bundle = new Bundle();    //该类用作携带数据 bundle.putString("name", "lee");
bundle.putInt("age", 4);
intent.putExtras(bundle);        //附带额外的数据
startActivity(intent);
```

在新的 Activity 中接收前面 Activity 传递过来的参数:

```
public class NewActivity extends Activity
{
        @Override
  protected void onCreate(Bundle savedInstanceState)
  {
      ...
      Bundle bundle = this.getIntent().getExtras();
      String name = bundle.getString("name");
            int age = bundle.getInt("age");
        }
}
```

4. 获取 Activity 返回值

在 Activity 中得到新打开的 Activity 关闭后返回的数据,需要完成以下方面的工作。

(1) 在 Activity 中使用系统提供的 startActivityForResult(Intent intent, int requestCode)方法打开新的 Activity。

(2) 在 Activity 中重写 onActivityResult(int requestCode, int resultCode, Intent data)方法。

当新 Activity 关闭后,新 Activity 返回的数据通过 Intent 进行传递,Android 平台会调用前面 Activity 的 onActivityResult()方法,把存放了返回数据的 Intent 作为第 3 个输入参数传入。这样,在 onActivityResult()方法中使用第 3 个输入参数就可以取出新 Activity 返回的数据。代码见 example5.9。

```
public class MainActivity extends Activity {
        @Override
        protected void onCreate(Bundle savedInstanceState) {
```

```
...
Button button = (Button) this.findViewById(R.id.button);
    button.setOnClickListener(new View.OnClickListener(){
                                               //单击该按钮会打开一个新的Activity
    public void onClick(View v) {
    //第2个参数为请求码,可以根据需求自己编号
    startActivityForResult (new Intent(MainActivity.this, NewActivity.class), 1);
}});
     }
//第1个参数为请求码,即调用 startActivityForResult()传递过去的值
//第2个参数为结果码,结果码用于标识返回数据来自哪一个新 Activity
@Override
 protected void onActivityResult(int requestCode, int resultCode, Intent data) {
 String result =data.getExtras().getString("result"));
                                      //得到新 Activity 关闭后返回的数据
    }
}
```

上面讲述了使用 startActivityForResult(Intent intent,int requestCode)方法打开新的 Activity,新 Activity 关闭前需要向前面的 Activity 返回数据,需要使用系统提供的 setResult(int resultCode,Intent data)方法实现,代码如下。

```
public class NewActivity extends Activity {
  @Override protected void onCreate(Bundle savedInstanceState) {
   ...
       button.setOnClickListener(new View.OnClickListener(){
    public void onClick(View v) {
        Intent intent =new Intent();                   //数据使用 Intent 返回
        intent.putExtra("result","返回的数据!");        //把返回数据存入 Intent
         NewActivity.this.setResult(RESULT_CANCELED, intent);   //设置返回数据
         NewActivity.this.finish();                    //关闭 Activity
    }});
  }
 }
```

setResult()方法的第一个参数值可以根据需要自己定义,上面代码中使用到的 RESULT_CANCELED 是系统 Activity 类定义的一个常量,值为0,代码片断如下。

```
public class android.app.Activity extends ...{
   public static final int RESULT_CANCELED =0;
   public static final int RESULT_OK =-1;
   public static final int RESULT_FIRST_USER =1;
}
```

上述请求码的作用主要在于:使用 startActivityForResult(Intent intent,int requestCode)方法打开新的 Activity,需要为 startActivityForResult()方法传入一个请求码(第2个参数)。请求码的值根据业务需要自己设定,用于标识请求来源。

例如,一个 Activity 有两个 Button,单击这两个 Button,都会打开同一个 Activity,不

管是 button1 还是 button2 打开新 Activity,当这个新 Activity 关闭后,系统都会调用前面 Activity 的 onActivityResult(int requestCode, int resultCode, Intent data)方法。在 onActivityResult()方法中,如果需要知道新 Activity 由哪个按钮打开,并且需要做出相应的业务处理,则参考代码如下。

```
public void onCreate(Bundle savedInstanceState) {
    button1.setOnClickListener(new View.OnClickListener(){
    public void onClick(View v) {
        startActivityForResult (new Intent(MainActivity.this, NewActivity.class), 1);
    }});
    button2.setOnClickListener(new View.OnClickListener(){
    public void onClick(View v) {
        startActivityForResult (new Intent(MainActivity.this, NewActivity.class), 2);
    }});
    @Override
    protected void onActivityResult(int requestCode, int resultCode, Intent data) {
        switch(requestCode){
            case 1:
            //来自按钮 1 的请求,进行相应处理
            case 2:
            //来自按钮 2 的请求,进行相应处理
        }
    }
}
```

同样,上述结果码的主要作用是:在一个 Activity 中,可能会使用 startActivityForResult()方法打开多个不同的 Activity 处理不同的业务,当这些新 Activity 关闭后,系统会调用前面 Activity 的 onActivityResult(int requestCode, int resultCode, Intent data)方法。为了知道返回的数据来自哪个新 Activity,在 onActivityResult()方法(假设 ResultActivity 和 NewActivity 为要打开的新 Activity)中,处理代码如下。

```
public class ResultActivity extends Activity {
    ResultActivity.this.setResult(1, intent);
    ResultActivity.this.finish();
}
public class NewActivity extends Activity {
    NewActivity.this.setResult(2, intent);
    NewActivity.this.finish();
}
public class MainActivity extends Activity { //在该 Activity 会打开 ResultActivity
                                              //和 NewActivity
    @Override
    protected void onActivityResult(int requestCode, int resultCode, Intent data) {
        switch(resultCode){
            case 1:
            //ResultActivity 的返回数据
            case 2:
            //NewActivity 的返回数据
```

```
            }
        }
}
```

5．Intent Filter 原理与机制

Intent Filter(Intent 过滤器)是一种根据 Intent 中的动作(Action)、类别(Category)和数据(Data)等内容,对适合接收该 Intent 的组件进行匹配和筛选的机制。

Intent 过滤器可以匹配数据类型、路径和协议,还包括可以用来确定多个匹配项顺序的优先级(Priority)。

若应用程序的 Activity 组件、Service 组件和 BroadcastReceiver 都可以注册 Intent 过滤器,则这些组件在特定的数据格式上就可以产生相应的动作。

1) 注册 Intent Filter

(1) 在 AndroidManifest.xml 文件的各个组件的节点下定义＜intent-filter＞节点,然后在＜intent-filter＞节点中声明该组件所支持的动作、执行的环境和数据格式等信息。

(2) 在程序代码中动态地为组件设置 Intent 过滤器。

在上述 1)中定义的＜intent-filter＞节点包含的标签有＜action＞标签、＜category＞标签和＜data＞标签。

- ＜action＞标签定义 Intent Filter 的"动作"。
- ＜category＞标签定义 Intent Filter 的"类别"。
- ＜data＞标签定义 Intent Filter 的"数据"。

＜intent-filter＞节点支持的标签和属性见表 5-2。

表 5-2 ＜intent-filter＞节点支持的标签和属性

标 签	属 性	说 明
＜action＞	android:name	指定组件能响应的动作,用字符串表示,通常由 Java 类名和包的完全限定名构成
＜category＞	android:category	指定以何种方式服务 Intent 请求的动作
＜data＞	android:host	指定一个有效的主机名
	android:mimetype	指定组件能处理的数据类型
	android:path	有效的 URI 路径名
	android:port	主机的有效端口号
	android:scheme	需要的特定的协议

＜category＞标签用来指定 Intent Filter 的服务方式,每个 Intent Filter 可以定义多个＜category＞标签,开发者可使用自定义的类别,或使用 Android 系统提供的类别,见表 5-3。

表 5-3 Android 系统提供的类别

常 量 值	描 述
ALTERNATIVE	Intent 数据默认动作的一个可替换的执行方法
SELECTED_ALTERNATIVE	和 ALTERNATIVE 类似,但替换的执行方法不是指定的,而是被解析出来的
BROWSABLE	声明 Activity 可以由浏览器启动

续表

常 量 值	描 述
DEFAULT	为 Intent 过滤器中定义的数据提供默认动作
HOME	设备启动后显示的第一个 Activity
LAUNCHER	在应用程序启动时首先被显示

AndroidManifest.xml 文件中的每个组件的<intent-filter>都被解析成一个 Intent Filter 对象。当应用程序安装到 Android 系统时,所有的组件和 Intent Filter 都会注册到 Android 系统中。这样,Android 系统便知道了如何将任意一个 Intent 请求通过 Intent Filter 映射到相应的组件上。

2) Intent 解析机制

使用 startActivity 时,隐式 Intent 解析到一个单一的 Activity。如果存在多个 Activity 都有能够匹配在特定数据上执行给定的动作,解析机制会从这些 Activity 中选择最合适的一个进行启动。决定哪个 Activity 运行的过程称为 Intent 解析,即 Intent 到 Intent Filter 的映射过程。

Intent 解析机制主要是通过查找已注册在 AndroidManifest.xml 中的所有 IntentFilter 及其中定义的 Intent,最终找到一个可以与请求的 Intent 达成最佳匹配的 Intent Filter。

Intent 解析的匹配规则:

(1) Android 系统把所有应用程序包中的 Intent 过滤器集合在一起,形成一个完整的 Intent 过滤器列表。

(2) Intent 与 Intent 过滤器进行匹配时,Android 系统会将列表中所有 Intent 过滤器的"动作"和"类别"与 Intent 进行匹配,任何不匹配的 Intent 过滤器都将被过滤掉。没有指定"动作"的 Intent 过滤器可以匹配任何 Intent,但是没有指定"类别"的 Intent 过滤器只能匹配没有"类别"的 Intent。

(3) 把 Intent 数据 URI 的每个子部与 Intent 过滤器的<data>标签中的属性进行匹配,如果<data>标签指定了协议、主机名、路径名或 MIME 类型,那么这些属性都要与 Intent 的 URI 数据部分进行匹配,任何不匹配的 Intent 过滤器均被过滤掉。

(4) 如果 Intent 过滤器的匹配结果多于一个,则可以根据在<intent-filter>标签中定义的优先级标签对 Intent 过滤器进行排序,优先级最高的 Intent 过滤器将被选择。

在根据 Intent 解析匹配规则解析的过程中,Android 是通过 Intent 的 action、category、data 3 个属性进行判断的,判断方法如下。

(1) 如果 Intent 指明了 action,则目标组件的 IntentFilter 的 action 列表中就必须包含这个 action,否则不能匹配。

(2) 如果 Intent 没有提供 mimetype,系统将从 data 中得到数据类型。和 action 一样,目标组件的数据类型列表中必须包含 Intent 的数据类型,否则不能匹配。

(3) 如果 Intent 中的数据不是 content:类型的 URI,而且 Intent 也没有明确指定它的 type,将根据 Intent 中数据的 scheme(如 http:或者 mailto:)进行匹配。同上,Intent 的 scheme 必须出现在目标组件的 scheme 列表中。

(4) 如果 Intent 指定了一个或多个 category,这些类别必须全部出现在组建的类别列表中。例如,Intent 中包含了两个类别:LAUNCHER_CATEGORY 和 ALTERNATIVE_CATEGORY,解析得到的目标组件必须至少包含这两个类别。

一个 Intent 对象只能指定一个 action,而一个 Intent Filter 可以指定多个 action,action 的列表不能为空,否则它将组织所有的 intent。

一个 Intent 对象的 action 必须和 intent filter 中的某一个 action 匹配,才能通过测试。如果 intent filter 的 action 列表为空,则不通过。如果 intent 对象不指定 action,并且 intentfilter 的 action 列表不为空,则通过测试。

下面针对 Intent 和 Intent Filter 中包含的子元素 Action(动作)、Data(数据)以及 Category(类别)进行比较,检查的具体规则详细介绍如下。

(1) 动作匹配测试。

动作匹配指 Intent Filter 包含特定的动作或没有指定的动作。一个 Intent Filter 有一个或多个定义的动作,如果没有任何一个能与 Intent 指定的动作匹配,这个 Intent Filter 是动作匹配检查失败。

<intent-filter>元素中可以包括子元素<action>,例如:

```
<intent-filter>
<action android:name="com.example.project.SHOW_CURRENT" />
<action android:name="com.example.project.SHOW_RECENT" />
<action android:name="com.example.project.SHOW_PENDING" />
</intent-filter>
```

一条<intent-filter>元素至少应该包含一个<action>,否则任何 Intent 请求都不能和该<intent-filter>匹配。如果 Intent 请求的 Action 和<intent-filter>中的某一条<action>匹配,那么该 Intent 就通过了这条<intent-filter>的动作测试。如果 Intent 请求或<intent-filter>中没有说明具体的 Action 类型,就会出现下面两种情况。

① 如果<intent-filter>中没有包含任何 Action 类型,那么无论什么 Intent 请求,都无法和这条<intent- filter>匹配。

② 反之,如果 Intent 请求中没有设定 Action 类型,那么只要<intent-filter>中包含有 Action 类型,这个 Intent 请求就将顺利地通过<intent-filter>的行为测试。

(2) 类别匹配测试。

Intent Filter 必须包含所有在解析的 Intent 中定义的种类。一个没有特定种类的 Intent Filter 只能与没有种类的 Intent 匹配。

<intent-filter>元素可以包含<category>子元素,例如:

```
<intent-filter … >
<category android:name="android.Intent.Category.DEFAULT" />
<category android:name="android.Intent.Category.BROWSABLE" />
</intent-filter>
```

只有当 Intent 请求中所有的 Category 与组件中某一个 IntentFilter 的<category>完全匹配时,才会让该 Intent 请求通过测试,IntentFilter 中多余的<category>声明并不会导致匹配失败。一个没有指定任何类别测试的 IntentFilter 只会匹配没有设置类别的 Intent 请求。

（3）数据匹配测试。

Intent 的数据 URI 中的部分会与 Intent Filter 中的 data 标签比较。如果 Intent Filter 定义 scheme、host/authority、path 或 mimetype，这些值都会与 Intent 的 URI 比较。任何不匹配都会导致 Intent Filter 从列表中删除。

没有指定 data 值的 Intent Filter 会和所有的 Intent 数据匹配。

数据在＜intent-filter＞中的描述如下：

```
<intent-filter … >
<data android:type="video/mpeg" android:scheme="http" … />
<data android:type="audio/mpeg" android:scheme="http" … />
</intent-filter>
```

＜data＞元素指定了希望接受的 Intent 请求的数据 URI 和数据类型，URI 被分成 3 部分进行匹配：scheme、authority 和 path。其中，用 setData()设定的 Intent 请求的 URI 数据类型和 scheme 必须与 IntentFilter 中指定的一致。scheme 是 URI 部分的协议，如 http:、mailto:、tel:。

若 IntentFilter 中还指定了 authority 或 path,它们也需要匹配才会通过测试。

mimetype 是正在匹配的数据的数据类型。当匹配数据类型时，可以使用通配符匹配子类型（如：bjzfs/*）。如果 Intent Filter 指定一个数据类型，它必须与 Intent 匹配；若没有指定数据，则全部匹配。

host-name 是介于 URI 中 scheme 和 path 之间的部分（如 www.google.com）。匹配主机名时，Intent Filter 的 scheme 也必须通过匹配。

path 紧接在 host-name 的后面（如/ig）。path 只在 scheme 和 host-name 部分都匹配的情况下才匹配。

如果这个过程中有多于一个组件解析出来，它们会以优先度排序，可以在 Intent Filter 的节点里添加一个可选的标签。最高等级的组件会返回。

具体实例见隐式 Intent 启动 Activity。

6. Intent 示例用法

示例 example5.10：

1）调用拨号程序

```
//给移动客服 10086 拨打电话
Uri uri =Uri.parse("tel:10086");
Intent intent =new Intent(Intent.ACTION_DIAL, uri);
startActivity(intent);
```

2）发送短信或彩信

```
//给 10086 发送内容为"Hello"的短信
Uri uri =Uri.parse("smsto:10086");
Intent intent =new Intent(Intent.ACTION_SENDTO, uri);
intent.putExtra("sms_body", "Hello");
```

```
startActivity(intent);
//发送彩信(相当于发送带附件的短信)
Intent intent =new Intent(Intent.ACTION_SEND);
intent.putExtra("sms_body", "Hello");
Uri uri =Uri.parse("content://media/external/images/media/23");
intent.putExtra(Intent.EXTRA_STREAM, uri);
intent.setType("image/png");
startActivity(intent);
```

3) 通过浏览器打开网页

```
//打开 Google 主页
Uri uri =Uri.parse("http://www.google.com");
Intent intent =new Intent(Intent.ACTION_VIEW, uri);
startActivity(intent);
```

4) 发送电子邮件

```
//给 someone@domain.com 发送内容为"Hello"的邮件
Intent intent =new Intent(Intent.ACTION_SEND);
intent.putExtra(Intent.EXTRA_EMAIL, "someone@domain.com");
intent.putExtra(Intent.EXTRA_SUBJECT, "Subject");
intent.putExtra(Intent.EXTRA_TEXT, "Hello");
intent.setType("text/plain");
startActivity(intent);
//给多人发邮件
Intent intent=new Intent(Intent.ACTION_SEND);
String[] tos ={"1@abc.com", "2@abc.com"};        //收件人
String[] ccs ={"3@abc.com", "4@abc.com"};        //抄送
String[] bccs ={"5@abc.com", "6@abc.com"};       //密送
intent.putExtra(Intent.EXTRA_EMAIL, tos);
intent.putExtra(Intent.EXTRA_CC, ccs);
intent.putExtra(Intent.EXTRA_BCC, bccs);
intent.putExtra(Intent.EXTRA_SUBJECT, "Subject");
intent.putExtra(Intent.EXTRA_TEXT, "Hello");
intent.setType("message/rfc822");
startActivity(intent);
```

5) 显示地图与路径规划

```
//路径规划:从北京某地(北纬 39.9°,东经 116.3°)到上海某地(北纬 31.2°,东经 121.4°)
Uri uri =Uri.parse("http://maps.google.com/maps?f=d&saddr=39.9 116.3&daddr=31.2 121.4");
Intent intent =new Intent(Intent.ACTION_VIEW, uri);
  startActivity(intent);
```

6) 播放多媒体

```
Intent intent =new Intent(Intent.ACTION_VIEW);
```

```
Uri uri =Uri.parse("file:///sdcard/foo.mp3");
intent.setDataAndType(uri, "audio/mp3");
startActivity(intent);
Uri uri = Uri.withAppendedPath(MediaStore.Audio.Media.INTERNAL_CONTENT_URI,
"1");
Intent intent =new Intent(Intent.ACTION_VIEW, uri);
startActivity(intent);
```

7)拍照

```
//打开拍照程序
Intent intent =new Intent(MediaStore.ACTION_IMAGE_CAPTURE);
startActivityForResult(intent, 0);
//取出照片数据
Bundle extras =intent.getExtras();
Bitmap bitmap =(Bitmap) extras.get("data");
```

8)获取并剪切图片

```
// 获取并剪切图片
Intent intent =new Intent(Intent.ACTION_GET_CONTENT);
intent.setType("image/*");
intent.putExtra("crop", "true");              //开启剪切
intent.putExtra("aspectX", 1);                //剪切的宽高比为1∶2
intent.putExtra("aspectY", 2);
intent.putExtra("outputX", 20);               //保存图片的宽和高
intent.putExtra("outputY", 40);
intent.putExtra("output", Uri.fromFile(new File("/mnt/sdcard/temp")));
                                              //保存路径
intent.putExtra("outputFormat", "JPEG");      //返回格式
startActivityForResult(intent, 0);

//剪切特定图片
  Intent intent =new Intent("com.android.camera.action.CROP");
2 intent.setClassName("com.android.camera", "com.android.camera.CropImage");
3 intent.setData(Uri.fromFile(new File("/mnt/sdcard/temp")));
4 intent.putExtra("outputX", 1);              //剪切的宽高比为1∶2
5 intent.putExtra("outputY", 2);
6 intent.putExtra("aspectX", 20);             //保存图片的宽和高
7 intent.putExtra("aspectY", 40);
8 intent.putExtra("scale", true);
9 intent.putExtra("noFaceDetection", true);
10 intent.putExtra("output", Uri.parse("file:///mnt/sdcard/temp"));
11 startActivityForResult(intent, 0);
```

9)打开 Google Market

```
//打开 Google Market 直接进入该程序的详细页面
Uri uri =Uri.parse("market://details?id=" +"com.demo.app");
```

```
Intent intent =new Intent(Intent.ACTION_VIEW, uri);
startActivity(intent);
```

10) 安装和卸载程序

```
Uri uri =Uri.fromParts("package", "com.demo.app", null);
Intent intent =new Intent(Intent.ACTION_DELETE, uri);
startActivity(intent);
```

5.2 系统界面事件

Android 系统中存在多种界面事件,如单击事件、触摸事件、焦点事件和菜单事件等。在这些界面事件发生时,Android 界面框架调用界面控件的事件处理函数对事件进行处理。

5.2.1 控件监听器

Android 控件单击事件是最常见的。在 Android 开发中,单击事件是通过添加监听器实现的。添加控件监听器有以下两种方式,参见 example5.11。

(1) 直接在 onCreate()方法中添加,匿名内部类作为事件监听器类:

```
protected void onCreate(Bundle savedInstanceState) {
    super.onCreate(savedInstanceState);
    setContentView(R.layout.activity_main);
    button.setOnClickListener(new View.OnClickListener() {
        @Override
        public void onClick(View v) {
            //此处添加监听器逻辑
            Intent intent=new Intent(MainActivity.this,SecondActivity.class);
            startActivity(intent);
        }
    });
}
```

这里,为按钮单击事件添加监听器,单击按钮时就会启动其他活动(SecondActivity)。

(2) 使用接口方式注册监听器。内部类作为事件监听器:

```
public class MainActivity extends AppCompatActivity implements View.OnClickListener {
    private Button button;              //为单击事件注册监听器

    @Override
    protected void onCreate(Bundle savedInstanceState) {
        super.onCreate(savedInstanceState);
        setContentView(R.layout.activity_main);
        button= (Button)findViewById(R.id.button_1);
```

```
            button.setOnClickListener(this);
    }

    public void onClick(View v){
        switch (v.getId()){
            case R.id.button_1:
                //在此添加逻辑
                Intent intent=new Intent(MainActivity.this,SecondActivity.class);
                break;
            default:
                break;
        }
    }
}
```

5.2.2 Android 事件和监听器

Android 中的事件按类型可以分为按键事件和屏幕触摸事件。在 MVC 模型中,控制器根据界面事件(UI Event)类型的不同,将事件传递给界面控件不同的事件处理函数。

(1) 按键事件(KeyEvent): 将传递给 onKey()函数进行处理。

(2) 触摸事件(TouchEvent): 将传递给 onTouch()函数进行处理。

Android 系统界面事件的传递与处理遵循如下规则。

(1) 如果界面控件设置了事件监听器,则事件将先传递给事件监听器。

(2) 如果界面控件没有设置事件监听器,界面事件则会直接传递给界面控件的其他事件处理函数。

(3) 即使界面控件设置了事件监听器,界面事件也可以再次传递给其他事件处理函数。

(4) 是否继续传递事件给其他处理函数是由事件监听器处理函数的返回值决定的。

(5) 如果监听器处理函数的返回值为 true,表示该事件已经完成处理过程,不需要其他处理函数参与处理过程,这样事件就不会再继续进行传递。

(6) 如果监听处理器函数的返回值为 false,则表示该事件没有完成处理过程,或需要其他处理函数参与处理过程,事件会被传递给其他事件处理函数。

不管是 KeyEvent,还是 TouchEvent,都是从 Android 系统底层发出的事件。

以 EditText 控件中的按键事件为例,说明 Android 系统界面事件传递和处理过程(假设 EditText 控件已经设置了按键事件监听器)。

(1) 当用户按下键盘上的某个按键时,控制器将产生 KeyEvent 按键事件。

(2) Android 系统首先会判断 EditText 控件是否设置了按键事件监听器。因为 EditText 控件已经设置了按键事件监听器 OnKeyListener,所以按键事件先传递到监听器的事件处理函数 onKey()中。

(3) 事件能够继续传递给 EditText 控件的其他事件处理函数,完全根据 onKey()函数的返回值确定。

(4) 如果 onKey()函数返回 false,事件将继续传递,这样 EditText 控件就可以捕获到该事件,将按键的内容显示在 EditText 控件中。

(5) 如果 onKey()函数返回 true,将阻止按键事件继续传递。这样,EditText 控件就不能捕获到按键事件,也就不能将按键内容显示在 EditText 控件中。

5.2.3 Android 按键事件处理

Android 按键事件处理主要着重于 View 和 Activity 两个级别。

按键事件的处理如下。

(1) 默认情况下,如果没有 View 获得焦点,事件将传递给 Activity 处理。

(2) 如果 View 获得焦点,事件首先传递到 View 的回调方法中。View 回调方法返回 false,事件继续传递到 Activity 处理。反之,事件不会继续传递。

使用 View.SetFocusable(true)设置可以获得焦点。

使用 public boolean onKeyDown(int keyCode,KeyEvent msg)处理键盘按下事件。

使用 public boolean onKeyUp(int keyCode,KeyEvent msg)处理键盘抬起事件。

注意:

(1) 要使按键可以被响应,需要在构造函数中调用 this.setFocusable(true)。

(2) 按键的 onKeyDown 和 onKeyUp 是相互独立的,不会相互影响。

(3) 无论是 View 中,还是 Activity 中,建议重写事件回调方法时只对处理过的按键返回 true,没有处理的事件应该调用其父类方法。否则,其他未处理事件不会被传递到合适的目标组件中,如 Back 按键失效问题。

下面就 Android 按键事件的监听及信息传递给处理函数举例如下。

为了处理 Android 控件的按键事件,需要先设置按键事件的监听器,并重载 onKey()函数。

```
1.  entryText.setOnKeyListener(new OnKeyListener(){
2.    @Override
3.    public boolean onKey(View view, int keyCode, KeyEvent keyEvent) {
4.      //过程代码…
5.      return true/false;
6.    }
```

第 1 行代码是设置控件的按键事件监听器。

第 3 行代码 onKey()函数中的参数:

- 第 1 个参数 view 表示产生按键事件的界面控件。
- 第 2 个参数 keyCode 表示按键代码。
- 第 3 个参数 keyEvent 包含事件的详细信息,如按键的重复次数、硬件编码和按键标志等。

第 5 行代码是 onKey()函数的返回值。

- 返回 true,阻止事件传递。
- 返回 false,允许继续传递按键事件。

5.2.4 Android 屏幕触摸事件处理

在 Android 系统中，touch 事件是屏幕触摸事件的基础事件。对于多用户界面(UI)嵌套情况，如果用户单击的 UI 部分没有重叠，只是属于单独的某个 UI(如单击父 View 没有重叠的部分)，那么只有这个单独的 UI 能够捕获到 touch 事件。如果用户单击了 UI 重叠的部分，首先捕获到 touch 事件的是父类 View，然后再根据特定方法的返回值决定 touch 事件的处理者。

在 Android 系统中，每个 View 的子类都有 3 个和 TouchView 处理密切相关的方法，分别如下。

(1) public boolean dispatchTouchEvent(MotionEvent ev); //这个方法用来分发 TouchEvent。

(2) public boolean onInterceptTouchEvent(MotionEvent ev); //这个方法用来拦截 TouchEvent。

(3) public boolean onTouchEvent(MotionEvent ev); //这个方法用来处理 TouchEvent。

其中，onTouchEvent()方法定义在 View 类中，当 touch 事件发生时，首先传递到该 View，由该 View 处理时，该方法将会被执行。Android 屏幕触摸事件处理如图 5-12 所示。

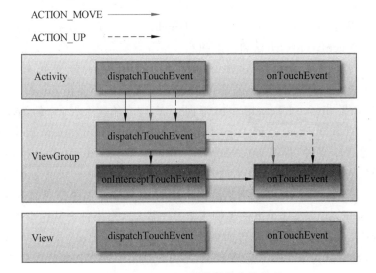

图 5-12 Android 屏幕触摸事件处理

dispatchTouchEvent()、onInterceptTouchEvent()这两个方法定义在 ViewGroup 中，因为只有 ViewGroup 才会包含子 View 和子 ViewGroup，才需要在 UI 多层嵌套时通过上述两个方法决定是否监听处理连续 touch 动作和 touch 动作由谁截获处理。

(1) dispatchTouchEvent()方法，默认返回值为 false。如果返回值为 false，表示捕获到一个 touch 事件，View 便会调用 onInterceptTouchEvent()方法进行处理，而忽略掉后面的事件。如果返回值为 true，View 将监听和处理一连串事件。如果用户单击 UI，会产生几次 touch 事件,如果该方法返回值为 false,View 将会处理第一次 touch 事件,而忽略后续的 touch 事件。如果返回值为 true,View 将处理所有的 touch 事件。如果在第一个 touch 事件的处理中某个 View 的 onInterceptTouchEvent()方法的返回值为 true,把事件截获并处理,那么后续的 touch 事件处理将不会调用该 View 的 onInterceptTouchEvent()方法,而是直接调用该 View 的 onTouchEvent()方法。

(2) onInterceptTouchEvent()方法,默认返回值为 false。如果返回值为 false,该 View 将不处理传递过来的 touch 事件,而把事件传递给子 View。如果返回值为 true,该 View 将把事件截获并进行处理,不会把事件传递给子 View。因为 onInterceptTouchEvent()方法的默认返回值为 false,所以默认情况下,touch 事件将由处于最里层的 View 的 onTouchEvent()方法处理。如果有 View 重叠,将由处于底下的 View 的 onTouchEvent()方法处理。父类 View 把事件传递给子类 View 后,子类 View 和父类 View 一样需要完成 dispatchTouchEvent、onInterceptTouchEvent 的流程。如果 View 的 onInterceptTouchEvent()方法返回 true,把 touch 事件截获,将会调用自身的 onTouchEvent 事件进行处理。

(3) onTouchEvent()方法,默认返回值为 true。如果返回值为 true,表示事件处理完毕,等待下一次事件。如果返回值为 false,则会返回调用重叠的处于上层的相邻 View 的 onTouchEvent()方法。如果没有重叠相邻 View,将返回调用父 View 的 onTouchEvent()方法。如果到最外层的父 View 的 onTouchEvent()方法还是返回 false,则 touch 事件消失。

如果为 View 设置了 onTouchListener,而且 touch 事件由该 View 进行处理时,监听器里的 onTouch()方法将先于 View 自身的 onTouchEvent()方法执行。如果 onTouch()方法返回 true,onTouchEvent()方法将不会执行。

当 TouchEvent 发生时,首先 Activity 将 TouchEvent 传递给最顶层的 View,TouchEvent 最先到达最顶层 View 的 dispatchTouchEvent,然后由 dispatchTouchEvent()方法进行分发,如果 dispatchTouchEvent 返回 true,则交给这个 View 的 onTouchEvent 处理,如果 dispatchTouchEvent 返回 false,则交给这个 View 的 interceptTouchEvent()方法决定是否要拦截这个事件,如果 interceptTouchEvent 返回 true,也就是拦截掉了,则交给它的 onTouchEvent 处理;如果 interceptTouchEvent 返回 false,就传递给子 View,由子 View 的 dispatchTouchEvent 再重新开始这个事件的分发。如果事件传递到某一层的子 View 的 onTouchEvent 上,这个方法返回了 false,那么这个事件会从这个 View 往上传递,都是 onTouchEvent 接收。而如果传递到最上面的 onTouchEvent 也返回 false,则这个事件就会"消失",系统认为事件处于阻塞状态,不再传递下一次事件。

5.3 Fragment 基础及使用

Android 3.0 后引入 Fragment,通过将 Activity 布局分成片段,可以在运行时修改 Activity 的外观,并在由 Activity 管理的返回栈中保留这些更改。Android 在开发多设备应用时,如果仅只有 Activity 布局,是不够的,不仅需要在手机设备上设计一套布局,同时在平板设备上还需要设计一套布局,这样开发与维护麻烦,代码上也存在冗余,对于 App 包的大小也有一定的压力。

Fragment 应用界面如图 5-13 所示。

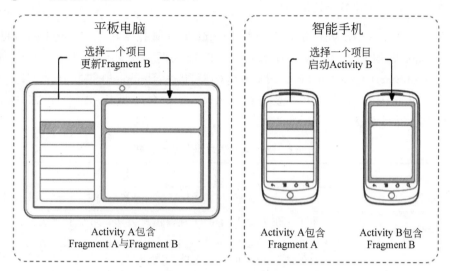

图 5-13　Fragment 应用界面

从图 5-13 可以看到，在平板电脑中，一个 Activity A 包含两个 Fragment，分别是 Fragment A 和 Fragment B，但在智能手机中就需要两个 Activity，分别是 Activity A 包含 Fragment A，Activity B 包含 Fragment B。同时，每个 Fragment 都具有自己的一套生命周期回调方法，并各自处理自己的用户输入事件。因此，在平板中使用一个 Activity 就可以了，左侧是列表，右边是内容详情。

除此之外，使用 Fragment 还有以下 4 方面优势。
- 代码复用。特别适用于模块化的开发，因为一个 Fragment 可以被多个 Activity 嵌套，有一个共同的业务模块就可以复用了，是模块化 UI 的良好组件。
- Activity 用来管理 Fragment。Fragment 的生命周期寄托到 Activity 中，Fragment 可以被 Attach 添加和被 Detach 释放。
- 可控性。Fragment 可以像普通对象那样自由地创建和控制，传递参数更加容易和方便，也不用处理系统相关的事情，显示方式、替换不管是整体，还是部分，都可以做到相应的更改。
- Fragments 是 view controllers，它们包含可测试的、解耦的业务逻辑块。由于 Fragments 是构建在 views 之上的，而 views 很容易实现动画效果，因此 Fragments 在屏幕切换时具有更好的控制。

Fragment 也可以称为"片段"，但"片段"的中文叫法有点生硬，还是叫作 Fragment 比较好，它可以表示 Activity 中的行为或用户界面部分。开发者可以在一个 Activity 中用多个 Fragment 组合构建多窗格的 UI，以及在多个 Activity 中重复使用某个 Fragment。它有自己的生命周期，能接受自己的输入，并且可以在 Activity 运行时添加或删除 Fragment（有点像在不同 Activity 中重复使用的"子 Activity"）。

简单来说，Fragment 其实可以理解为一个具有自己生命周期的控件，只不过这个控件又有一点特殊，它有自己的处理输入事件的能力，有自己的生命周期，又必须依赖于 Activity，能互相通信和托管。

5.3.1 Fragment 生命周期

前面章节讲过 Activity 生命周期,因为 Fragment 是被托管到 Activity 中的,通过对比 Fragment 生命周期和 Activity 生命周期,可以看到两者有很多相似的地方,如都有 onCreate()、onStart()、onPause()、onDestroy()等,因为 Fragment 被托管,所以多了两个 onAttach()和 onDetach()。这里主要介绍与 Activity 生命周期不一样的方法。Fragment 生命周期方法说明见表 5-4。

表 5-4 Fragment 生命周期方法说明

序号	方 法	说 明
1	onAttach()	Fragment 和 Activity 建立关联的时候调用,被附加到 Activity 中
2	onCreate()	系统会在创建 Fragment 时调用此方法。可以初始化一段资源文件等
3	onCreateView()	系统会在 Fragment 首次绘制其用户界面时调用此方法。要想为 Fragment 绘制 UI,从该方法中返回的 View 必须是 Fragment 布局的根视图。如果 Fragment 未提供 UI,可以返回 null
4	onViewCreated()	在 Fragment 被绘制后调用此方法,可以初始化控件资源
5	onActivityCreated()	当 onCreate()、onCreateView()、onViewCreated()方法执行完后调用,也就是 Activity 被渲染绘制出来后
6	onPause()	系统将此方法作为用户离开 Fragment 的第一个信号(但并不总是意味着此 Fragment 会被销毁)进行调用。通常可以在此方法内确认在当前用户会话结束后仍然有效的任何更改(因为用户可能不会返回)
7	onDestroyView()	Fragment 中的布局被移除时调用
8	onDetach()	Fragment 和 Activity 解除关联时调用

需要注意的是:除了 onCreateView(),其他所有方法如果重写了,必须调用父类对于该方法的实现。一般在启动 Fragment 时,它的生命周期就会执行这几个方法。

5.3.2 Fragment 使用方式

Fragment 需要嵌套在 Activity 中使用,当然也可以嵌套到另外一个 Fragment 中,但这个被嵌套的 Fragment 也需要嵌套在 Activity 中。间接地说,Fragment 还是需要嵌套在 Activity 中!受寄主 Activity 的生命周期影响,当然它也有自己的生命周期!另外,不建议在 Fragment 里嵌套 Fragment,因为嵌套在里面的 Fragment 生命周期不可控!

Fragment 是 Android 3.0 后引入,即 minSdk 要大于 11。

Fragment 的两种使用方式:静态用法和动态用法。

1. 静态用法

(1) 继承 Fragment,重写 onCreateView 决定 Fragment 的布局。

(2) 在 Activity 中声明此 Fragment,和普通的 View 一样。静态加载 Fragment 的流程如图 5-14 所示。

Fragment 静态用法,参考如下的 example5.12 示例。

第 5 章 Android 组件与事件

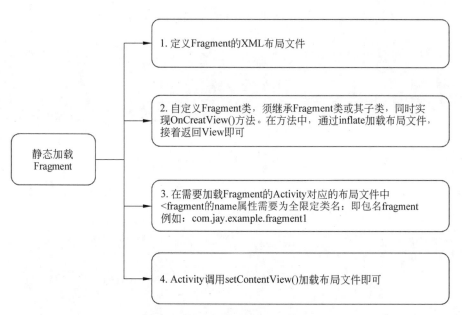

图 5-14 静态加载 Fragment 的流程

首先是布局文件 fragment1.xml。

```
<LinearLayout xmlns:android="http://schemas.android.com/apk/res/android"
    android:layout_width="match_parent"
    android:layout_height="match_parent"
    android:background="#00ff00" >
    <TextView
        android:layout_width="wrap_content"
        android:layout_height="wrap_content"
        android:text="This is fragment 1"
        android:textColor="#000000"
        android:textSize="25sp" />
</LinearLayout>
```

可以看到，这个布局文件非常简单，只有一个 LinearLayout，里面加入了一个 TextView。下面再新建一个 fragment2.xml。

```
<LinearLayout xmlns:android="http://schemas.android.com/apk/res/android"
    android:layout_width="match_parent"
android:layout_height="match_parent"
android:background="#ffff00" >
    <TextView
        android:layout_width="wrap_content"
        android:layout_height="wrap_content"
        android:text="This is fragment 2"
        android:textColor="#000000"
        android:textSize="25sp" />
</LinearLayout>
```

然后新建一个类 Fragment1，这个类继承自 Fragment。

```java
public class Fragment1 extends Fragment {
    @Override
    public View onCreateView(LayoutInflater inflater, ViewGroup container, Bundle savedInstanceState)
    {
        return inflater.inflate(R.layout.fragment1, container, false);
    }
}
```

可以看到，在 onCreateView（）方法中加载了 fragment1. xml 的布局。同样，fragment2. xml 也是一样的做法，新建一个 Fragment2 类。

```java
public class Fragment2 extends Fragment {
    @Override
    public View onCreateView(LayoutInflater inflater, ViewGroup container, Bundle savedInstanceState)
    {
        return inflater.inflate(R.layout.fragment2, container, false);
    }
}
```

然后打开或新建 activity_main. xml 作为主 Activity 的布局文件，在里面加入两个 Fragment 的引用，使用 android：name 前缀引用具体的 Fragment。

```xml
<LinearLayout xmlns:android="http://schemas.android.com/apk/res/android"
    android:layout_width="match_parent"
    android:layout_height="match_parent"
    android:baselineAligned="false" >

    <fragment
        android:id="@+id/fragment1"
        android:name="com.example.fragmentdemo.Fragment1"
        android:layout_width="0dip"
        android:layout_height="match_parent"
        android:layout_weight="1" />

    <fragment
        android:id="@+id/fragment2"
        android:name="com.example.fragmentdemo.Fragment2"
        android:layout_width="0dip"
        android:layout_height="match_parent"
        android:layout_weight="1" />
</LinearLayout>
```

最后新建 MainActivity 作为程序的主 Activity，里面的代码非常简单，都是自动生成的。

```java
public class MainActivity extends Activity {
    @Override
```

```
    protected void onCreate(Bundle savedInstanceState) {
        super.onCreate(savedInstanceState);
        setContentView(R.layout.activity_main);
    }
}
```

运行一次程序,就会看到一个 Activity 很融洽地包含了两个 Fragment,这两个 Fragment 平分了整个屏幕,效果如图 5-15 所示。

图 5-15　Fragment 平分整个屏幕的效果

2. 动态用法

上面仅是 Fragment 的简单用法,它真正强大的功能是动态添加到 Activity 中,那么动态用法又是如何呢?

在静态用法代码的基础上修改,打开 activity_main.xml,删除其中对 Fragment 的引用,只保留最外层的 LinearLayout,并给它添加一个 id,因为我们要动态添加 Fragment,不用在 XML 里添加了,删除后代码如下(参见 example5.13)。

```
<LinearLayout xmlns:android="http://schemas.android.com/apk/res/android"
    android:id="@+id/main_layout"
    android:layout_width="match_parent"
    android:layout_height="match_parent"
    android:baselineAligned="false" >
</LinearLayout>
```

打开 MainActivity,修改其中的代码如下所示。

```
public class MainActivity extends Activity {
    @Override
    protected void onCreate(Bundle savedInstanceState) {
        super.onCreate(savedInstanceState);
        setContentView(R.layout.activity_main);
        Display display =getWindowManager().getDefaultDisplay();
```

```
        if (display.getWidth() >display.getHeight()) {
           Fragment1 fragment1 =new Fragment1();
           getFragmentManager().beginTransaction().replace(R.id.main_layout,
           fragment1).commit();
        } else {
           Fragment2 fragment2 =new Fragment2();
           getFragmentManager().beginTransaction().replace(R.id.main_layout,
           fragment2).commit();
        }
    }
}
```

上述例子首先获取屏幕的宽度和高度，然后进行判断，如果屏幕宽度大于高度，就添加 fragment1；如果高度大于宽度，就添加 fragment2。

动态添加 Fragment 主要分为 4 步，具体如图 5-16 所示。

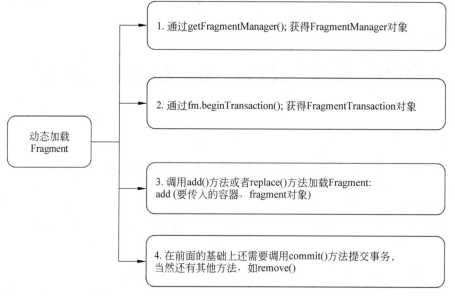

图 5-16　动态加载 Fragment 的流程

（1）获取到 FragmentManager，在 Activity 中可以直接通过 getFragmentManager 得到。

（2）开启一个事务，通过调用 beginTransaction()方法开启。

（3）向容器内加入 Fragment，一般使用 replace()方法实现，需要传入容器的 ID 和 Fragment 的实例。

（4）提交事务，调用 commit()方法提交。

运行程序，效果如图 5-17 所示。

要想管理 Activity 中的片段，需要使用 FragmentManager。要想获取它，需要 Activity 调用 getFragmentManager()。

使用 FragmentManager 执行的操作包括：

图 5-17　Fragment 动态加载效果

- 通过 findFragmentById（）（对于在 Activity 布局中提供 UI 的片段）或 findFragmentByTag（）（对于提供或不提供 UI 的片段）获取 Activity 中存在的片段。
- 通过 popBackStack（）将片段从返回栈中弹出。
- 通过 addOnBackStackChangedListener（）注册一个侦听返回栈变化的侦听器。

也可以使用 FragmentManager 打开一个 FragmentTransaction，通过它执行某些事务，如添加和删除片段。

5.3.3　Fragment 通信

1. 组件获取

尽管 Fragment 是作为独立于 Activity 的对象实现，并且可在多个 Activity 内使用，但 Fragment 的给定实例会直接绑定到包含它的 Activity。具体地，Fragment 可以通过 getActivity（）访问 Activity 实例，并轻松地执行在 Activity 布局中查找视图等任务，如：

```
View listView = getActivity().findViewById(R.id.list);
```

同样，Activity 也可以使用 findFragmentById（）或 findFragmentByTag（），通过从 FragmentManager 获取对 Fragment 的引用调用 Fragment 中的方法。例如：

```
ExampleFragment fragment = (ExampleFragment)
getFragmentManager().findFragmentById(R.id.example_fragment);
```

2. 事件回调

Fragment 在某些情况下，可能需要与 Activity 共享事件。执行此操作的一个好方法是：在 Fragment 内定义一个回调接口，并要求宿主 Activity 实现它。当 Activity 通过该接口收到回调时，可以根据需要与布局中的其他 Fragment 共享这些信息。

例如，如果一个新闻应用的 Activity 有两个 Fragment，一个用于显示文章列表（Fragment

A),另一个用于显示文章(Fragment B),那么 Fragment A 必须在列表项被选定后告知 Activity,以便它告知 Fragment B 显示该文章。本例中,OnArticleSelectedListener 接口在片段 A 内声明(参见 example5.14)。

```
public static class FragmentA extends ListFragment {
    public interface OnArticleSelectedListener {
        public void onArticleSelected(Uri articleUri);
    }
}
```

然后,该 Fragment 的宿主 Activity 会实现 OnArticleSelectedListener 接口并替代 onArticleSelected(),将来自 Fragment A 的事件通知 Fragment B。为确保宿主 Activity 实现此界面,Fragment A 的 onAttach() 回调方法(系统在向 Activity 添加 Fragment 时调用的方法)会通过转换传递到 onAttach() 中的 Activity 实例化 OnArticleSelectedListener 的实例。

```
public static class FragmentA extends ListFragment {
OnArticleSelectedListener mListener;
    @Override
    public void onAttach(Activity activity) {
        super.onAttach(activity);
        try {
            mListener = (OnArticleSelectedListener) activity;
        } catch (ClassCastException e) {
            throw new ClassCastException(activity.toString() + " must implement
                OnArticleSelectedListener");
        }
    }
}
```

如果 Activity 未实现界面,则片段会引发 ClassCastException。实现时,mListener 成员会保留对 Activity 的 OnArticleSelectedListener 实现的引用,以便 Fragment A 可以通过调用 OnArticleSelectedListener 界面定义的方法与 Activity 共享事件。例如,如果 Fragment A 是 ListFragment 的一个扩展,则用户每次单击列表项时,系统都会调用 Fragment 中的 onListItemClick(),然后该方法会调用 onArticleSelected(),以与 Activity 共享事件。

```
public static class FragmentA extends ListFragment {
    OnArticleSelectedListener mListener;
    @Override
    public void onListItemClick(ListView l, View v, int position, long id) {
        Uri noteUri = ContentUris.withAppendedId(ArticleColumns.CONTENT_URI, id);
        mListener.onArticleSelected(noteUri);
    }
}
```

5.4 项目案例

5.4.1 项目目标

学习 Android 的 4 个核心组件和 Intent、Android 界面控件的事件处理机制，Fragment 基础与使用，使用 ViewPager 与 Fragment 完成智能家居系统中的多界面切换处理功能。

5.4.2 案例描述

项目案例工程目录如图 5-18 所示。

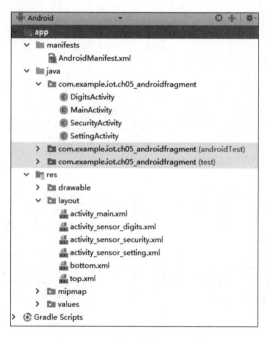

图 5-18 项目案例工程目录

项目主要程序文件说明见表 5-5。

表 5-5 项目主要程序文件说明

文 件 名	功　　能
MainActivity.java	主界面 Activity 程序文件
DigitsActivity.java	显示采集数据的 Fragment 文件
SecurityActivity.java	显示安防界面的 Fragment 文件
SettingActivity.java	显示设置界面的 Fragment 文件
Activity_main.xml	主界面显示布局文件
top.xml	主界面上方标题布局文件

续表

文件名	功　　能
bottom.xml	主界面下方界面切换图标布局文件
activity_sensor_digits.xml	采集数据显示布局文件
activity_sensor_security.xml	安防显示布局文件
activity_sensor_setting.xml	系统设置显示布局文件

项目案例中使用到的布局管理器与控件如图 5-19 所示。

主界面布局中包含子布局文件 top.xml 与 bottom.xml。

采集显示布局文件结构如图 5-20 所示。

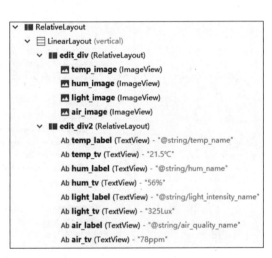

图 5-19　布局管理器与控件　　　　图 5-20　采集显示布局结构

安防界面布局文件结构如图 5-21 所示。

设置界面布局文件结构如图 5-22 所示。

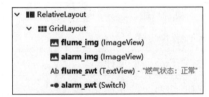

图 5-21　安防界面布局文件结构　　　　图 5-22　设置界面布局文件结构

5.4.3　案例要点

本案例主要使用了 ViewPager 类。ViewPager 是视图翻页工具，提供了多页面切换的效果。ViewPager 是 Android 3.0 后引入的一个 UI 控件，位于 v4 包中。

ViewPager 使用起来就是通过创建 adapter 给它填充多个 View，左右滑动时，切换不同的 View。Google 官方是建议使用 Fragment 填充 ViewPager 的，这样可以更方便地生成每个 Page，以及管理每个 Page 的生命周期。

基本使用步骤如下。

1. XML 文件中引用

```xml
<android.support.v4.view.ViewPager
android:id="@+id/id_viewpager"
android:layout_width="match_parent"
android:layout_height="0dp"
android:layout_weight="1">
```

2. Page 布局

页面布局主要通过 Fragment 填充。

```java
mFragments.add(new DigitsActivity());
mFragments.add(new SecurityActivity());
mFragments.add(new SettingActivity());
```

3. 创建适配器

可直接创建 PagerAdapter，也可创建它的子类。

```java
mAdapter = new FragmentPagerAdapter(getSupportFragmentManager()){…};
```

4. 设置适配器

```java
private void initDatas() {
    mFragments = new ArrayList<Fragment>();
    //初始化 ViewPager 的适配器
    mFragments.add(new DigitsActivity());
    mFragments.add(new SecurityActivity());
    mFragments.add(new SettingActivity());

    mAdapter = new FragmentPagerAdapter(getSupportFragmentManager()) {
        @Override
        public Fragment getItem(int position) {   //从集合中获取对应位置的 Fragment
            return mFragments.get(position);
        }
        @Override
        public int getCount() {                   //获取集合中 Fragment 的总数
            return mFragments.size();
        }
    };
```

```
                    //设置 ViewPager 的适配器
                    mViewPager.setAdapter(mAdapter);
          }
```

5.4.4 案例实施

1. 项目工程的创建

首先创建工程项目，应用名称设置为 ch05-AndroidFragment，其他后继工程的创建步骤可参考第 3 章的案例创建。创建工程目录如图 5-23 所示。

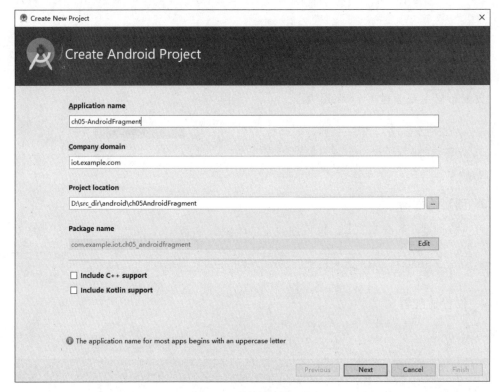

图 5-23　创建工程目录

2. 界面布局设计

Activity_main. xml 代码：

```
<?xml version="1.0" encoding="utf-8"?>
<LinearLayout
    xmlns:android="http://schemas.android.com/apk/res/android"
    android:orientation="vertical"
    android:layout_width="match_parent"
    android:layout_height="match_parent">
    <include layout="@layout/top"/>
```

```xml
<android.support.v4.view.ViewPager
    android:id="@+id/id_viewpager"
    android:layout_width="match_parent"
    android:layout_height="0dp"
    android:layout_weight="1">

</android.support.v4.view.ViewPager>

<include layout="@layout/bottom"/>
</LinearLayout>
```

top.xml 代码：

```xml
<?xml version="1.0" encoding="utf-8"?>
<LinearLayout xmlns:android="http://schemas.android.com/apk/res/android"
    android:orientation="vertical"
    android:background="@android:drawable/title_bar"
    android:gravity="center"
    android:layout_width="match_parent"
    android:layout_height="45dp">

    <TextView
        android:layout_width="wrap_content"
        android:layout_height="wrap_content"
        android:text="@string/app_title"
        android:textColor="#ffffff"
        android:textSize="20sp"
        android:textStyle="bold"/>

</LinearLayout>
```

bottom.xml 代码：

```xml
<?xml version="1.0" encoding="utf-8"?>
<LinearLayout xmlns:android="http://schemas.android.com/apk/res/android"
    android:layout_width="match_parent"
    android:layout_height="65dp"
    android:background="@color/material_blue_grey_800"
    android:gravity="center"
    android:orientation="horizontal">

    <LinearLayout
        android:id="@+id/id_tab_digits"
        android:layout_width="0dp"
        android:layout_height="wrap_content"
        android:layout_weight="1"
        android:gravity="center"
        android:orientation="vertical">
```

```xml
<ImageButton
    android:id="@+id/id_tab_digits_img"
    android:layout_width="wrap_content"
    android:layout_height="wrap_content"
    android:background="#00000000"
    android:clickable="false"
    android:src="@drawable/tab_digits_pressed" />

<TextView
    android:layout_width="wrap_content"
    android:layout_height="wrap_content"
    android:text="@string/sensor_digits"
    android:textColor="#ffffff" />
</LinearLayout>

<LinearLayout
    android:id="@+id/id_tab_sec"
    android:layout_width="0dp"
    android:layout_height="wrap_content"
    android:layout_weight="1"
    android:gravity="center"
    android:orientation="vertical">

    <ImageButton
        android:id="@+id/id_tab_sec_img"
        android:layout_width="wrap_content"
        android:layout_height="wrap_content"
        android:background="#00000000"
        android:clickable="false"
        android:src="@drawable/tab_security_normal" />

    <TextView
        android:layout_width="wrap_content"
        android:layout_height="wrap_content"
        android:text="@string/sensor_security"
        android:textColor="#ffffff" />
</LinearLayout>

<LinearLayout
    android:id="@+id/id_tab_setting"
    android:layout_width="0dp"
    android:layout_height="wrap_content"
    android:layout_weight="1"
    android:gravity="center"
    android:orientation="vertical">

    <ImageButton
        android:id="@+id/id_tab_setting_img"
        android:layout_width="wrap_content"
        android:layout_height="wrap_content"
```

```
            android:background="#00000000"
            android:clickable="false"
            android:src="@drawable/tab_settings_normal" />

        <TextView
            android:layout_width="wrap_content"
            android:layout_height="wrap_content"
            android:text="@string/sensor_setting"
            android:textColor="#ffffff" />
    </LinearLayout>

</LinearLayout>
```

主界面显示效果如图 5-24 所示,界面中间部分用于显示不同功能的 Fragment。

图 5-24 主界面显示效果

activity_sensor_digits.xml 代码:

```
<?xml version="1.0" encoding="utf-8"?>
<RelativeLayout xmlns:android="http://schemas.android.com/apk/res/android"
    android:layout_width="fill_parent"
    android:layout_height="fill_parent">
    <LinearLayout
        android:layout_width="wrap_content"
        android:layout_height="wrap_content"
        android:layout_gravity="center"
        android:orientation="vertical"
        android:layout_centerInParent="true">
        <RelativeLayout
            android:id="@+id/edit_div"
            android:layout_width="fill_parent"
            android:layout_height="wrap_content"
            android:layout_marginLeft="30dip"
            android:layout_marginTop="30dip">
```

```xml
<ImageView
    android:id="@+id/temp_image"
    android:layout_width="120dip"
    android:layout_height="100dip"
    android:layout_gravity="center"
    android:src="@drawable/temp" />

<ImageView
    android:id="@+id/hum_image"
    android:layout_width="130dip"
    android:layout_height="100dip"
    android:layout_gravity="center"
    android:layout_marginLeft="10dip"
    android:layout_toRightOf="@+id/temp_image"
    android:src="@drawable/hum"/>

<ImageView
    android:id="@+id/light_image"
    android:layout_width="130dip"
    android:layout_height="100dip"
    android:layout_gravity="center"
    android:layout_marginLeft="10dip"
    android:layout_toRightOf="@+id/hum_image"
    android:src="@drawable/light"/>

<ImageView
    android:id="@+id/air_image"
    android:layout_width="160dip"
    android:layout_height="100dip"
    android:layout_gravity="center"
    android:layout_marginLeft="20dip"
    android:layout_toRightOf="@+id/light_image"
    android:src="@drawable/air_quality" />
</RelativeLayout>
<RelativeLayout
    android:id="@+id/edit_div2"
    android:layout_width="fill_parent"
    android:layout_height="wrap_content"
    android:layout_marginLeft="30dip">
    <TextView
        android:id="@+id/temp_label"
        android:layout_width="wrap_content"
        android:layout_height="wrap_content"
        android:layout_gravity="center"
        android:text="@string/temp_name"
        android:textColor="@color/black"
        android:layout_marginTop="15dip"
        android:textSize="15.0sp"/>

    <TextView
```

```xml
        android:id="@+id/temp_tv"
        android:layout_width="60dp"
        android:layout_height="wrap_content"
        android:layout_gravity="center"
        android:layout_marginTop="15dip"
        android:layout_toRightOf="@+id/temp_label"
        android:text="21.5℃"
        android:textColor="@color/black"
        android:textSize="15.0sp" />
<TextView
        android:id="@+id/hum_label"
        android:layout_width="wrap_content"
        android:layout_height="wrap_content"
        android:layout_gravity="center"
        android:layout_marginLeft="35dip"
        android:layout_toRightOf="@+id/temp_tv"
        android:text="@string/hum_name"
        android:textColor="@color/black"
        android:layout_marginTop="15dip"
        android:textSize="15.0sp"/>
<TextView
        android:id="@+id/hum_tv"
        android:layout_width="50dp"
        android:layout_height="wrap_content"
        android:layout_gravity="center"
        android:layout_toRightOf="@+id/hum_label"
        android:text="56%"
        android:textColor="@color/black"
        android:layout_marginTop="15dip"
        android:textSize="15.0sp"/>

<TextView
        android:id="@+id/light_label"
        android:layout_width="wrap_content"
        android:layout_height="wrap_content"
        android:layout_gravity="center"
        android:layout_marginLeft="25dip"
        android:layout_toRightOf="@+id/hum_tv"
        android:text="@string/light_intensity_name"
        android:textColor="@color/black"
        android:layout_marginTop="15dip"
        android:textSize="15.0sp"/>

<TextView
        android:id="@+id/light_tv"
        android:layout_width="70dp"
        android:layout_height="wrap_content"
        android:layout_gravity="center"
        android:layout_toRightOf="@+id/light_label"
        android:text="325Lux"
```

```xml
            android:textColor="@color/black"
            android:layout_marginTop="15dip"
            android:textSize="15.0sp"/>

        <TextView
            android:id="@+id/air_label"
            android:layout_width="wrap_content"
            android:layout_height="wrap_content"
            android:layout_gravity="center"
            android:layout_marginLeft="35dip"
            android:layout_toRightOf="@+id/light_tv"
            android:text="@string/air_quality_name"
            android:textColor="@color/black"
            android:layout_marginTop="15dip"
            android:textSize="15.0sp"/>

        <TextView
            android:id="@+id/air_tv"
            android:layout_width="70dp"
            android:layout_height="wrap_content"
            android:layout_gravity="center"
            android:layout_marginTop="15dip"
            android:layout_toRightOf="@+id/air_label"
            android:text="78ppm"
            android:textColor="@color/black"
            android:textSize="15.0sp" />
    </RelativeLayout>
  </LinearLayout>
</RelativeLayout>
```

传感器显示布局效果如图 5-25 所示。

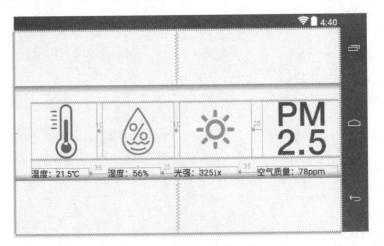

图 5-25 传感器显示布局效果

activity_sensor_security.xml 代码：

```xml
<?xml version="1.0" encoding="utf-8"?>
<RelativeLayout xmlns:android="http://schemas.android.com/apk/res/android"
    android:layout_width="fill_parent"
    android:layout_height="fill_parent">
    <GridLayout
        android:layout_width="wrap_content"
        android:layout_height="wrap_content"
        android:orientation="horizontal"
        android:layout_centerInParent="true"
        android:columnCount="2"
        android:rowCount="2">

        <ImageView
            android:id="@+id/flume_img"
            android:layout_width="wrap_content"
            android:layout_height="wrap_content"
            android:layout_gravity="center"

            android:padding="10dip"
            android:src="@drawable/flume_off"/>

        <ImageView
            android:id="@+id/alarm_img"
            android:layout_width="wrap_content"
            android:layout_height="wrap_content"
            android:layout_gravity="center"

            android:padding="10dip"
            android:visibility="visible"
            android:src="@drawable/alarm_off"/>

        <TextView
            android:id="@+id/flume_swt"
            android:layout_width="wrap_content"
            android:layout_height="wrap_content"
            android:layout_gravity="center"

            android:padding="10dip"
            android:text="燃气状态：正常"/>

        <Switch
            android:id="@+id/alarm_swt"
            android:layout_width="wrap_content"
            android:layout_height="wrap_content"
            android:layout_gravity="center"
            android:padding="10dip"/>
```

```
        </GridLayout>
    </RelativeLayout>
```

安防界面布局显示效果如图 5-26 所示。

图 5-26 安防界面布局显示效果

activity_sensor_setting.xml 代码：

```
<?xml version="1.0" encoding="utf-8"?>
< ScrollView  xmlns:android =" http://schemas.android.com/apk/res/android"
    android:id="@+id/screen"
        android:layout_width="fill_parent" android:layout_height="fill_parent"
        android:orientation="vertical">
        <LinearLayout
            android:layout_width="fill_parent" android:layout_height="fill_parent"
            android:orientation="vertical">
            <Button android:id="@+id/id_key_btn"
                android:layout_width="fill_parent" android:layout_height="wrap_content"
                android:text="@string/id_key_setting"/>
            <Button android:id="@+id/mac_btn"
                android:layout_width="fill_parent" android:layout_height="wrap_content"
                android:text="@string/mac_setting"/>
            <Button android:id="@+id/version_btn"
                android:layout_width="fill_parent" android:layout_height="wrap_content"
                android:text="@string/version_setting"/>
        </LinearLayout>
</ScrollView>
```

设置界面布局显示效果如图 5-27 所示。

3. Fragment 与 Activity 实现

MainActivity.java 代码：

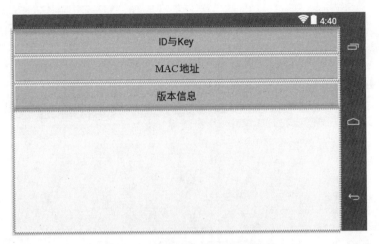

图 5-27 设置界面布局显示效果

```
package com.example.iot.ch05_androidfragment;

import android.os.Bundle;
import android.support.v4.app.Fragment;
import android.support.v4.app.FragmentActivity;
import android.support.v4.app.FragmentPagerAdapter;
import android.support.v4.view.ViewPager;
import android.view.View;
import android.widget.ImageButton;
import android.widget.LinearLayout;

import java.util.ArrayList;
import java.util.List;

public class MainActivity extends FragmentActivity implements View.OnClickListener {
    private static String TAG = "smartapp_MainActivity";
    //声明 ViewPager
    private ViewPager mViewPager;
    //声明 FragmentPagerAdapter 的适配器
    private FragmentPagerAdapter mAdapter;
    //声明 Fragment List
    private List<Fragment> mFragments;
    //声明 Tab
    private LinearLayout mTabDigits;
    private LinearLayout mTabSecurity;
    private LinearLayout mTabSetting;
    //声明 ImageButton
    private ImageButton mTabDigitsImg;
    private ImageButton mTabSecurityImg;
    private ImageButton mTabSettingImg;
```

```java
@Override
protected void onCreate(Bundle savedInstanceState) {
    super.onCreate(savedInstanceState);
    setContentView(R.layout.activity_main);
    initViews();                                    //初始化控件
    initEvents();                                   //初始化事件
    initDatas();                                    //初始化数据
}

private void initDatas() {
    mFragments = new ArrayList<Fragment>();
    //初始化 ViewPager 的适配器
    mFragments.add(new DigitsActivity());
    mFragments.add(new SecurityActivity());
    mFragments.add(new SettingActivity());

    mAdapter = new FragmentPagerAdapter(getSupportFragmentManager()) {
        @Override
        public Fragment getItem(int position) {
                                        //从集合中获取对应位置的 Fragment
            return mFragments.get(position);
        }
        @Override
        public int getCount() {         //获取集合中 Fragment 的总数
            return mFragments.size();
        }
    };
    //设置 ViewPager 的适配器
    mViewPager.setAdapter(mAdapter);
}

private void initEvents() {
    //设置 Tab 的单击事件
    mTabDigits.setOnClickListener(this);
    mTabSecurity.setOnClickListener(this);
    mTabSetting.setOnClickListener(this);
}

//初始化控件
private void initViews() {
    mViewPager = (ViewPager) findViewById(R.id.id_viewpager);
    //设置 Tab 的单击事件
    mTabDigits = (LinearLayout) findViewById(R.id.id_tab_digits);
    mTabSecurity = (LinearLayout) findViewById(R.id.id_tab_sec);
    mTabSetting = (LinearLayout) findViewById(R.id.id_tab_setting);
    mTabDigitsImg = (ImageButton) findViewById(R.id.id_tab_digits_img);
    mTabSecurityImg = (ImageButton) findViewById(R.id.id_tab_sec_img);
    mTabSettingImg = (ImageButton) findViewById(R.id.id_tab_setting_img);
}
```

```java
@Override
public void onClick(View v) {
    //先将 ImageButton 都设置成灰色
    resetImgs();
    switch (v.getId()) {
        case R.id.id_tab_digits:
            selectTab(0);
            break;
        case R.id.id_tab_sec:
            selectTab(1);
            break;
        case R.id.id_tab_setting:
            selectTab(2);
            break;
    }
}
private void selectTab(int i) {
    //根据单击的 Tab 设置对应的 ImageButton 为绿色
    switch (i) {
        case 0:
            mTabDigitsImg.setImageResource(R.drawable.tab_digits_pressed);
            break;
        case 1:
            mTabSecurityImg.setImageResource(R.drawable.tab_security_pressed);
            break;
        case 2:
            mTabSettingImg.setImageResource(R.drawable.tab_settings_pressed);
            break;
    }
    //设置当前单击的 Tab 对应的页面
    mViewPager.setCurrentItem(i);

}
//将 ImageButton 设置成灰色
private void resetImgs () {
    mTabDigitsImg.setImageResource(R.drawable.tab_digits_normal);
    mTabSecurityImg.setImageResource(R.drawable.tab_security_normal);
    mTabSettingImg.setImageResource(R.drawable.tab_settings_normal);
}

protected void onDestroy(){
    super.onDestroy();
}
}
```

DigitsActivity.java 代码：

```
package com.example.iot.ch05_androidfragment;
import android.os.Bundle;
import android.support.annotation.Nullable;
```

```java
import android.support.v4.app.Fragment;
import android.view.LayoutInflater;
import android.view.View;
import android.view.ViewGroup;
import android.widget.TextView;

public class DigitsActivity extends Fragment {
    static final String TAG ="";

    TextView mTVTemp, mTVHumi, mTVPhoto, mTVPM25;

    @Nullable
    @Override
    public View onCreateView(LayoutInflater inflater, @Nullable ViewGroup container,
    @Nullable Bundle savedInstanceState) {
        View view = inflater.inflate(R.layout.activity_sensor_digits, container,
        false);
        mTVTemp = (TextView) view.findViewById(R.id.temp_tv);
        mTVHumi = (TextView) view.findViewById(R.id.hum_tv);
        mTVPhoto = (TextView) view.findViewById(R.id.light_tv);
        mTVPM25 = (TextView) view.findViewById(R.id.air_tv);
        return view;
    }
}
```

SecurityActivity.java 代码：

```java
package com.example.iot.ch05_androidfragment;

import android.os.Bundle;
import android.support.annotation.Nullable;
import android.support.v4.app.Fragment;
import android.view.LayoutInflater;
import android.view.View;
import android.view.ViewGroup;
import android.widget.ImageView;
import android.widget.Switch;
import android.widget.TextView;

public class SecurityActivity extends Fragment {
        private ImageView flumeImg, alarmImg;
        private Switch   alarmSwt;
        TextView flumeTv;

        @Nullable
        @Override
        public View onCreateView(LayoutInflater inflater, @Nullable ViewGroup
        container, @Nullable Bundle savedInstanceState) {
```

```java
            View view = inflater.inflate(R.layout.activity_sensor_security,
            container, false);
        return view;
    }
    @Override
    public void onActivityCreated(Bundle savedInstanceState) {
        super.onActivityCreated(savedInstanceState);
        flumeTv = (TextView) getActivity().findViewById(R.id.flume_swt);
        flumeImg = (ImageView) getActivity().findViewById(R.id.flume_img);

        alarmSwt = (Switch) getActivity().findViewById(R.id.alarm_swt);
        alarmImg = (ImageView) getActivity().findViewById(R.id.alarm_img);
        alarmSwt.setOnClickListener(new View.OnClickListener() {
            @Override
            public void onClick(View arg0) {
                // TODO Auto-generated method stub
                if (alarmSwt.isChecked()) {
                    alarmImg.setImageDrawable(getResources().getDrawable(R.
                    drawable.alarm_on));
                } else {
                    alarmImg.setImageDrawable(getResources().getDrawable(R.
                    drawable.alarm_off));
                }
            }
        });
    }
}
```

SettingActivity.java 代码：

```java
package com.example.iot.ch05_androidfragment;

import android.os.Bundle;
import android.support.annotation.Nullable;
import android.support.v4.app.Fragment;
import android.view.LayoutInflater;
import android.view.View;
import android.view.ViewGroup;
import android.widget.Button;

public class SettingActivity extends Fragment {
    private Button idkeyBtn, macBtn, versionBtn;

    @Nullable
    @Override
    public View onCreateView (LayoutInflater inflater, @Nullable ViewGroup
    container, @Nullable Bundle savedInstanceState) {
        View view = inflater.inflate(R.layout.activity_sensor_setting, container,
        false);
        return view;
    }

    @Override
```

```
public void onActivityCreated(Bundle savedInstanceState) {
    super.onActivityCreated(savedInstanceState);
    idkeyBtn = (Button) getActivity().findViewById(R.id.id_key_btn);
    macBtn = (Button) getActivity().findViewById(R.id.mac_btn);
    versionBtn = (Button) getActivity().findViewById(R.id.version_btn);
    }
}
```

4. 程序运行与测试

编译成功后运行程序，在模拟器与调试设备上显示的首个界面如图 5-28 所示。

图 5-28 感知功能界面

首个界面显示的是感知功能的片段内容，感知图标为绿色。接下来单击界面下方导航栏的安防图标，安防图标变成绿色，其他两个图标变成灰色，并切换显示安防功能界面，如图 5-29 所示。

图 5-29 安防界面

安防界面有一个 Switch 控件按钮,可以切换报警灯的打开与关闭状态,如图 5-30 所示。

图 5-30　Switch 控件按钮控制报警灯

单击导航栏的"设置"图标,设置界面如图 5-31 所示。

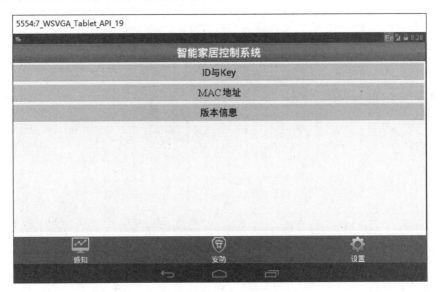

图 5-31　设置界面

1. Android 系统界面事件的传递和处理遵循的规则有哪些?
2. 简述 Android 事件处理机制常用的方法。
3. Intent 是什么?　在 Android 中,其主要用途有哪些?

4. 一个 Intent 对象由几部分组成，它们的作用分别是什么？
5. 通常显式启动 Activity 的步骤包含哪些？
6. 简述隐式启动 Activity 的通常用法及过程。
7. 简述 Intent Filter 原理与匹配机制过程及步骤。
8. 使用 Fragment 完全替换 Activity 比常规开发模式是否更好？
9. Fragment 是什么，有什么缺点，它的生命周期如何？

第 6 章 Android 应用存储机制

在 Android 系统中，数据存储和使用与通常的数据操作有很大不同。首先，Android 中所有的应用程序数据都为自己应用程序所有，其他应用程序如果共享、访问别的应用程序数据，必须通过 Android 系统提供的方式，才能访问或者暴露自己的私有数据供其他应用程序使用。Android 平台中实现数据存储的方式有 5 种，分别是：SharedPreferences 存储数据、文件存储数据、SQLite 数据库存储数据、使用 ContentProvider 存储数据和网络存储数据。

1. SharedPreferences 存储数据

SharedPreferences 功能类似于 Windows 系统上的 ini 配置文件，主要用于系统的配置信息的保存，如保留界面设置的颜色、保留登录用户名等，以便下次登录时使用。

2. 文件存储数据

Android 移动操作系统基于 Linux 核心，所以在 Android 系统中，文件也是 Linux 形式的文件系统。文件保存在设备的内部存储器上，在 Linux 系统下的/data/data/<package name>/files 目录中。

3. SQLite 数据库存储数据

在 Android 系统中，数据存储、管理使用的数据库是轻便型的数据库 SQLite。SQLite 是一个开源的嵌入式关系数据库，与普通关系型数据库一样，也具有 ACID 的特性。

4. 使用 ContentProvider 存储数据

ContentProvider(数据提供者)是在应用程序间共享数据的一种接口机制。ContentProvider 提供了更高级的数据共享方法，应用程序可以指定需要共享的数据，而其他应用程序则可以在不知数据来源、路径的情况下，对共享数据进行查询、添加、删除和更新等操作。

5. 网络存储数据

前面介绍的几种存储都是将数据存储在本地设备上,除此之外,还有一种存储(获取)数据的方式,通过网络实现数据的存储和获取。通过调用 WebService 返回的数据或是解析 HTTP 实现网络数据交互。

在 Android 系统中,按数据的共享方式可以分为:本应用程序内使用和应用程序数据共享两种。

1. 本应用程序内使用

通常,应用程序中需要的数据一般只能为本应用程序使用,使用 SharedPreferences、文件存储、SQLite 数据库存储方式创建的应用程序,默认为本程序使用,其他程序无法获取数据操作。

在 Android 中,可以在控制台使用 adb 命令查看本程序使用的数据:

```
adb shell          //进入手机的文件系统
cd  /data/data     //进入目录
```

使用 ls 查看,可以发现在系统中安装的每个应用程序在哪个目录下有一个文件夹,再次进入应用程序后,使用 ls 命令查看,会出现 shared_prefs、files、databases 几个目录,它们其实就是存放应用程序内自用的数据,内容分别由 SharedPreferences、文件存储、SQLite 数据库存储这 3 种方式创建。当然,如果没有创建过,这个目录可能不存在。

2. 应用程序数据共享

这类数据通常是一些共用数据,很多程序都会调用,如电话簿数据等。在 Android 系统中,由文件存储、数据库存储、SharedPreferences 创建的数据都可以通过系统提供的特定方式访问,实现数据共享。

6.1 简单存储及文件存储

6.1.1 简单存储

1. SharedPreferences

SharedPreferences 是 Android 平台上一个轻量级的存储类,用来保存应用的一些常用配置,如 Activity 状态,Activity 暂停时,将此 Activity 的状态保存到 SharedPereferences 中;当 Activity 重载,系统回调方法 onSaveInstanceState()时,再从 SharedPreferences 中将值取出。

使用 SharedPreferences 保存数据,最终是以 XML 文件存放数据,是基于 XML 文件存储键值对(Name/Value Pair,NVP)数据。XML 处理时,Dalvik 会通过自带底层的本地 XML Parser 解析,如 XMLpull 方式。SharedPreferences 保存数据的文件存放在目录/data/data/<package name>/shared_prefs 下。SharedPreferences 不仅能够保存数据,还能够实现不同应用程序间的数据共享。

由于 SharedPreferences 完全对用户屏蔽文件系统的操作过程,在开发中,SharedPreferences 对象本身只能获取数据,而不支持存储和修改,存储修改是通过 Editor 对象实现的。

SharedPreferences 支持各种基本数据类型,包括整型、布尔型、浮点型等。

2. 使用方法

1) 存数据

```
SharedPreferences sp =getSharedPreferences("sp_demo", Context.MODE_PRIVATE);
sp.edit().putString("name", "小张").putInt("age", 11).commit();
```

或者为下面的写法:

```
SharedPreferences sp =getSharedPreferences("sp_demo", Context.MODE_PRIVATE);
Editor editor =sp.edit();
editor.putString("name", "小张");
editor.putInt("age", 11);
editor.commit();
```

2) 取数据

```
SharedPreferences sp =getSharedPreferences("sp_demo", Context.MODE_PRIVATE);
String name =sp.getString("name", null);
int age =sp.getInt("age", 0);
```

(1) SharedPreferences 访问模式。

Android 系统中,SharedPreferences 分许多权限,其支持的访问模式有 3 种,分别是:私有、全局读和全局写。

私有(Context. MODE_PRIVATE):为默认操作模式,代表该文件是私有数据,只能被应用本身访问。在该模式下,写入的内容会覆盖原文件的内容。

全局读(Context. MODE_WORLD_READABLE):不仅创建程序可以对其进行读取或写入,其他应用程序也有读取操作的权限,但没有写入操作的权限。

全局写(Context. MODE_WORLD_WRITEABLE):创建程序和其他程序都可以对其进行写入操作,但没有读取操作的权限。

(2) 使用 SharedPreferences 存储、访问本程序数据的通常用法。

① 定义 SharedPreferences 的访问模式。

在使用 SharedPreferences 前,先定义 SharedPreferences 的访问模式,如将访问模式定义为私有模式:

```
public static int MODE =Context.MODE_PRIVATE;
```

也可以将 SharedPreferences 的访问模式设定为既可以全局读,也可以全局写,设定如下:

```
public static int MODE = Context.MODE_WORLD_READABLE + Context.MODE_WORLD_WRITEABLE;
```

② 定义 SharedPreferences 的名称。

SharedPreferences 的名称与在 Android 文件系统中保存的文件同名。因此,只要具有

相同的 SharedPreferences 名称的 NVP 内容,都会保存在同一个文件中,如

```
public static final String  PR_NAME ="SaveFile";
```

③ 获取 SharedPreferences 对象。

使用 SharedPreferences,需要将上述定义的访问模式和 SharedPreferences 名称作为参数,传递到 getSharedPreferences()函数,并获取到 SharedPreferences 对象。

```
SharedPreferences sharedPreferences =getSharedPreferences(PR_NAME, MODE);
```

④ 利用 edit()方法获取 Editor 对象。

获取到 SharedPreferences 对象后,则可以通过 SharedPreferences.Editor 类对 SharedPreferences 进行修改。

```
Editor editor=sharedPreferences.edit();
```

⑤ 通过 Editor 对象存储 key-value(键值对)数据。

```
editor.putString("Name", "John");
editor.putInt("Age",28);
editor.putFloat("Height", 1.77);
```

⑥ 通过 commit()方法提交数据。

```
editor.commit();
```

完成上述步骤后,如果需要从已经保存的 SharedPreferences 中读取数据,同样是采用 getSharedPreferences()方法,并在方法的第 1 个参数中指明需要访问的 SharedPreferences 名称,然后通过 get<Type>()方法获取保存在 SharedPreferences 中的 NVP。

```
SharedPreferences sharedPreferences =getSharedPreferences(PR_NAME, MODE);
String name =sharedPreferences.getString("Name","name");
int age =sharedPreferences.getInt("Age", 20);
float height =sharedPreferences.getFloat("Height",);
```

上述代码中,get<Type>()方法中的第 1 个参数是 NVP 的名称。

第 2 个参数是在无法获取到数值的时候使用的默认值,如 getFloat()的第 2 个参数为默认值,如果 preference 中不存在该 key,将返回默认值。

(3) 访问其他应用程序数据的 SharedPreferences。

如果需要创建访问其他应用程序数据的 SharedPreferences,前提条件是:

在 SharedPreferences 对象创建时,为其指定 Context.MODE_WORLD_READABLE 或者 Context.MODE_WORLD_WRITEABLE 权限。

```
Context otherApps = createPackageContext("com.hisoft.sharedpreferences",
Context.CONTEXT_IGNORE_SECURITY);
```

```
SharedPreferences sharedPreferences = otherApps.getSharedPreferences ("testApp",
Context.MODE_WORLD_READABLE);
String name =sharedPreferences.getString("name", "");
int age =sharedPreferences.getInt("age", 1);
```

如果想采用读取 XML 文件方式,直接访问其他应用 SharedPreferences 对应的 XML 文件,代码如下:

```
File   sfx = new File ("/data/data/< package name >/shared_prefs/mypreferences.
xml");
//<package name>应替换成应用的包名
```

(4) 访问资源文件。

① 访问存储在 res 目录下的文件,如 res/raw 目录下

```
InputStream ismp3 =getResources().openRawResource(R.raw.testVideo);
//存放声音文件
```

② 访问存储在 assets 目录下的文件。

```
InputStream anyFile =getAssets().open(name);              //存放数据文件
```

注意:存储文件的大小有限制。

SharedPreferences 对象与后续讲解的 SQLite 数据库相比,省略了创建数据库、创建表、写 SQL 语句等操作,相对而言更方便、简洁。但是,SharedPreferences 也有其自身缺陷,如其只能存储 boolean、int、float、long 和 String 5 种简单的数据类型,无法进行条件查询等。所以,不论 SharedPreferences 的数据存储操作如何简单,它也只能是存储方式的一种补充,无法完全替代如 SQLite 数据库这样的其他数据存储方式。

3. 简单存储示例

上面简单介绍了 SharedPreferences 的基础知识和存储访问应用方法,下面通过一个案例详细介绍 SharedPreferences 访问本程序数据的应用。

(1) 创建一个新的 Android 工程,工程名为 SharedPreferencesDemo,创建的 Activity 的名字为 MainActivity。

(2) 修改 res 目录下 layout 文件夹中的 main.xml 文件,设置线性布局,添加一个 TextView 控件和两个 EditText 控件,并设置相关属性,代码如下所示(参见 example6.1)。

```
<?xml version="1.0" encoding="utf-8"?>
<LinearLayout xmlns:android="http://schemas.android.com/apk/res/android"
    android:orientation="vertical"
    android:layout_width="fill_parent"
    android:layout_height="fill_parent">
<TextView
    android:layout_width="fill_parent"
    android:layout_height="wrap_content"
```

```xml
            android:text="@string/inputname"/>
<EditText android:layout_width="match_parent"
        android:layout_height="wrap_content"
        android:id="@+id/username">
    <requestFocus></requestFocus>
</EditText>
</LinearLayout>
```

(3) 修改 res 目录下 values 文件夹中的 strings.xml 文件，代码如下所示。

```xml
<?xml version="1.0" encoding="utf-8"?>
<resources>
    <string name="hello">Hello World, MainActivity!</string>
    <string name="app_name">SharedPreferencesDemo</string>
    <string name="inputname">请输入用户名：</string>
</resources>
```

(4) 修改 src 目录中 com.hisoft.sharedpreferences 包下的 MainActivity.java 文件，代码如下。

```java
package com.hisoft.sharedpreferences;
import com.hisoft.sharedpreferences.R;
import android.app.Activity;
import android.content.SharedPreferences;
import android.content.SharedPreferences.Editor;
import android.os.Bundle;
import android.view.Menu;
import android.view.MenuItem;
import android.widget.EditText;

public class MainActivity extends Activity {

    private EditText et_name;
    private static final String NAME ="name";
    private static final int EXIT =1;

    /** Called when the activity is first created. */
    @Override
    public void onCreate(Bundle savedInstanceState) {
        super.onCreate(savedInstanceState);
        setContentView(R.layout.main);

        this.et_name = (EditText) this.findViewById(R.id.username);

        SharedPreferences sp = this.getSharedPreferences("mypreference", MODE_WORLD_READABLE);
        String username = sp.getString(NAME, "");

        this.et_name.setText(username);

    }
```

```
@Override
protected void onDestroy() {
  super.onDestroy();
   SharedPreferences sp = this.getSharedPreferences ("mypreference", MODE_
   WORLD_READABLE);
   SharedPreferences.Editor edit = sp.edit().putString(NAME, this.et_name.
   getText().toString());
   edit.commit();
  }

@Override
public boolean onCreateOptionsMenu(Menu menu) {
  menu.add(0, EXIT, 0, "退出程序");
  return true;
}

@Override
public boolean onOptionsItemSelected(MenuItem item) {

  if(item.getItemId()==EXIT){
    this.finish();
  }

  return super.onOptionsItemSelected(item);
  }
}
```

(5) 部署运行程序。

SharedPreferencesDemo 工程运行结果如图 6-1 所示。

输入用户名"张学友",下次程序启动后,会自动读取用户名到编辑框,如图 6-2 所示。

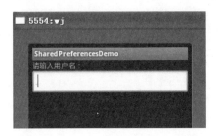

图 6-1 SharedPreferencesDemo 工程运行效果

图 6-2 自动读取用户名

数据存储在 data/data/com.hisoft.sharedpreferences/shared_prefs/目录下,通过单击 Eclipse 菜单 Window-Show View-Other,在对话窗口中展开 android 文件夹,选择下面的 File Explorer 视图,然后在 File Explorer 视图中展开,如图 6-3 所示,名称为 mypreferences.xml 文件,单击 Pull a file from a device 按钮导出文件,文件内容如下面的代码所示。

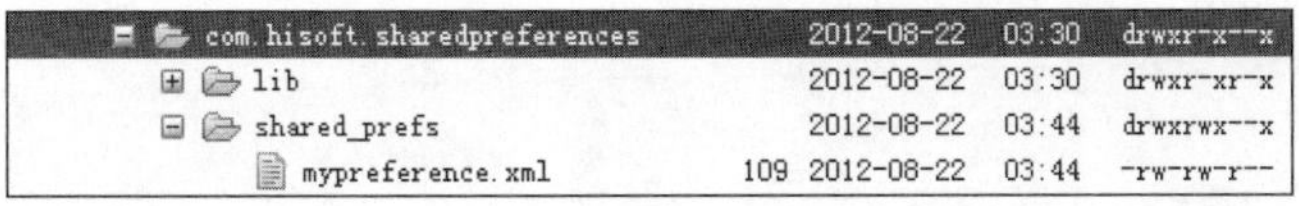

图 6-3 数据存储路径

```
<?xml version='1.0' encoding='utf-8' standalone='yes' ?>
<map>
<string name="name">张学友</string>
</map>
```

6.1.2 文件存储

1. 内部存储

内部存储位于系统中很特殊的一个位置,如果想将文件存储于内部存储中,那么文件默认只能被你的应用访问到,且一个应用所创建的所有文件都在和应用包名相同的目录下。也就是说,应用创建于内部存储的文件,与这个应用是关联的。当一个应用卸载之后,内部存储中的这些文件也会被删除。从技术上讲,如果在创建内部存储文件的时候将文件属性设置成"可读",其他 App 能够访问自己应用的数据,前提是它知道这个应用的包名,如果一个文件的属性是"私有(private)",那么即使知道包名,其他应用也无法访问。内部存储空间十分有限,因而显得可贵。另外,它也是系统本身和系统应用程序主要的数据存储所在地,一旦内部存储空间耗尽,手机也就无法使用了。所以,尽量避免使用内部存储空间。Shared Preferences 和 SQLite 数据库都是存储在内部存储空间上的。内部存储一般用 Context 获取和操作。

访问内部存储的 API 方法:

(1) Environment.getDataDirectory() = /data

这个方法用于获取内部存储的根路径。

(2) getFilesDir().getAbsolutePath() = /data/user/0/packname/files

这个方法用于获取某个应用在内部存储中的 files 路径。

(3) getCacheDir().getAbsolutePath() = /data/user/0/packname/cache

这个方法用于获取某个应用在内部存储中的 cache 路径。

(4) getDir("myFile", MODE_PRIVATE).getAbsolutePath() = /data/user/0/packname/app_myFile

这个方法用于获取某个应用在内部存储中的自定义路径。

内部存储的其他一些操作:

(1) 列出所有已创建的文件。

```
String[] files =Context.fileList();
for(String file : files) {
Log.e(TAG, "file is "+file);
}
```

(2) 删除文件。

```
if(Context.deleteFile(filename)) {
Log.e(TAG, "delete file "+filename +" successfully");
} else {
Log.e(TAG, "failed to deletefile " +filename);
}
```

（3）创建一个目录。

```
File workDir =Context.getDir(dirName, Context.MODE_PRIVATE);
Log.e(TAG, "workdir "+workDir.getAbsolutePath();
```

2. 外部存储

外部存储可以通过物理介质（如 SD 卡）提供，也可以通过将内部存储中的一部分封装而成，设备可以有多个外部存储实例。最容易混淆的是外部存储，如果说 PC 上也要区分出外部存储和内部存储，那么自带的硬盘算内部存储，U 盘或者移动硬盘算外部存储，因此我们很容易带着这样的理解看待安卓手机，认为机身固有存储是内部存储，而扩展的 TF 卡是外部存储。例如，我们认为 16GB 版本的 Nexus 4 有 16GB 的内存，普通消费者可以这样理解，但是安卓的编程中不能，这 16GB 仍然是外部存储。

所有的安卓设备都有外部存储和内部存储，这两个名称来源于安卓的早期设备，那时的设备内部存储确实是固定的，而外部存储是可以像 U 盘一样移动的。但是，在后来的设备中，很多中高端机器都将自己的机身存储扩展到 8GB 以上，它们将"存储"在概念上分成"内部 internal"和"外部 external"两部分，但其实都在手机内部。所以，不管安卓手机是否有可移动的 sdcard，它们总是有外部存储和内部存储。最关键的是，我们都是通过相同的 API 访问可移动的 sdcard 或者手机自带的存储（外部存储）。

外部存储虽然概念上理解有点复杂，但也很容易区分，将手机连接计算机，能被计算机识别的部分一定是外部存储。

访问内部存储的 API 方法：

```
(1) Environment.getExternalStorageDirectory().getAbsolutePath()=/storage/
emulated/0
```

这个方法用于获取外部存储的根路径。

```
(2) Environment.getExternalStoragePublicDirectory("").getAbsolutePath()=
/storage/emulated/0
```

这个方法用于获取外部存储的根路径。

```
(3) getExternalFilesDir("").getAbsolutePath()=/storage/emulated/0/Android/
data/packname/files
```

这个方法用于获取某个应用在外部存储中的 files 路径。

```
(4) getExternalCacheDir().getAbsolutePath()=/storage/emulated/0/Android/data/
packname/cache
```

这个方法用于获取某个应用在外部存储中的 cache 路径。

外部存储中的文件是可以被用户或者其他应用程序修改的。有以下两种类型的文件（或者目录）。

（1）公共文件（Public files）：可以被自由访问，且文件的数据对其他应用或者用户来说都是有意义的,当应用被卸载之后,其卸载前创建的文件仍然保留。例如 camera 应用,生成的照片大家都能访问,而且 camera 不在了,照片仍然在。如果想在外存储上放公共文件,可以使用 getExternalStoragePublicDirectory()。

(2) 私有文件(Private files):由于外部存储的原因,即使是这种类型的文件,也能被其他程序访问,只不过一个应用私有的文件对其他应用其实是没有访问价值的(恶意程序除外)。外部存储上,应用私有文件的价值在于卸载之后,这些文件也会被删除,类似于内部存储。创建应用私有文件的方法是 Context.getExternalFilesDir()。

3. 资源文件

Android 资源文件主要包括文本字符串(strings)、颜色(colors)、数组(arrays)、动画(anim)、布局(layout)、图像和图标(drawable)、音视频(media)和其他应用程序使用的组件。在 Android 开发中,资源文件的使用频率最高,无论是 string、drawable,还是 layout,这些资源都是我们经常使用到的,而且为我们的开发提供了很多方便。不过,我们平时接触的资源目录一般是下面这 3 个。

(1) /res/drawable 用于提供图形资源。
(2) /res/layout 用于提供用户界面资源,Widget。
(3) /res/values 用于提供简单数据,如字符串、颜色值。

下面介绍这些资源文件及使用方法。

1) 字符串

字符串存储在/res/values/strings.xml 文件中,它的格式比较简单,这里不再详述。正如上面所说,读取字符串需要通过如下代码:

```
String str = getResources().getString(R.string.hello);
CharSequence cha = getResources().getText(R.string.app_name);
```

2) 字符串数组

字符串数组存储在/res/values/arrays.xml 文件中,获取字符数组内容需要通过如下方式:

```
String strs[] = getResources().getStringArray(R.array.flavors);
```

3) 颜色值

颜色存储在/res/values/colors.xml 文件中,格式如下:

```
<color name="text_color">#F00</color>
```

颜色值是一个整数,只通过 R.color. 获取即可。

4) 尺寸值

尺寸存储在/res/values/dimens.xml 文件中,获取尺寸使用下列代码:

```
float myDimen = getResources().getDimension(R.dimen.dimen 标签 name 属性的名字);
```

5) Drawable 图形

Drawable 图形存储在/res/drawable/drawables.xml 中,要在代码中使用,应按如下

格式:

```
ColorDrawable myDraw = (ColorDrawable)getResources().getDrawable(R.drawable.red
_rect);
```

6.2 SQLite 数据库操作

6.2.1 SQLite 数据库

SQLite 是在 2000 年由 D. Richard Hipp 发布的轻量级嵌入式关系型数据库。它支持 SQL,是开源的项目,在 Android 系统平台中集成了嵌入式关系型数据库(SQLite)。

1) SQLite 数据库体系结构

SQLite 数据库由 SQL 编译器、内核、后端以及附件 4 部分组成。SQLite 通过利用虚拟机和虚拟数据库引擎(VDBE),使调试、修改和扩展 SQLite 的内核变得更加方便。SQLite 数据库体系结构如图 6-4 所示。

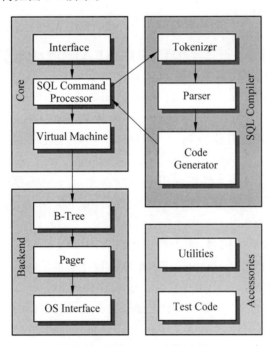

图 6-4 SQLite 数据库体系结构

(1) Interface。

接口由 SQLite C API 组成,SQLite 类数据库大部分的公共接口程序是由 main.c、legacy.c 和 vdbeapi.c 源文件中的功能执行的,但有些程序分散在其他文件夹,因为在其他文件夹里它们可以访问有文件作用域的数据结构,如:

sqlite3_get_table()在 table.c 中执行。

sqlite3_mprintf()在 printf.c 中执行。

sqlite3_complete()在 tokenize.c 中执行。

Tcl 接口程序用 tclsqlite.c 执行。

无论是应用程序、脚本,还是库文件,最终都通过接口与 SQLite 交互。

为了避免和其他软件在名字上有冲突,SQLite 类数据库中所有的外部符号都是以 sqlite3 为前缀命名的。这些被用来做外部使用的符号是以 sqlite3_开头命名的。

(2) Tokenizer。

当执行一个包含 SQL 语句的字符串时,接口程序要把这个字符串传递给 Tokenizer。Tokenizer 的任务是把原有的字符串分成一个个标示符,并把这些标示符传递给剖析器。Tokenizer 是在 C 文件夹 tokenize.c 中用手编译的。

在这个设计中需要注意的是,Tokenizer 调用 parser,即用 Tokenizer 调用 Parser 会使程序运行得更顺利。

(3) Parser。

Parser 是 SQLite 的一个部分,提供语法分析功能。SQLite 的语法分析器通过 Lemon LALR(1)生成。Tokenizer 和 Parser 对 SQL 语句进行语法检查,然后把 SQL 语句转化为底层能更方便处理的分层的数据结构,这种分层的数据结构称为"语法树",把语法树传给 Code Generator 进行处理。

(4) Code Generator。

在 Parser 收集完符号并把之转换成完全的 SQL 语句时,它调用 Code Generator 产生虚拟的机器代码,这些机器代码将按照 SQL 语句的要求工作。代码产生器中有许多文件,如 attach.c、auth.c、build.c、delete.c、expr.c、insert.c、pragma.c、select.c、trigger.c、update.c、vacuum.c 和 where.c 等,expr.c 处理表达式代码的生成,where.c 处理 SELECT、UPDATE、DELETE 语句中 WHERE 子句的代码的生成。文件 attach.c、delete.c、insert.c、select.c、trigger.c、update.c、vacuum.c 处理 SQL 语句中具有同样名字的语句的代码的生成。(每个文件都调用 expr.c、where.c 中的程序)所有 SQL 的其他语句的代码都是由 build.c 生成的。文件 auth.c 执行 sqlite3_set_authorizer()的功能。

(5) Virtual Machine。

Code Generator(代码生成器)产生的程序由 Virtual Machine(虚拟机器)运行。总而言之,虚拟机器主要用来执行一个为操作数据库而设计的抽象的计算引擎。机器有一个用来存储中间数据的存储栈。每个指令包含一个操作代码和 3 个额外的操作数。虚拟机器本身被包含在一个单独的文件 vdbe.c 中。虚拟机器也有它自己的标题文件:vdbe.h 在虚拟机器和剩下的 SQLite 类库之间定义了一个接口程序,vdbeInt.h 定义了虚拟机器的结构。文件 vdbeaux.c 包含虚拟机器使用的实用程序和一些被其他类库用来建立 VM 程序的接口程序模块。文件 vdbeapi.c 包含虚拟机器的外部接口,如 sqlite3_bind_… 类的函数。单独的值(字符串,整数,浮动点数值,BLOBS)被存储在一个叫 Mem 的内部目标程序里,Mem 是由 vdbemem.c 执行的。

(6) B-Tree。

SQLite 数据库在磁盘里维护,使用源文件 btree.c 中的 B-tree(B-树)执行。数据库中的每个表格和目录使用一个单独的 B-tree。所有的 B-trees 都被存储在同样的磁盘文件中。文件格式的细节被记录在 btree.c 开头的备注里。B-tree 子系统的接口程序被标题文件 btree.h 定义。主要功能是索引,它维护着各个页面之间的复杂的关系,便于快速找到所需数据。

（7）Pager。

B-Tree 模块要求信息来源于磁盘上固定规模的程序块。默认程序块的大小是 1024B，但是可以在 512～65536B 变化。Pager（页面高速缓存）负责读、写和高速缓存这些程序块。页面高速缓存还提供重新运算和提交抽象命令，它还管理关闭数据库文件夹。B-tree 驱动器要求页面高速缓存器中的特别的页，当它想修改页或重新运行改变的时候，它会通报页面高速缓存。为了保证所有需求被快速、安全和有效地处理，页面高速缓存处理所有微小的细节。运行页面高速缓存的代码在专门的 C 源文件 pager.c 中。页面高速缓存的子系统的接口程序被目标文件 pager.h 定义。页缓存的主要作用是通过操作系统接口在 B-树和磁盘之间传递页面。

（8）OS Interface。

为了在 POSIX 和 Win32 之间提供一些可移植性，SQLite 操作系统的接口程序使用一个提取层。OS 提取层的接口程序被定义在 os.h，每个支持的操作系统都有它自己的执行文件：UNIX 使用 os_unix.c，windows 使用 os_win.c。每个具体的操作器都具有它自己的标题文件：os_unix.h、os_win.h、etc。

- Utilities

内存分配和字符串比较程序位于 util.c。Parser 使用的表格符号被 hash.c 中的无用信息表格维护。源文件 utf.c 包含 UNICODE 转换子程序。SQLite 有它自己的执行文件 printf()（有一些扩展）在 printf.c 中，还有它自己的随机数量产生器在 random.c 中。

- Test Code

如果计算回归测试脚本，多于一半的 SQLite 代码数据库的代码将被测试。在主要代码文件中有许多 assert() 语句。另外，源文件 test1.c 通过 test5.c 和 md5.c 执行只为测试用的扩展名。os_test.c 向后的接口程序用来模拟断电，验证页面调度程序中的系统性事故恢复机制。

2）SQLite 数据库的特点

- 更适用于嵌入式系统，嵌入使用它的应用程序中。
- 占用非常少，运行高效、可靠，可移植性好。
- 提供了零配置（zero-configuration）运行模式。
- SQLite 数据库不仅提高了运行效率，而且屏蔽了数据库使用和管理的复杂性，程序仅需要进行最基本的数据操作，其他操作可以交给进程内部的数据库引擎完成。
- SQLite 数据库具有很强的移植性，可以运行在 Windows、Linux、BSD、Mac OS X 和一些商用 UNIX 系统，如 Sun 的 Solaris，IBM 的 AIX；SQLite 数据库也可以工作在许多嵌入式操作系统下，如 QNX、VxWorks、Palm OS、Symbin 和 Windows CE。

3）SQLite 数据库和其他数据库的区别

SQLite 和其他数据库最大的不同是对数据类型的支持，SQLite3 支持 NULL、INTEGER、REAL（浮点数字）、TEXT（字符串文本）和 BLOB（二进制对象）数据类型。虽然它支持的类型只有 5 种，但实际上 SQLite3 也接受 varchar(n)、char(n)、decimal(p,s) 等数据类型，只不过在运算或保存时会转成对应的 5 种数据类型。创建一个表时，可以在

CREATE TABLE 语句中指定某列的数据类型，但是可以把任何数据类型放入任何列中。当某个值插入数据库时，SQLite 将检查它的类型。如果该类型与关联的列不匹配，则 SQLite 会尝试将该值转换成该列的类型。如果不能转换，则该值将作为其本身具有的类型存储。例如，可以把一个字符串（String）放入 INTEGER 列。SQLite 称这为"弱类型"（manifest typing.）。此外，SQLite 不支持一些标准的 SQL 功能，特别是外键约束（FOREIGN KEY constrains），嵌套 transcaction、RIGHT OUTER JOIN 和 FULL OUTER JOIN，还有一些 ALTER TABLE 功能。除了上述功能外，SQLite 是一个完整的 SQL 系统，拥有完整的触发器、交易等。

注意：定义为 INTEGER PRIMARY KEY 的字段只能存储 64 位整数，当向这种字段中保存除整数以外的数据时，将会产生错误。

另外，SQLite 在解析 CREATE TABLE 语句时，会忽略 CREATE TABLE 语句中字段名后面的数据类型信息。

6.2.2　创建 SQLite 数据库的方式

1. 命令行方式手动建库

sqlite 3 是 SQLite 数据库自带的一个基于命令行的 SQL 命令执行工具，并可以显示命令执行结果。sqlite 3 工具被集成在 Android 系统中，用户在 Linux 的命令行界面中输入 sqlite 3 可启动 sqlite 3 工具，并得到工具的版本信息，在 cmd 中输入 adb shell 命令可以启动 Linux 的命令行界面，过程如下所示。

（1）首先用命令或在 Android Studio 中启动模拟器，然后 cmd 下输入命令 adb shell 进入设备 Linux 控制台，出现提示符"#"后，输入命令 sqlite3，如图 6-5 所示。

启动 sqlite 3 工具后，提示符由"#"变为"sqlite>"，表示命令行界面进入与 SQLite 数据库的交互模式，此时可以输入命令建立、删除或修改数据库的内容。

正确退出 sqlite 3 工具的方法是使用命令 .exit，如图 6-6 所示。

```
H:\android-sdk-3\platform-tools>adb shell
# sqlite3
sqlite3
SQLite version 3.6.22
Enter ".help" for instructions
Enter SQL statements terminated with a ";"
sqlite>
```

图 6-5　进入 sqlite

```
sqlite> .exit
```

图 6-6　sqlite 3 退出命令

（2）命令行方式手动创建 SQLite 数据库，步骤如下。

① 在 cmd 下输入命令 adb shell，进入设备 Linux 控制台。

② # cd /data/data，进入 data 目录，如图 6-7 所示。

③ # ls，列表目录，查看文件，如图 6-8 所示。

```
# cd /data/data
```

图 6-7　进入 data 目录

```
# ls
```

图 6-8　查看文件

找到自己的项目包目录并进入，如图 6-9 所示。

④ 使用 ls 命令查看有无 databases 目录,如果没有,就创建一个,命令如下,如图 6-10 所示。

```
#mkdir databases
cd databases 进入并创建数据库
#sqlite3 mydb.db
sqlite3 friends.db
SQLite version 3.6.22
Enter ".help" for instructions
sqlite>
ctrl+d 或 .exit 退出 sqlite 提示符
```

图 6-9　进入项目包目录 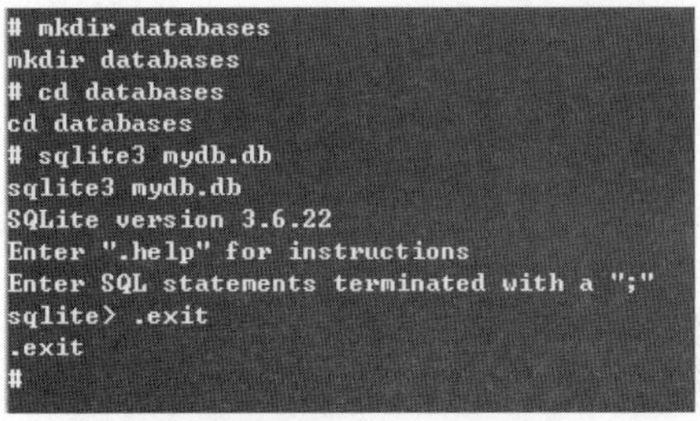　　　　　图 6-10　命令创建数据库

⑤ 使用 ls 命令查看列表目录,会看到有一个文件为 mydb.db,即 SQLite 数据库,具体如图 6-11 所示。

2. 代码建库

在程序代码中动态建立 SQLite 数据库是比较常用的方法。在程序运行过程中,当需要进行数据库操作时,应用程序会首先尝试打开数据

图 6-11　查看 SQLite 数据库文件

库,此时如果数据库并不存在,程序会自动建立数据库,然后再打开数据库。

在 Android 应用程序中创建使用 SQLite 数据库有两种方式:一种是自定义类继承 SQLiteOpenHelper;另外一种是调用 openOrCreateDatabases()方法创建数据库。

1) 自定义类继承 SQLiteOpenHelper,创建数据库

在 Android 应用程序中使用 SQLite,必须自己创建数据库,然后创建表、索引、输入数据。Android 提供了 SQLiteOpenHelper 帮助创建一个数据库,只要继承 SQLiteOpenHelper 类,就可以轻松地创建数据库。SQLiteOpenHelper 类根据开发应用程序的需要,封装了创建和更新数据库使用的逻辑。

创建 SQLiteOpenHelper 的子类,至少需要实现 3 个方法。

(1) 构造函数,调用父类 SQLiteOpenHelper 的构造函数。这个方法需要 4 个参数:上下文环境(如一个 Activity)、数据库名字、一个可选的游标工厂(通常是 Null)、一个代表正在使用的数据库模型版本的整数。

(2) onCreate()方法,它需要一个 SQLiteDatabase 对象作为参数,根据需要对这个对象填充表和初始化数据。

(3) onUpgrade()方法,它需要 3 个参数:一个 SQLiteDatabase 对象、一个旧的版

本号和一个新的版本号，这样就可以知道如何把一个数据库从旧的模型转变到新的模型。

应用程序编码创建 SQLite 数据库的步骤如下。

（1）创建自己的类 DatabaseHelper 继承 SQLiteOpenHelper，并实现上述 3 个方法，代码如下：

```java
public class DatabaseHelper extends SQLiteOpenHelper {
    DatabaseHelper (Context context, String name, CursorFactory cursorFactory, int version)
    {
        super(context, name, cursorFactory, version);
    }

    @Override
    public void onCreate(SQLiteDatabase db) {
        // TODO 创建数据库后,对数据库的操作
    }

    @Override
    public void onUpgrade(SQLiteDatabase db, int oldVersion, int newVersion) {
        // TODO 更改数据库版本的操作
    }

@Override
public void onOpen(SQLiteDatabase db) {
        super.onOpen(db);
        // TODO 每次成功打开数据库后首先被执行
    }
}
```

（2）获取 SQLiteDatabase 类对象实例。

根据需要改变数据库的内容，决定是调用 getReadableDatabase()，还是调用 getWriteableDatabase()获取 SQLiteDatabase 实例，如

```java
db= (new DatabaseHelper(getContext())).getWritableDatabase();
```

上面这段代码会返回一个 SQLiteDatabase 类的实例，使用这个对象就可以查询或者修改数据库。完成对数据库的操作（如 Activity 已经关闭）后，需要调用 SQLiteDatabase 的 Close()方法释放数据库连接。

2）调用 openOrCreateDatabase()方法创建数据库

android.content.Context 中提供了方法 openOrCreateDatabase()创建数据库。

```java
db = context . openOrCreateDatabase ( String DATABASE_NAME, int Context.MODE_PRIVATE, null );
        DATABASE_NAME: 数据库的名字
        MODE: 操作模式,如 Context.MODE_PRIVATE 等
        CursorFactory: 指针工厂,本例中传入 null,暂不用
```

6.2.3 SQLite 数据库操作

在编程实现时,一般将所有对数据库的操作都封装在一个类中,因此只要调用这个类,就可以完成数据库的添加、更新、删除和查询等操作。前面已经讲述了如何创建数据库,下面对在数据库中创建表、索引、给表添加数据等操作进行介绍。

1. 创建表和索引

为了创建表和索引,需要调用 SQLiteDatabase 的 execSQL()方法执行 DDL 语句。如果没异常,这个方法没有返回值。

```
db.execSQL("CREATE TABLE mytable(_id INTEGER PRIMARY KEY  AUTOINCREMENT, title TEXT, value REAL);");
```

上述语句创建的表名为 mytable,表有一个列名为_id,并且是主键,列值是会自动增长的整数,另外还有两列:title(字符)和 value(浮点数)。SQLite 会自动为主键列创建索引。通常,第一次创建数据库时就创建了表和索引。

另外,SQLiteDatabase 类提供了一个重载后的 execSQL(String sql,Object[] bindArgs)方法。

使用这个方法支持使用占位符参数(?)。使用例子如下:

```
SQLiteDatabase db = …;
db.execSWL("insert into person(name, age) values(?,?)", new Object[]{"Tom",4});
db.close();
```

第 1 个参数为 SQL 语句,第 2 个参数为 SQL 语句中占位符参数的值,参数值在数组中的顺序要和点位符的位置对应。

如果不需要改变表的 schema,则不需要删除表和索引。删除表和索引需要使用 execSQL()方法调用 DROP INDEX 和 DROP TABLE 语句。

2. 给表添加数据

(1) 可以使用 execSQL() 方法执行 INSERT、UPDATE、DELETE 等语句更新表的数据。execSQL() 方法适用于所有不返回结果的 SQL 语句。

如:db.execSQL("INSERT INTO widgets (name, inventory)" + "VALUES ('Sprocket', 5)");

(2) 另一种方法是使用 SQLiteDatabase 对象的 insert()、update()、delete() 方法。这些方法把 SQL 语句的一部分作为参数。

① insert()方法。

insert()方法用于添加数据,各个字段的数据使用 ContentValues 存放。

ContentValues 类似于 MAP。相对于 MAP,它提供了存取数据对应的 put(String key, Xxx value)和 getAsXxx(String key)方法,key 为字段名称,value 为字段值。

例如:

```
SQLiteDatabase db =databaseHelper.getWritableDatabase();
ContentValues values =new ContentValues();
values.put("name", "Tom");
values.put("age", 4);
long rowid =db.insert("person", null, values);        //返回新添记录的行号,与主键 id 无关
```

不管第 3 个参数是否包含数据,执行 insert()方法必然会添加一条记录,如果第 3 个参数为空,则会添加一条除主键外其他字段值为 null 的记录。

② update()方法。

update()方法有 4 个参数,分别是表名、表示列名和值的 ContentValues 对象、可选的 WHERE 条件和可选的填充 WHERE 语句的字符串,这些字符串会替换 WHERE 条件中的"?"标记。

update()根据条件更新指定列的值,所以用 execSQL() 方法可以达到同样的目的。WHERE 条件及其参数和用过的其他 SQL APIs 类似。

例如:

```
String[] parms=new String[] {"this is a string"};
db.update("widgets", replacements, "name=?", parms);
```

③ delete()方法。

delete()方法的使用和 update() 类似,使用表名、可选的 WHERE 条件和相应的填充 WHERE 条件的字符串,如:

```
db.delete("person", "personid<?", new String[]{"2"});
db.close();
```

3. 查询数据库

在 Android 系统中,数据库查询结果的返回值并不是数据集合的完整副本,而是返回数据集的指针,这个指针就是 Cursor 类。Cursor 类支持在查询的数据集合中以多种方式移动,并能够获取数据集合的属性名称和序号。

查询数据库使用 SELECT 从 SQLite 数据库检索数据有两种方法,分别是:使用 rawQuery() 直接调用 SELECT 语句;使用 query()函数构建一个查询。

1) 使用 rawQuery() 直接调用 SELECT 语句

调用 SQLiteDatabase 类的 rawQuery()方法,用于执行 select 语句。如:

```
Cursor c=db.rawQuery("SELECT name FROM sqlite_master WHERE type='table' AND name
='mytable'", null);
```

rawQuery()方法的第 1 个参数为 select 语句;第 2 个参数为 select 语句中占位符参数的值,如果 select 语句没有使用占位符,则该参数可以设置为 null。

带占位符参数的 select 语句使用例子如下:

```
Cursor cursor =db.rawQuery("select * from person where name like ? and age=?", new
String[]{"%Tom%", "4"});
```

在上面例子中，我们查询 SQLite 系统表（sqlite_master）检查 table 表是否存在。返回值是一个 cursor 对象，这个对象的方法可以迭代查询结果。如果查询是动态的，使用这个方法就会非常复杂。

例如，当需要查询的列在程序编译的时候不能确定，这时使用 query() 方法会方便很多。

2) 使用 query() 函数构建一个查询

调用 SQLiteDatabase 类的 query() 函数。query() 函数的语法如下：

```
Cursor android.database.sqlite.SQLiteDatabase.query(String table, String[]
columns, String selection, String[] selectionArgs, String groupBy, String having,
String orderBy,String limit)
```

query() 函数的参数说明见表 6-1。

表 6-1 query() 函数的参数说明

位置	类型＋名称	说明
1	String table	表名称
2	String[] columns	返回的属性列名称
3	String selection	查询条件子句
4	String[] selectionArgs	如果在查询条件中使用的是问号，则需要定义替换符的具体内容
5	String groupBy	分组方式
6	String having	定义组的过滤器
7	String limit	指定偏移量和获取的记录数

示例 example6.2：

```
SQLiteDatabase db =databaseHelper.getWritableDatabase();
Cursor cursor =db.query("person", new String[]{"personid,name,age"}, "name like
?", new String[]{"%Tom%"}, null, null, "personid desc", "1,2");
while (cursor.moveToNext()) {
    int personid =cursor.getInt(0);      //获取第 1 列的值,第 1 列的索引从 0 开始
     String name =cursor.getString(1); //获取第 2 列的值
     int age =cursor.getInt(2);          //获取第 3 列的值
}
cursor.close();
db.close();
```

在 Android 的 SQLite 数据库中使用游标，不论如何执行查询，都会返回一个 Cursor 对象。Cursor 类常用方法和说明见表 6-2。

表 6-2 Cursor 类常用方法和说明

常用方法	说明
moveToFirst()	将指针移动到第一条数据上
moveToNext()	将指针移动到下一条数据上

续表

常用方法	说明
moveToPrevious()	将指针移动到上一条数据上
getCount()	获取集合的数据数量
getColumnIndexOrThrow()	返回指定属性名称的序号,如果属性不存在,则产生异常
getColumnName()	返回指定序号的属性名称
getColumnNames()	返回属性名称的字符串数组
getColumnIndex()	根据属性名称返回序号
moveToPosition()	将指针移动到指定的数据上
getPosition()	返回当前指针的位置
getString()、getInt()等	获取给定字段当前记录的值
requery()	重新执行查询得到游标
close()	释放游标资源

6.2.4 SQLite 简单例程

上面介绍了 SQLite 的基本概率和工作原理,以及介绍了 Android 的数据库各种操作方法。下面用实际例子说明上面的内容。下面这个例程实现了创建数据库,创建表以及数据库的增、删、改、查操作。

该实例有两个类:

com.example.testSQLite 调试类

com.example.testSQLiteDb 数据库辅助类

示例 example6.3:

(1) SQLiteActivity.java:

```java
public class SQLiteActivity extends Activity {
    /** Called when the activity is first created. */
    //声明各个按钮
    private Button createBtn;
    private Button insertBtn;
    private Button updateBtn;
    private Button queryBtn;
    private Button deleteBtn;
    private Button ModifyBtn;

    @Override
    public void onCreate(Bundle savedInstanceState) {
        super.onCreate(savedInstanceState);
        setContentView(R.layout.main);
        //调用 creatView()方法
        creatView();
```

```java
        //调用 setListener()方法
        setListener();
}

//通过 findViewById 获得 Button 对象的方法
private void creatView() {
    createBtn = (Button) findViewById(R.id.createDatabase);
    updateBtn = (Button) findViewById(R.id.updateDatabase);
    insertBtn = (Button) findViewById(R.id.insert);
    ModifyBtn = (Button) findViewById(R.id.update);
    queryBtn = (Button) findViewById(R.id.query);
    deleteBtn = (Button) findViewById(R.id.delete);
}

//为按钮注册监听的方法
private void setListener() {
    createBtn.setOnClickListener(new CreateListener());
    updateBtn.setOnClickListener(new UpdateListener());
    insertBtn.setOnClickListener(new InsertListener());
    ModifyBtn.setOnClickListener(new ModifyListener());
    queryBtn.setOnClickListener(new QueryListener());
    deleteBtn.setOnClickListener(new DeleteListener());
}

//创建数据库的方法
class CreateListener implements OnClickListener {
    @Override
    public void onClick(View v) {
        //创建 DevDBHelper 对象
        DevDBHelper  dbHelper =new DevDBHelper (SQLiteActivity.this,
            "dev_db", null, 1);

        //得到一个可读的 SQLiteDatabase 对象
        SQLiteDatabase db =dbHelper.getReadableDatabase();
    }
}

//更新数据库的方法
class UpdateListener implements OnClickListener {
    @Override
    public void onClick(View v) {
        // 数据库版本的更新,由原来的 1 变为 2
        DevDBHelper   dbHelper = new DevDBHelper (SQLiteActivity.this,"dev_db", null, 2);
        SQLiteDatabase db =dbHelper.getReadableDatabase();
    }
}

//插入数据的方法
class InsertListener implements OnClickListener {
```

```java
        @Override
        public void onClick(View v) {
            DevDBHelper   dbHelper = new DevDBHelper (SQLiteActivity.this,"dev_
            db", null, 1);

            //得到一个可写的数据库
            SQLiteDatabase db =dbHelper.getWritableDatabase();

            //生成 ContentValues 对象
            //key:列名,value:想插入的值
            ContentValues cv =new ContentValues();
            //往 ContentValues 对象存放数据,键-值对模式
            cv.put("id", 1);
            cv.put("sname", "路由器");
            cv.put("smac","74-E5-F9-0C-F1-D4");
            cv.put("sip", "192.100.1.1");
            //调用 insert()方法,将数据插入数据库
            db.insert("dev_table", null, cv);
            //关闭数据库
            db.close();
        }
    }

    //查询数据的方法
    class QueryListener implements OnClickListener {
        @Override
        public void onClick(View v) {
            DevDBHelper   dbHelper = new DevDBHelper (SQLiteActivity.this,"dev_
            db", null, 1);

            //得到一个可写的数据库
            SQLiteDatabase db =dbHelper.getReadableDatabase();

            //参数1:表名
            //参数2:要想显示的列
            //参数3:where 子句
            //参数4:where 子句对应的条件值
            //参数5:分组方式
            //参数6:having 条件
            //参数7:排序方式
            Cursor cursor =db.query("dev_table",
                    new String[] { "id", "sname", "smac", "sip" }, "id=?",
                    new String[] { "1" }, null, null, null);

            while (cursor.moveToNext()) {
                String name =cursor.getString(cursor.getColumnIndex("sname"));
                String age =cursor.getString(cursor.getColumnIndex("smac"));
                String sex =cursor.getString(cursor.getColumnIndex("sip"));
                System.out.println("query------->" +"设备名称: " +name +" " +
                "MAC 地址: " +mac+" " +"性别: " +ip);
```

```
            }
            //关闭数据库
            db.close();
        }
    }

    //修改数据的方法
    class ModifyListener implements OnClickListener {
        @Override
        public void onClick(View v) {
            DevDBHelper   dbHelper = new DevDBHelper (SQLiteActivity.this,"dev_
              db", null, 1);
            //得到一个可写的数据库
            SQLiteDatabase db =dbHelper.getWritableDatabase();
            ContentValues cv =new ContentValues();
            cv.put("smac", "23");
            //where 子句 "?"是占位符号,对应后面的"1",
            String whereClause ="id=?";
            String[] whereArgs ={ String.valueOf(1) };
            //参数 1 是要更新的表名
            //参数 2 是一个 ContentValues 对象
            //参数 3 是 where 子句
            db.update("dev_table", cv, whereClause, whereArgs);
        }
    }


    //删除数据的方法
    class DeleteListener implements OnClickListener {
        @Override
        public void onClick(View v) {
            DevDBHelper dbHelper =new DevDBHelper (SQLiteActivity.this,"dev_db",
              null, 1);
            //得到一个可写的数据库
            SQLiteDatabase db =dbHelper.getReadableDatabase();
            String whereClauses ="id=?";
            String[] whereArgs ={ String.valueOf(2) };
            //调用 delete()方法,删除数据
            db.delete("dev_table", whereClauses, whereArgs);
        }
    }
}
```

(2) DevDBHelper.java：

```
public class DevDBHelper extends SQLiteOpenHelper {
    private static final String TAG ="TestSQLite";
    public static final int VERSION =1;
```

```java
    //必须有构造函数
    public DevDBHelper (Context context, String name, CursorFactory factory,
        int version) {
        super(context, name, factory, version);
    }

    // 当第一次创建数据库的时候调用该方法
    public void onCreate(SQLiteDatabase db) {
        String sql ="create table dev_table(id int,sname varchar(30),smac varchar
        (20),sip varchar(20))";
        //输出创建数据库的日志信息
        Log.i(TAG, "create Database------------->");
        //execSQL()函数用于执行 SQL 语句
        db.execSQL(sql);
    }

    //当更新数据库的时候调用该方法
    public void onUpgrade(SQLiteDatabase db, int oldVersion, int newVersion) {
        //输出更新数据库的日志信息
        Log.i(TAG, "update Database------------->");
    }
}
```

(3) Main.xml：

```xml
<?xml version="1.0"?encoding="utf-8"?>
<LinearLayout xmlns:android="http://schemas.android.com/apk/res/android"
android:orientation="vertical"
android:layout_width="fill_parent"
android:layout_height="fill_parent"
>
<TextView
android:layout_width="fill_parent"
android:layout_height="wrap_content"
android:text="@string/hello"
/>
<Button
android:id="@+id/createDatabase"
android:layout_width="fill_parent"
android:layout_height="wrap_content"
android:text="创建数据库"
/>
<Button
android:id="@+id/updateDatabase"
android:layout_width="fill_parent"
android:layout_height="wrap_content"
android:text="更新数据库"
/>
```

```xml
<Button
android:id="@+id/insert"
android:layout_width="fill_parent"
android:layout_height="wrap_content"
android:text="插入数据"
/>
<Button
android:id="@+id/update"
android:layout_width="fill_parent"
android:layout_height="wrap_content"
android:text="更新数据"
/>
<Button
android:id="@+id/query"
android:layout_width="fill_parent"
android:layout_height="wrap_content"
android:text="查询数据"
/>
<Button
android:id="@+id/delete"
android:layout_width="fill_parent"
android:layout_height="wrap_content"
android:text="删除数据"
/>
</LinearLayout>
```

6.3 数据共享

6.3.1 ContentProvider 类简介

ContentProvider 类位于 android.content 包下,其类的继承结构如图 6-12 所示。ContentProvider(数据提供者)类是在应用程序间共享数据的一种接口机制。

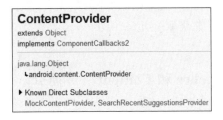

图 6-12 ContentProvider 类的继承关系

虽然在前面章节中通过指定文件的操作模式为 Context.MODE_WORLD_READABLE 或 Context.MODE_WORLD_WRITEABLE 也可以对外共享数据,但如果采用文件操作模式对外共享数据,数据的访问方式会因数据存储的方式而不同,导致数据的访问方式无法统一,如采用 XML 文件对外共享数据,需要进行 XML 解析才能读取数据;采用 sharedpreferences 共享数据,需要使用 sharedpreferences API 读取数据。

1. ContentProvider 类的作用

在 Android 系统中,ContentProvider 类的作用是对外共享数据,也就是说,ContentProvider 类提供了在多个应用程序之间统一的数据共享方法,将需要共享的数据封装起来,提供了一组供其他应用程序调用的接口,通过 ContentResolver 对象操作数据。应用程序可以指定需要共享的数据,而其他应用程序则可以在不知数据来源、路径的情况下,对共享数据进行查询、添加、删除和更新等操作。使用 ContentProvider 类对外共享数据的好处是统一了数据的访问方式。如果用户不需要在多个应用程序之间共享数据,可以通过讲述 SQLiteDatabase 创建数据库的方式,实现数据内部共享。

2. ContentProvider 类调用原理

ContentProvider 类创建和使用前,需要先通过数据库、文件系统或网络实现底层数据存储功能,然后自定义类继承 ContentProvider 类,并在其中实现基本数据操作的接口函数,包括添加、删除、查找和更新等功能。

ContentProvider 类的接口函数不能直接使用,需要使用 ContentResolver 对象,通过 URI 间接调用 ContentProvider 类。

用户使用 ContentResolver 对象与 ContentProvider 类进行交互,而 ContentResolver 对象则通过 URI 确定需要访问的 ContentProvider 类的数据集。ContentResolver 对象与 ContentProvider 类的调用关系如图 6-13 所示。

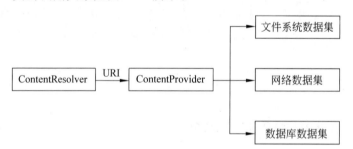

图 6-13 ContentResolver 对象与 ContentProvider 类的调用关系

其中 ContentProvider 类负责组织应用程序的数据;向其他应用程序提供数据。

ContentResolver 对象负责获取 ContentProvider 类提供的数据;修改、添加、删除、更新数据等。

6.3.2 Uri、UriMatcher 和 ContentUris 简介

1. Uri 简介

上述 Uri 代表要操作的数据 Uri 的信息,主要有两部分:
(1)需要操作的 ContentProvider。
(2)对 ContentProvider 中的什么数据进行操作,通过 Uri 确定。
下面分别就上述 Uri 包含的两部分进行介绍。
(1) ContentProvider 数据模式。
ContentProvider 的数据模式类似于数据库的数据表,每行是一条记录,每列具有相同

的数据类型,每条记录都包含一个长整型的字段_ID,用来唯一标识每条记录。

ContentProvider 可以提供多个数据集,调用者使用 URI 对不同的数据集的数据进行操作。

ContentProvider 数据模式见表 6-3。

表 6-3 ContentProvider 数据模式

_ID	NAME
1	John
2	Sam

(2) URI

URI 用来定位任何远程或本地的可用资源,在 ContentProvider 使用的 URI 通常由以下几部分组成,如图 6-14 所示。

图 6-14 URI 的组成结构

ContentProvider 的 scheme 已经由 Android 规定,scheme 为:content://;content:// 是通用前缀,表示该 URI 用于 ContentProvider 定位资源,无须修改。

主机名或<authority>是授权者名称,用来确定具体由哪个 ContentProvider 提供资源,外部调用者可以根据这个标识找到它。因此,<authority>一般都由类的小写全称组成,以保证唯一性。

路径是数据路径(<data_path>),用来确定请求的是哪个数据集。

如果 ContentProvider 仅提供一个数据集,数据路径则是可以省略的。

如果 ContentProvider 提供多个数据集,数据路径则必须指明具体是哪个数据集。

数据集的数据路径可以写成多段格式,如/wjj /house 和/wjj /tea。<id>是数据编号,用来唯一确定数据集中的一条记录,用来匹配数据集中_ID 字段的值。

如果请求的数据并不只限于一条数据,则<id>可以省略。

Android SDK 推荐的方法是:在提供数据表字段中包含一个 ID,在创建表时 INTEGER PRIMARY KEY AUTOINCREMENT 标识此 ID 字段。

示例如下:

```
wjj/1:表示要操作 wjj 表中 ID 为 1 的记录
wjj/1/name:表示要操作 wjj 表中 ID 为 1 的记录的 name 字段。
/wjj:表示要操作 wjj 表中的所有记录。
```

注意:如上述调用关系中所述,要操作的数据不一定来自数据库,也可以是文件系统、XML 或网络等其他存储方式。例如:要操作 XML 文件中 wjj 节点下的 name 节点,构建的路径为/wjj /name。

如果要把一个字符串转换成 Uri,可以使用 Uri 类中的 parse()方法,如下:

```
Uri uri =Uri.parse("content://com.hisoft. provider.helloprovider/wjj ")
```

2. UriMatcher 类简介

上述 Uri 代表了要操作的数据,需要解析 Uri 并从 Uri 中获取数据。

UriMatcher 类是 Android 系统提供的用于操作 Uri 的工具类。它用于匹配 Uri,用法如下:

1) 注册需要匹配 Uri 路径

```
UriMatcher  sMatcher =new UriMatcher(UriMatcher.NO_MATCH);
//常量 UriMatcher.NO_MATCH 表示不匹配任何路径的返回码
//如果 match()方法匹配 content://com.hisoft. provider.helloprovider/wjj 路径,则返
//回的匹配码为 1
sMatcher.addURI("com.hisoft. provider.helloprovider ", "wjj", 1);
    //添加需要匹配 Uri,如果匹配,就会返回匹配码
    //如果 match()方法匹配 content:// com.hisoft. provider.helloprovider/wjj/1 路
    //径,则返回的匹配码为 2
```

上述代码中,addURI()方法的声明语法如下:

```
public void  addURI  (String authority, String path, int code)
```

authority 表示匹配的授权者名称

path 表示数据路径

♯可以代表任何数字

code 表示返回代码

2) 使用 sMatcher. match(uri)方法对输入的 Uri 进行匹配

如果匹配,就返回匹配码,匹配码是调用 addURI()方法传入的第 3 个参数,假设匹配 content:// com. hisoft. provider. helloprovider/wjj 路径,则返回的匹配码为 1,代码如下:

```
sMatcher.addURI("com.hisoft. provider.helloprovider ", "wjj /#", 2);
                                                          //#号为通配符
switch ( sMatcher. match ( Uri. parse ( " content:// com. hisoft. provider.
helloprovider/wjj /1"))) {
case 1
  break;
case 2
  break;
default:                                                  //不匹配
  break;
}
```

3. ContentUris 类简介

ContentUris 类也是 Android 系统提供的用于操作 Uri 的工具类,用于操作 Uri 路径后的 ID 部分,它有两个比较常用的方法:withAppendedId(uri, id)和 parseId(uri)。

withAppendedId(uri, id)用于为路径加上 ID 部分:

```
Uri uri =Uri.parse("content:// com.hisoft. provider.helloprovider/wjj")
Uri resultUri =ContentUris.withAppendedId(uri, 1);
//生成后的 Uri 为 content:// com.hisoft. provider.helloprovider/wjj/1
```

parseId(uri)方法用于从路径中获取 ID 部分：

```
Uri uri =Uri.parse("content:// com.hisoft. provider.helloprovider/wjj/1")
long personid =ContentUris.parseId(uri);          //获取的结果为:1
```

6.3.3　创建 ContentProvider

创建 ContentProvider 有 3 个步骤。

示例 example6.4：

1. 自定义类继承 ContentProvider，并重载 ContentProvider 的 6 个方法

新创建的自定义类继承 ContentProvider 后，需要重载 6 个方法，代码如下：

```
public class ContentProviderDemo extends ContentProvider{
    public boolean onCreate();       //初始化底层数据集和建立数据连接等工作
    public Uri insert(Uri uri, ContentValues values)?;      // 添加数据集
    public int delete(Uri uri, String selection, String[] selectionArgs);
    //删除数据集
     public int update(Uri uri, ContentValues values, String selection, String[] selectionArgs);                        /* 更新数据集 */
    public Cursor query(Uri uri, String[] projection,String selection, String[] selectionArgs, String sortOrder);        //查询数据集
    public String getType(Uri uri)            // 返回指定 URI 的 MIME 数据类型
}
```

注意：

如果 URI 是单条数据，则返回的 MIME 数据类型应以 vnd. android. cursor. item 开头。

如果 URI 是多条数据，则返回的 MIME 数据类型应以 vnd. android. cursor. dir/开头。

2. 实现 UriMatcher

在新创建的 ContentProvider 类中，通过创建一个 UriMatcher，判断 URI 是单条数据，还是多条数据。通常，为了便于判断和使用 URI，一般将 URI 的授权者名称和数据路径等内容声明为静态常量，并声明 CONTENT_URI。

```
public static final String AUTHORITY =" com.hisoft.helloprovider ";
public static final String PATH_SINGLE ="wjj /#";
public static final String PATH_MULTIPLE ="wjj";
public static final String CONTENT_URI_STRING ="content://" +AUTHORITY +"/" +PATH_MULTIPLE;
public static final Uri   CONTENT_URI =Uri.parse(CONTENT_URI_STRING);
private static final int MULTIPLE_WJJ =1;
private static final int SINGLE_WJJ =2;
```

```
private static final UriMatcher uriMatcher;
static {
  uriMatcher =new UriMatcher(UriMatcher.NO_MATCH);
  uriMatcher.addURI(AUTHORITY, PATH_SINGLE, MULTIPLE_WJJ);
  uriMatcher.addURI(AUTHORITY, PATH_MULTIPLE, SINGLE_WJJ);
}
```

然后，使用 UriMatcher 时，可以直接调用 match() 函数，对指定的 URI 进行判断，代码如下：

```
switch(uriMatcher.match(uri)){
  case MULTIPLE_WJJ:
     //多条数据的处理过程
     break;
  case SINGLE_WJJ:
     //单条数据的处理过程
     break;
  default:
     throw new IllegalArgumentException("非法的 URI:"+uri);
}
```

3. 在 AndroidManifest.xml 文件中注册 ContentProvider

实现完成上述 ContentProvider 类的代码后，需要在 AndroidManifest.xml 文件中进行注册，在＜application＞根节点下添加＜provider＞标签，并设置属性，代码如下：

```
<provider android:name =".HelloProvider"
     android:authorities ="com.hisoft.helloprovider"/>
<!--注册了一个授权者名称为"com.hisoft.helloprovider 的 ContentProvider,其实现类是
HelloProvider-->
```

6.3.4 ContentResolver 操作数据

使用 ContentResolver 类可以完成外部应用对 ContentProvider 中的数据进行添加、删除、修改和查询操作。ContentResolver 对象的创建可以使用 Activity 提供的 getContentResolver()方法。ContentResolver 类的方法如下。

public Uri insert(Uri uri，ContentValues values)：用于向 ContentProvider 添加数据。

public int delete(Uri uri, String selection, String[] selectionArgs)：用于从 ContentProvider 中删除数据。

public int update(Uri uri，ContentValues values, String selection, String[] selectionArgs)：用于更新 ContentProvider 中的数据。

public Cursor query(Uri uri, String[] projection, String selection, String[] selectionArgs, String sortOrder)：用于从 ContentProvider 中获取数据。

这些方法的第一个参数为 Uri，代表要操作的 ContentProvider 和对其中的什么数据进

行操作。示例代码(参见 example6.5)如下：

```
ContentResolver resolver = getContentResolver();
Uri uri =Uri.parse("content:// com.hisoft.helloprovider/wjj ");
//添加一条记录
ContentValues values =new ContentValues();
values.put("name", "John");
values.put("age", 20);
resolver.insert(uri, values);
//获取表中的所有记录
Cursor cursor =resolver.query(uri, null, null, null, "usrid desc");
while(cursor.moveToNext()){
    Log.i("ContentTest", "usrid="+cursor.getInt(0)+",name="+cursor.getString
    (1));
}
//把 ID 为 1 的记录的 name 字段值更改为 lisi
ContentValues updateValues =new ContentValues();
updateValues.put("name", "lisi");
Uri updateIdUri =ContentUris.withAppendedId(uri, 2);
resolver.update(updateIdUri, updateValues, null, null);
//删除 ID 为 2 的记录
Uri deleteIdUri =ContentUris.withAppendedId(uri, 2);
resolver.delete(deleteIdUri, null, null);
```

6.4 项目案例

6.4.1 项目目标

学习 Android 应用存储机制，使用 Android 的 SQLite 数据库编程，完成智能家居系统中的门禁卡的用户数据的创建与管理功能。

用户数据表功能：
(1) 用户信息包括 ID、用户姓名、用户性别、用户卡号。
(2) 通过按钮添加用户信息(用户姓名、用户性别、用户卡号)。
(3) 对用户输入的无效信息进行判断提示。
(4) 通过 ListView 控件显示用户数据表。
(5) 长按 ListView 控件上的用户条目，删除表中的信息。

6.4.2 案例描述

项目案例工程目录如图 6-15 所示。
项目主要程序文件说明见表 6-4。

表 6-4　项目主要程序文件说明

文件名	功　　能
DBHelper.java	数据库操作类文件
Person.java	用户类文件

文 件 名	功 能
MainActivity.java	主界面 Activity 程序
Activity_main.xml	主界面显示布局文件
list_person_layout.xml	用户列表显示布局文件

项目案例中使用到 LinearLayout、RelativeLayout 布局方式，控件使用了 TextView、EditText、Button 以及 ListView，它们之间的结构关系如图 6-16 所示。

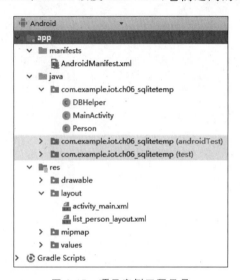

图 6-15 项目案例工程目录

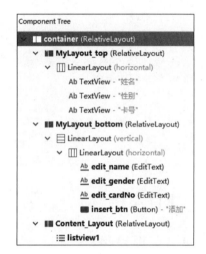

图 6-16 布局方式与控件的结构关系

6.4.3 案例要点

DBHelper 数据库操作类文件继承自 SQLiteOpenHelper，在这个类中通过代码创建用户表。

```
//创建用户表(姓名,性别,卡号) 主键 ID 号
public static final String createTable = "create table Person (" +
    "_id integer primary key autoincrement, " +
    "name text, " +
    "gender text, " +
    "cardNo text)";
```

界面设计编辑图如图 6-17 所示。

6.4.4 案例实施

1. 创建项目工程

首先创建工程项目，应用名称设置为 ch06-SQLiteTemp，其他后继工程的创建步骤可参考第 3 章案例的创建，具体如图 6-18 所示。

第 6 章 Android 应用存储机制

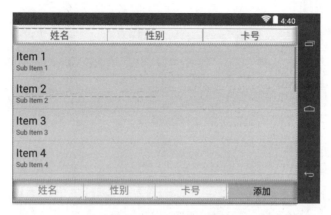

图 6-17　界面设计编辑图

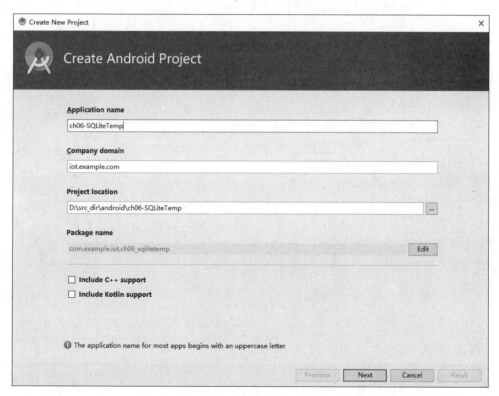

图 6-18　创建项目工程

2. 创建数据库类文件

新建两个 Java 文件，Person.java 文件中是 Person 类的定义，DBHepler.java 文件中是数据库操作类的定义。

创建方式：在工程目录的 app->java->com.example.iot.ch06_sqlitetemp 包名上右击，选择 New->Java Class 命令新建 Java 类文件，在弹出的窗口中输入创建类的相关信息，具体操作如图 6-19 所示。

Person.java 文件代码：

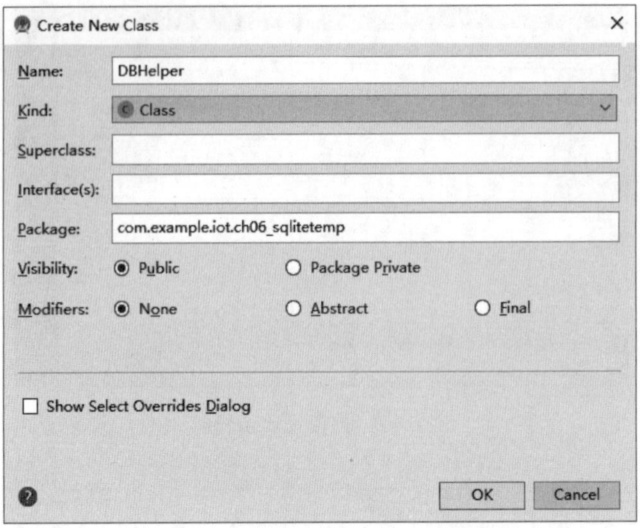

图 6-19 新建类文件对话框

```
package com.example.iot.ch06_sqlitetemp;

public class Person {
    public int id;
    public String name;
    public String gender;
    public String cardNo;

    public Person() {
    }

    public Person(String name, String gender, String cardNo) {
        this.name =name;
        this.gender =gender;
        this.cardNo =cardNo;
    }
    public Person(String name, String gender, String cardNo, int id) {
        this.name =name;
        this.gender =gender;
        this.cardNo =cardNo;
        this.id =id;
    }
    public int getId(){
        return id;
    }

    public void setId(int id){
        this.id =id;
    }
    public String getName(){
```

第 6 章　Android 应用存储机制

```java
        return name;
    }

    public void setName(String name){
        this.name =name;
    }

    public String getGender(){
        return gender;
    }

    public void setGender(String gender){
        this.gender =gender;
    }

    public String getCardNo(){
        return cardNo;
    }

    public void setCardNo(String cardNo){
        this.cardNo =cardNo;
    }
    @Override
    public String toString() {
        return "Person{" +
                "id=" +id +
                ", name=" +name +
                ", gender=" +gender +
                ", cardNo=" +cardNo +
                '}';
    }
}
```

DBHepler.java 文件代码：

```java
package com.example.iot.ch06_sqlitetemp;

import android.content.Context;
import android.database.sqlite.SQLiteDatabase;
import android.database.sqlite.SQLiteDatabase.CursorFactory;
import android.database.sqlite.SQLiteOpenHelper;
import android.widget.Toast;

//添加自定义类 继承 SQLiteOpenHelper
public class DBHelper extends SQLiteOpenHelper {

    public Context mContext;
    //创建用户表(姓名,性别,卡号) 主键 ID 号
    public static final String createTable ="create table Person (" +
```

```
            "_id integer primary key autoincrement, " +
            "name text, " +
            "gender text, " +
            "cardNo text)";

    //抽象类必须定义显示的构造函数 重写方法
    public DBHelper(Context context, String name, CursorFactory factory,
                int version) {
        super(context, name, factory, version);
        mContext = context;
    }

    @Override
    public void onCreate(SQLiteDatabase arg0) {
        // 自动生成方法(空函数)
        arg0.execSQL(createTable);
        Toast.makeText(mContext, "Created", Toast.LENGTH_SHORT).show();
    }

    @Override
    public void onUpgrade(SQLiteDatabase arg0, int arg1, int arg2) {
        // 自动生成方法(空函数)
        arg0.execSQL("drop table if exists Person");
        onCreate(arg0);
        Toast.makeText(mContext, "Upgraged", Toast.LENGTH_SHORT).show();
    }
}
```

3. 界面布局文件的设计

界面布局文件有两个：Activity_main.xml 主界面显示布局文件；list_person_layout.xml 用户列表显示布局文件。

Activity_main.xml 主界面显示布局文件代码：

```
<?xml version="1.0" encoding="utf-8"?>

<RelativeLayout xmlns:android="http://schemas.android.com/apk/res/android"
    xmlns:tools="http://schemas.android.com/tools"
    android:id="@+id/container"
    android:layout_width="match_parent"
    android:layout_height="match_parent"
    tools:context=".MainActivity"
    tools:ignore="MergeRootFrame" >
    <!--顶部 -->
    <RelativeLayout
        android:id="@+id/MyLayout_top"
        android:orientation="horizontal"
        android:layout_width="fill_parent"
```

```xml
        android:layout_height="40dp"
        android:layout_alignParentTop="true" >
    <!--标题 -->
    <LinearLayout
        android:orientation="horizontal"
        android:layout_width="fill_parent"
        android:layout_height="fill_parent"
        android:gravity="center" >

        <TextView
            android:layout_width="wrap_content"
            android:layout_height="wrap_content"
            android:layout_weight="1"
            android:gravity="center"
            android:textSize="20sp"
            android:text="姓名" />
        <TextView
            android:layout_width="wrap_content"
            android:layout_height="wrap_content"
            android:layout_weight="1"
            android:gravity="center"
            android:textSize="20sp"
            android:text="性别" />
        <TextView
            android:layout_width="wrap_content"
            android:layout_height="wrap_content"
            android:layout_weight="1"
            android:gravity="center"
            android:textSize="20sp"
            android:text="卡号" />
    </LinearLayout>
</RelativeLayout>
<!--底部按钮 -->
<RelativeLayout
    android:id="@+id/MyLayout_bottom"
    android:orientation="horizontal"
    android:layout_width="fill_parent"
    android:layout_height="45dp"
    android:layout_alignParentBottom="true"
    android:gravity="center">
    <LinearLayout
        android:orientation="vertical"
        android:layout_width="fill_parent"
        android:layout_height="fill_parent"
        android:layout_alignParentBottom="true" >
        <LinearLayout
            android:orientation="horizontal"
            android:layout_width="fill_parent"
            android:layout_height="40dp"
            android:gravity="center" >
```

```xml
            <EditText
                android:id="@+id/edit_name"
                android:layout_width="wrap_content"
                android:layout_height="wrap_content"
                android:layout_weight="1"
                android:gravity="center"
                android:textSize="20sp"
                android:hint="姓名" />
            <EditText
                android:id="@+id/edit_gender"
                android:layout_width="wrap_content"
                android:layout_height="wrap_content"
                android:layout_weight="1"
                android:gravity="center"
                android:textSize="20sp"
                android:hint="性别" />
            <EditText
                android:id="@+id/edit_cardNo"
                android:layout_width="wrap_content"
                android:layout_height="wrap_content"
                android:layout_weight="1"
                android:gravity="center"
                android:textSize="20sp"
                android:hint="卡号" />
            <Button
                android:id="@+id/insert_btn"
                android:layout_width="wrap_content"
                android:layout_height="match_parent"
                android:layout_weight="1"
                android:text="添加" />
        </LinearLayout>

    </LinearLayout>
</RelativeLayout>
<!--显示列表-->
<RelativeLayout
    android:id="@+id/Content_Layout"
    android:orientation="horizontal"
    android:layout_width="fill_parent"
    android:layout_height="fill_parent"
    android:layout_above="@id/MyLayout_bottom"
    android:layout_below="@id/MyLayout_top"
    android:background="#EFDFDF" >
    <!--显示表内容 -->
    <ListView
        android:id="@+id/listview1"
        android:layout_width="match_parent"
        android:layout_height="wrap_content"
        android:gravity="center" >
    </ListView>
```

```
</RelativeLayout>
</RelativeLayout>
```

list_person_layout.xml 用户列表显示布局文件需要新建,在 layout 目录上右击,新建 Layout resource file,如图 6-20 所示。

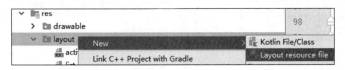

图 6-20 新建 Layout resource file

在弹出的新建对话框中输入文件相关信息,如图 6-21 所示。

图 6-21 设置文件相关信息

list_person_layout.xml 文件代码:

```
<?xml version="1.0" encoding="utf-8"?>
<LinearLayout xmlns:android="http://schemas.android.com/apk/res/android"
    android:layout_width="match_parent"
    android:layout_height="match_parent"
    android:orientation="horizontal" >
    <TextView
        android:id="@+id/name"
        android:layout_width="wrap_content"
        android:layout_height="wrap_content"
        android:layout_weight="1"
        android:textSize="20sp" />
    <TextView
        android:id="@+id/gender"
```

```xml
        android:layout_width="wrap_content"
        android:layout_height="wrap_content"
        android:layout_weight="1"
        android:textSize="20sp" />
    <TextView
        android:id="@+id/cardNo"
        android:layout_width="wrap_content"
        android:layout_height="wrap_content"
        android:layout_weight="1"
        android:textSize="20sp" />
</LinearLayout>
```

4. 主活动文件

通过游标查询每条数据，操作适配器 SimpleAdapter 进行数据绑定，接着通过 While 遍历，并通过 list.add(map) 在 ListView 中添加项目，最终显示。

用户数据的删除功能是通过 ListView 控件的 onItemLongClick() 方法对用户表中的数据进行删除。

MainActivity.java 代码：

```java
package com.example.iot.ch06_sqlitetemp;

import android.app.Activity;
import android.content.ContentValues;
import android.database.Cursor;
import android.database.sqlite.SQLiteDatabase;
import android.os.Bundle;
import android.view.View;
import android.widget.AdapterView;
import android.widget.Button;
import android.widget.EditText;
import android.widget.ListView;
import android.widget.SimpleAdapter;
import android.widget.Toast;

import java.util.ArrayList;
import java.util.HashMap;
import java.util.List;
import java.util.Map;

public class MainActivity extends Activity {
    private static String TAG = "smartapp_MainActivity";

    private DBHelper dbHelper;
    private ListView listview;
    private SQLiteDatabase db;
    private ContentValues values;
```

```java
private EditText nameET;
private EditText genderET;
private EditText cardNoET;
private Button insertBtn;

List<Map<String, Object>> list;
SimpleAdapter adapter;

@Override
protected void onCreate(Bundle savedInstanceState) {
    super.onCreate(savedInstanceState);
    setContentView(R.layout.activity_main);

    nameET = (EditText) findViewById(R.id.edit_name);
    genderET = (EditText) findViewById(R.id.edit_gender);
    cardNoET = (EditText) findViewById(R.id.edit_cardNo);

    dbHelper = new DBHelper(this, "person.db", null, 1);
    //得到一个可读的 SQLiteDatabase 对象
    db = dbHelper.getWritableDatabase();

    listview = (ListView) findViewById(R.id.listview1);
    listview.setOnItemLongClickListener(new AdapterView.OnItemLongClickListener()
    {
      @Override
      public boolean onItemLongClick(AdapterView<?> arg0, View arg1, int
      arg2, long arg3) {
          // TODO Auto-generated method stub
          String no = (String) list.get(arg2).get("cardNo");
          String whereClauses = "cardNo="+no;
          //调用 delete()方法,删除数据
          db.delete("Person", whereClauses, null);

          list.remove(arg2);
          adapter.notifyDataSetChanged();
          Toast.makeText(MainActivity.this, "第" + (arg2+1) + "行已删除",
          Toast.LENGTH_SHORT).show();
          return true;
      }
});

//游标查询每条数据
Cursor cursor = db.query("Person", null, null, null, null, null, null);
//定义 list 存储数据
list = new ArrayList<Map<String, Object>>();
//适配器 SimpleAdapter 数据绑定
//错误:构造函数 SimpleAdapter 未定义 需把 this 修改为 MainActivity.this
adapter = new SimpleAdapter(this, list, R.layout.list_person_layout,
        new String[]{"name", "gender", "cardNo"},
        new int[]{R.id.name, R.id.gender, R.id.cardNo});
```

```
            //读取数据 游标移到下一行
            while(cursor.moveToNext()) {
                Map<String, Object>map =new HashMap<String, Object>();
                map.put( "name", cursor.getString(cursor.getColumnIndex("name")) );
                map.put( "gender", cursor.getString(cursor.getColumnIndex
                    ("gender")) );
                map.put( "cardNo", cursor.getString(cursor.getColumnIndex
                    ("cardNo")) );
                list.add(map);
            }
            cursor.close();
            listview.setAdapter(adapter);

            insertBtn =(Button) findViewById(R.id.insert_btn);
            insertBtn.setOnClickListener(new View.OnClickListener() {
                @Override
                public void onClick(View v) {

                    //db =sqlHelper.getWritableDatabase();
                    values =new ContentValues();
                    String name =nameET.getText().toString().trim();
                    String gender =genderET.getText().toString().trim();
                    String no =cardNoET.getText().toString().trim();
                    if (name.length()==0 || no.length()==0) {
                        Toast.makeText(MainActivity.this, "姓名和卡号不能为空!",
                            Toast.LENGTH_SHORT).show();
                        return;
                    }
                    Cursor cursor =db.query("Person", new String[]{"cardNo"}, "cardNo
                        ="+no, null,null,null,null);
                    if (cursor.getCount() >0) {
                        Toast.makeText(MainActivity.this, "卡号已存在!", Toast.LENGTH
                            _SHORT).show();
                        return;
                    }
                    values.put("name", name);
                    values.put("gender", gender);
                    values.put("cardNo", no);

                    db.insert("Person", null, values);

                    Map<String, Object>map =new HashMap<String, Object>();
                    map.put( "name", name );
                    map.put( "gender", gender);
                    map.put( "cardNo", no);
                    list.add(map);
                    adapter.notifyDataSetChanged();

                    nameET.setText("");
                    genderET.setText("");
```

```
            cardNoET.setText("");
        }
    });
}

protected void onDestroy(){
    super.onDestroy();
}

}
```

5. 项目运行调试

程序编译成功后，运行界面如图 6-22 所示。

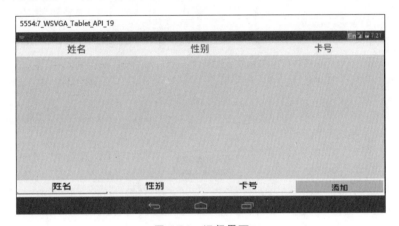

图 6-22　运行界面

在模拟器与调试终端设备上输入用户信息，ListView 会显示数据库中的相关信息，如图 6-23 所示。

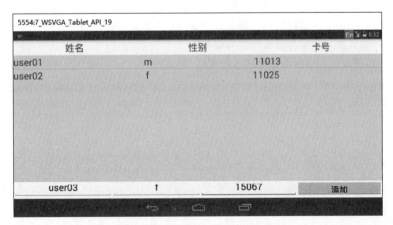

图 6-23　数据库中的相关信息

输入用户信息时，如果输入信息无效，就会进行提示，如图 6-24 所示。
在界面上长按要删除的用户条目，可以从数据库中删除对应数据，效果如图 6-25 所示。

图 6-24　输入无效信息界面提示

图 6-25　删除用户信息

1. SharedPreferences 访问模式有几种，它们分别是什么？
2. SharedPreferences 读取应用程序和其他应用程序的区别是什么？
3. Android 系统支持的文件操作模式有哪些？
4. SQLite 数据库体系结构由哪些部分组成？

第 7 章 Android 图形与网络

7.1 动态图形绘制及图形特效

7.1.1 系统动态图形绘制

1. 动态图形绘制类简介

如何动态绘制图形呢？首先看在 Android 中如何绘制图形。其实，Android 中涉及的工具类都很形象。试想真正画一张画需要哪些东西？首先需要一张画布，即 Android 中的 Canvas；其次还需要画笔，即 Android 中的 Paint；再次需要不同的颜色，即 Android 中的 Color。接下来，如果要画线，还需要连接路径，即 Android 中的 Path。还可以借助工具直接画出各种图形，如圆、椭圆、矩形等，即 Android 中的 ShapeDrawable 类。当然，它还有很多子类，如 OvalShape（椭圆）、RectShape（矩形）等。

1) Canvas

Canvas 就是我们说的画布，位于 android.graphics 包中，提供了一些画各种图形的方法，如矩形、圆、椭圆等。Canvas 的方法说明见表 7-1。

表 7-1 Canvas 的方法说明

方 法 名 称	方 法 描 述
drawText(String text, float x, float y, Paint paint)	以(x,y)为起始坐标，使用 paint 绘制文本
drawPoint(float x, float y, Paint paint)	在坐标(x,y)上使用 paint 画点
drawLine(float startX, float startY, float stopX, float stopY, Paint paint)	以(startX, startY)为起始坐标点，(stopX, stopY)为终止坐标点，使用 paint 画线
drawCircle(float cx, float cy, float radius, Paint paint)	以(cx, cy)为原点，radius 为半径，使用 paint 画圆
drawOval(RectF oval, Paint paint)	使用 paint 画矩形 oval 的内切椭圆

续表

方法名称	方法描述
drawRect(RectF rect,Paint paint)	使用 paint 画矩形 rect
drawRoundRect(RectF rect,float rx,float ry,Paint paint)	画圆角矩形
clipRect(float left,float top,float right,float bottom)	剪辑矩形
clipRegion(Region region)	剪辑区域

2) Paint

Paint 是涂料的意思,用来描述图形的颜色和风格,如线宽、颜色、字体等信息。Paint 位于 android.graphics 包中。Paint 的方法说明见表 7-2。

表 7-2 Paint 的方法说明

方法名称	方法描述
Paint()	构造方法,使用默认设置
setColor(int color)	设置颜色
setStrokeWidth(float width)	设置线宽
setTextAlign(Paint.Align align)	设置文字对齐
setTextSize(float textSize)	设置文字尺寸
setShader(Shader shader)	设置渐变
setAlpha(int a)	设置 Alpha 值
reset()	复位 Paint 默认设置

3) Color

Color 类定义了一些颜色变量和一些创建颜色的方法。颜色一般使用 RGB 三原色定义。Color 位于 android.graphics 包中,其常用属性和方法描述见表 7-3。

表 7-3 Color 的方法说明

常用属性	方法描述	常用属性	方法描述
BLACK	黑色	LIGRAY	浅灰色
BLUE	蓝色	MAGENTA	紫色
CYAN	青色	RED	红色
DKGRAY	深灰色	TRANSPARENT	透明
GRAY	灰色	WHITE	白色
GREEN	绿色	YELLOW	黄色

4) Path

当想画一个圆的时候,只确定圆心(点)和半径就可以了。那么,如果要画一个梯形呢?这里需要有点和连线。Path 一般用来从一点移动到另一个点连线。Path 位于 android.graphics 包中,其方法说明见表 7-4。

表 7-4 Path 的方法说明

方 法 名 称	方 法 描 述
lineTo(float x,float y)	从最后点到指定点画线
moveTo(float x,float y)	移动到指定点
reset()	复位

2. 动态图形绘制的基本思路

动态图形绘制的基本思路是：创建一个类继承 View 类(或者继承 SurfaceView 类)。覆盖 onCreate()方法,使用 Canvas 对象在界面上绘制不同的图形,使用 invalidate()方法刷新界面。下面通过一个弹球实例讲述动态图形绘制的基本思路。该实例是在界面上动态绘制一个小球,当小球触顶或者触底时自动改变方向继续运行。实例步骤如下。

(1) 创建一个 Android 工程,入口 Activity 的名称为 MainActivity。MainActivity 的代码(example7.1)如下所示：

```
package cn.com.farsight.draw;
import android.app.Activity;
import android.content.Context;
import android.graphics.Canvas;
import android.graphics.Color;
import android.graphics.Paint;
import android.os.Bundle;
import android.os.Handler;
import android.os.Message;
import android.util.AttributeSet;
import android.view.View;
public class MainActivity extends Activity {
/** Called when the activity is first created. */
@Override
public void onCreate(Bundle savedInstanceState) {
        super.onCreate(savedInstanceState);
}
}
```

(2) 在 MainActivity 类中创建一个 MyView 内部类,该类实现 Runnable 接口支持多线程。在 onDraw()方法中,定义 Paint 画笔并设置画笔颜色,使用 Canvas 的 drawCircle()方法画圆。定义一个 update()方法,用于更新 Y 坐标。定义一个消息处理器类 RefreshHandler,它继承 Handler 并覆盖 handleMessage()方法,在该方法中处理消息。在线程的 run()方法中设置并发送消息。在构造方法中启动线程。

```
class MyView extends View implements Runnable{
    //图形当前坐标
    private int x=20,y=20;
    //构造方法
  public MyView(Context context, AttributeSet attrs) {
```

```java
        super(context, attrs);
        // TODO Auto-generated constructor stub
        //获得焦点
        setFocusable(true);
        //启动线程
        new Thread(this).start();
    }
    @Override
    public void run() {
        RefreshHandler mRedrawHandler =new RefreshHandler();
        while(!Thread.currentThread().isInterrupted()){
            //通过发送消息更新界面
            Message m =new Message();
            m.what =0x101;
            mRedrawHandler.sendMessage(m);
            try {
            Thread.sleep(100);
            } catch (InterruptedException e) {
            e.printStackTrace();
            }
        }
    }
    @Override
    protected void onDraw(Canvas canvas) {
        super.onDraw(canvas);              //实例化画笔
        Paint p =new Paint();              //设置画笔颜色
        p.setColor(Color.GREEN);           //画图
        canvas.drawCircle(x, y, 10, p);
    }
    //更新界面处理器
    class RefreshHandler extends Handler{
        @Override
        public void handleMessage(Message msg) {
            if(msg.what==0x101){
            MyView.this.update();
            MyView.this.invalidate();
            }
            super.handleMessage(msg);
        }
    }
    //更新坐标
    private void update(){
        int h=getHeight();
        y+=5;
        if(y>=h){
        y=20;
        }
    }
}
```

（3）在 MainActivity 类的 onCreate（）方法中实例化 MyView 类，并将其设置为 Activity 的内容视图。

```java
public void onCreate(Bundle savedInstanceState) {
    super.onCreate(savedInstanceState);
    MyView v = new MyView(this,null);
    setContentView(v);
}
```

3. 绘制几何图形

下面的实例演示了如何使用这些类画出一些常见的几何图形。程序步骤说明如下。
(1) 创建一个 Activity。
(2) 创建 Activity 的内部类 MyView 继承 View。
(3) 覆盖 View 的 onDraw()方法。
(4) 在 onDraw()方法中创建 Paint 对象、Path 对象，设置 Canvas 属性，画出各种图形。
(5) 在 Activity 的 onCreate()方法中实例化 MyView，调用 Activity 的 setContentView() 方法，将其设置为当前视图，代码见 example7.2：

```java
package cn.com.farsight.drawDemo;
import android.app.Activity;
import android.content.Context;
import android.graphics.Canvas;
import android.graphics.Color;
import android.graphics.LinearGradient;
import android.graphics.Paint;
import android.graphics.Path;
import android.graphics.RectF;
import android.graphics.Shader;
import android.os.Bundle;
import android.view.View;
public class MainActivity extends Activity {
    @Override
    public void onCreate(Bundle savedInstanceState) {
        super.onCreate(savedInstanceState);
        setContentView(new MyView(this));
    }
    //自定义视图类
    private class MyView extends View{
        public MyView(Context context){
            super(context);
        }
        @Override
        protected void onDraw(Canvas canvas) {
            super.onDraw(canvas);
```

```
canvas.drawColor(Color.WHITE);                          //设置 Canvas 颜色
Paint paint =new Paint();                               //实例化 Paint
paint.setAntiAlias(true);
paint.setColor(Color.RED);                              //设置画笔颜色
paint.setStyle(Paint.Style.STROKE);                     //设置画笔样式
paint.setStrokeWidth(3);                                //设置画笔粗细
canvas.drawCircle(40, 40, 30, paint);                   //画圆
canvas.drawRect(10, 90, 70,150, paint);                 //画矩形(正方形)
canvas.drawRect(10, 170, 70,200, paint);                //画矩形
RectF re =new RectF(10,220,70,250);                     //声明矩形
canvas.drawOval(re, paint);                             //画椭圆

//画三角形
Path path =new Path();                                  //实例化路径
path.moveTo(10, 330);                                   //移动到指定点
path.lineTo(70,330);                                    //画线
path.lineTo(40, 270);                                   //画线
path.close();                                           //关闭路径
canvas.drawPath(path, paint);                           //画路径

//画梯形
Path path1 =new Path();                                 //实例化路径
path1.moveTo(10, 410);                                  //移动到指定点
path1.lineTo(70, 410);                                  //画线
path1.lineTo(55, 350);                                  //画线
path1.lineTo(25, 350);                                  //画线
path1.close();                                          //关闭路径

canvas.drawPath(path1, paint);                          //画路径
paint.setStyle(Paint.Style.FILL);                       //设置样式
paint.setColor(Color.BLUE);                             //设置颜色
canvas.drawCircle(120, 40, 30, paint);                  //画圆
canvas.drawRect(90, 90, 150, 150, paint);               //画矩形(正方形)
canvas.drawRect(90, 170, 150, 200, paint);              //画矩形
RectF re2 =new RectF(90,220,150,250);                   //实例化矩形
canvas.drawOval(re2, paint);                            //画椭圆

//画三角形
Path path2 =new Path();                                 //实例化路径
path2.moveTo(90, 330);                                  //移动到指定点
path2.lineTo(150, 330);                                 //画线
path2.lineTo(120, 270);                                 //画线
path2.close();                                          //关闭路径
canvas.drawPath(path2, paint);                          //画路径

//画梯形
Path path3 =new Path();                                 //实例化路径

path3.moveTo(90, 410);                                  //移动到指定点
path3.lineTo(150, 410);                                 //画线
```

```
        path3.lineTo(135, 350);                              //画线
        path3.lineTo(105, 350);                              //画线
        path3.close();                                       //关闭路径
        canvas.drawPath(path3, paint);                       //画路径

        Shader mShader = new LinearGradient(0,0,100,100,new int[]
    {Color.RED,Color.GREEN,Color.BLUE,Color.YELLOW},
    null,Shader.TileMode.REPEAT);                            //线性渲染
        paint.setShader(mShader);                            //为paint设置线性渲染
        canvas.drawCircle(200, 40, 30, paint);               //画圆
        canvas.drawRect(170, 90, 230, 150, paint);           //画矩形(正方形)
        canvas.drawRect(170, 170, 230, 200, paint);          //画矩形
        RectF re3 = new RectF(170,220,230,250);              //矩形
        canvas.drawOval(re3, paint);                         //画椭圆

        //画三角形
        Path path4 = new Path();                             //实例化路径
        path4.moveTo(170, 330);                              //移动到指定点
        path4.lineTo(230, 330);                              //画线
        path4.lineTo(200, 270);                              //画线
        path4.close();                                       //关闭路径
        canvas.drawPath(path4, paint);                       //画路径

        //画梯形
        Path path5 = new Path();                             //实例化路径
        path5.moveTo(170, 410);                              //移动到指定点
        path5.lineTo(230, 410);                              //画线
        path5.lineTo(215, 350);                              //画线
        path5.lineTo(185, 350);                              //画线
        path5.close();                                       //关闭路径
        canvas.drawPath(path5, paint);                       //画路径

    paint.setTextSize(24);                                   //设置文本大小
        canvas.drawText(getResources().getString(R.string.str_text1), 240, 50,
        paint);         //写文本
        canvas.drawText(getResources().getString(R.string.str_text2), 240, 120,
        paint);         //写文本
        canvas.drawText(getResources().getString(R.string.str_text3), 240, 190,
        paint);         //写文本
        canvas.drawText(getResources().getString(R.string.str_text4), 240, 250,
        paint);         //写文本
        canvas.drawText(getResources().getString(R.string.str_text5), 240, 320,
        paint);         //写文本
        canvas.drawText(getResources().getString(R.string.str_text6), 240, 390,
        paint);         //写文本
    }
}
```

程序运行结果如图7-1所示。

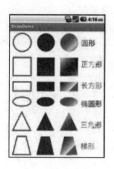

图 7-1　程序运行效果

7.1.2　图形特效

1. 使用 Matrix 实现图形的旋转、缩放和平移

Android 图形 API 中提供了一个 Matrix 矩形类,该类具有一个 3×3 的矩阵坐标。通过该类可以实现图形的旋转、平移和缩放。Matrix 的方法说明见表 7-5。

表 7-5　Matrix 的方法说明

方　法　名　称	方　法　描　述
void reset()	重置一个 matrix 对象
void set(Matrix src)	复制一个源矩阵,与构造方法 Matrix(Matrix src)一样
boolean isIdentity()	返回这个矩阵是否定义
void setRotate(float degrees)	指定一个角度以(0,0)为坐标进行旋转
void setRotate(float degrees, float px, float py)	指定一个角度以(px,py)为坐标进行旋转
void serScale(float sx, float sy)	缩放处理
void serScale(float sx, float sy, float px, float py)	以坐标(px,py)进行缩放
void setTranslate(float dx, float dy)	平移
void setSkew(float kx, float ky)	倾斜处理
void setSkew(float kx, float ky, float px, float py)	以坐标(px,py)进行倾斜

下面通过一个实例演示 Matrix 的具体应用。在本实例中,首先自定义一个 View 类,该类中拥有一个 Bitmap 和 Matrix 实例,Bitmap 实例从系统资源加载一张图片,覆盖 View 类的 onDraw()方法,在该方法中,通过 reset()方法初始化 Matrix,并设置其旋转或缩放属性,使用 Canvas 的 drawBitmap()方法将 Bitmap 重新绘制在视图中。通过键盘事件 onKeyDown()实现旋转属性和缩放属性的改变,调用 postInvalidate()方法重新绘制 Bitmap。实例步骤说明(example7.3)如下:

(1) 创建一个 Android 工程 GraphicMatrix,入口 Activity 的名称为 MainActivity。

```
package cn.com.farsight.graphicMatrix;
import android.app.Activity;
```

```java
import android.content.Context;
import android.graphics.Bitmap;
import android.graphics.BitmapFactory;
import android.graphics.Canvas;
import android.graphics.Matrix;
import android.os.Bundle;
import android.view.KeyEvent;
import android.view.View;
public class MainActivity extends Activity {
    /** Called when the activity is first created. */
    @Override
    public void onCreate(Bundle savedInstanceState) {
        super.onCreate(savedInstanceState);
    }
}
```

（2）在该工程的 res/drawable/ 目录下添加一张图片资源 girl.jpg。

（3）在 MainActivity 中定义一个内部类 MyView 继承 View。在该类的顶部声明使用的变量，在构造方法中初始化变量，覆盖 onDraw() 方法和 onKeyDown() 方法。

```java
class MyView extends View{
    private Bitmap bm;                              //位图实例
    private Matrix matrix =new Matrix();            //Matrix 实例
    private float angle =0.0f;                      //旋转角度
    private int w,h;                                //位图的宽和高
    private float scale =1.0f;                      //缩放比例
    private boolean isScale =false;                 //判断是缩放,还是旋转

    //构造方法
    public MyView(Context context) {
        super(context);
        bm =BitmapFactory.decodeResource(this.getResources(), R.drawable.girl);
                                                    //获得位图
        w =bm.getWidth();                           //获得位图宽
        h =bm.getHeight();                          //获得位图高
        this.setFocusable(true);                    //使当前视图获得焦点
    }
    @Override
    protected void onDraw(Canvas canvas) {
        super.onDraw(canvas);
        matrix.reset();                             //重置 Matrix
        if(!isScale){
            matrix.setRotate(angle);                //旋转 Matrix
        }
        else{
            matrix.setScale(scale, scale);          //缩放 Matrix
        }
```

```
        Bitmap bm2 =Bitmap.createBitmap(bm, 0, 0, w, h,matrix, true);
//根据原始位图和Matrix创建新视图
        canvas.drawBitmap(bm2, matrix, null);    //绘制新视图
}
@Override
public boolean onKeyDown(int keyCode, KeyEvent event) {
// TODO Auto-generated method stub
//向左旋转
if(keyCode ==KeyEvent.KEYCODE_DPAD_LEFT){
isScale =false;
angle++;
postInvalidate();
}
//向右旋转
if(keyCode ==KeyEvent.KEYCODE_DPAD_RIGHT){
isScale =false;
angle--;
postInvalidate();
}
//放大
if(keyCode ==KeyEvent.KEYCODE_DPAD_UP){
isScale =true;
if(scale <2.0)
scale +=0.1;
postInvalidate();
}
  //缩小
  if(keyCode ==KeyEvent.KEYCODE_DPAD_DOWN){
     isScale =true;
        if(scale >0.5)
     scale -=0.1;
     postInvalidate();
  }
    return super.onKeyDown(keyCode, event);
}
```

（4）在MainActivity的onCreate()方法中实例化MyView并将其设置为当前Activity的视图内容。

```
public void onCreate(Bundle savedInstanceState) {
super.onCreate(savedInstanceState);
MyView myView =new MyView(MainActivity.this);
setContentView(myView);                    //设置当前视图布局
}
```

2. Bitmap 和 BitmapFactory

Bitmap代表一张位图，扩展名可以是.bmp或者.dib。位图是Windows标准格式图形文件，它将图像定义为由点（像素）组成，每个点可以由多种色彩表示，包括2、4、8、16、24位

和 32 位色彩。例如，一幅 1024 像素×768 像素的 32 位真彩图片，其所占存储字节数为 1024×768×32/8＝3072(KB)，虽然位图文件图像效果好，但其是非压缩格式的，需要占用较大的存储空间，不利于在网络上传送。Android 系统中。Bitmap 是图像处理最重要的中转类之一，用它可以获取图像文件信息，借助 Matrix 进行图像剪切、旋转、缩放等操作，再以指定格式保存图像文件。

通常，构造一个类的对象都可以通过其对应的构造方法实现。然而，Bitmap 是采用了工厂的设计模式，所以一般不会直接调用构造方法。

(1) Bitmap 的静态方法说明见表 7-6。

表 7-6 Bitmap 的静态方法说明

方法名（只列出部分方法）	用 法 说 明
createBitmap(Bitmap src)	复制位图
createBitmap(Bitmap src, int x, int y, int w, int h)	从源位图 src 的指定坐标(x,y)开始，截取宽 w、高 h 的部分，用于创建新的位图对象
createScaledBitmap(Bitmap src, int w, int h, boolean filter)	将源位图 src 缩放成宽为 w、高为 h 的新位图
createBitmap(int w, int h, Bitmap.Config config)	创建一个宽 w、高 h 的新位图(config 为位图的内部配置枚举类)
createBitmap(Bitmap src, int x, int y, int w, int h, Matrix m, boolean filter)	从源位图 src 的指定坐标(x,y)开始，截取宽 w、高 h 的部分，按照 Matrix 变换创建新的位图对象

(2) BitmapFactory 工厂类的参数及解释说明见表 7-7。

表 7-7 BitmapFactory 工厂类的参数及解释说明

方法名（只列出部分方法）	参数及解释
decodeByteArray(byte[] data, int offset, int length)	从指定字节数组的 offset 位置开始，将长度为 length 的数据解析成位图
decodeFile(String pathName)	从 pathName 对应的文件解析成的位图对象
decodeFileDescriptor(FileDescriptor fd)	从 FileDescriptor 中解析成的位图对象
decodeResource(Resource res, int id)	根据给定的资源 ID 解析成位图
decodeStream(InputStream in)	把输入流解析成位图

7.1.3 Android 自绘控件

自绘控件，顾名思义就是控件所展示的内容都是自己绘制上去的。所有的绘制操作都是在 onDraw()方法中进行的，当然，这个自定义控件都是 View 的直接子类，如最常使用的 TextView、ImageView 就是 View 的直接子类，也可视作自绘控件，所有的绘图操作也都是在自己的 onDraw()中。自绘控件的步骤为：

(1) 编写自定义属性的 XML 文件。
(2) 继承 View 类重写构造方法，获取自定义属性。
(3) 重写 onMeasure()方法，测量控件的宽、高并设置。

(4) 重写 onDraw()方法,绘制控件。

(5) 设置事件。

下面实现一个简单的计数器,每单击它一次,计数值就加 1 并显示出来。

示例 example7.4：

(1) 创建 CounterView 类,继承自 View,实现 OnClickListener 接口：

```java
public class CounterView extends View implements OnClickListener {

    //定义画笔
    private Paint mPaint;
    //用于获取文字的宽和高
    private Rect mBounds;
    //计数值,每单击一次本控件,其值增加 1
    private int mCount;

    public CounterView(Context context, AttributeSet attrs) {
        super(context, attrs);

        //初始化画笔、Rect
        mPaint = new Paint(Paint.ANTI_ALIAS_FLAG);
        mBounds = new Rect();
        //本控件的单击事件
        setOnClickListener(this);
    }

    @Override
    protected void onDraw(Canvas canvas) {
        super.onDraw(canvas);

        mPaint.setColor(Color.BLUE);
        //绘制一个填充色为蓝色的矩形
        canvas.drawRect(0, 0, getWidth(), getHeight(), mPaint);

        mPaint.setColor(Color.YELLOW);
        mPaint.setTextSize(50);
        String text = String.valueOf(mCount);
        //获取文字的宽和高
        mPaint.getTextBounds(text, 0, text.length(), mBounds);
        float textWidth = mBounds.width();
        float textHeight = mBounds.height();

        //绘制字符串
        canvas.drawText(text, getWidth() / 2 - textWidth / 2, getHeight() / 2
                + textHeight / 2, mPaint);
    }

    @Override
    public void onClick(View v) {
```

```
        mCount ++;
        // 重绘
        invalidate();
    }
}
```

(2) 定义布局文件：

```
<LinearLayout xmlns:android="http://schemas.android.com/apk/res/android"
    android:id="@+id/main_layout"
    android:layout_width="match_parent"
    android:layout_height="match_parent"
    android:orientation="vertical" >
    <com.example.test.CounterView
        android:id="@+id/counter_view"
        android:layout_width="100dp"
        android:layout_height="100dp"
        android:layout_gravity="center_horizontal|top"
        android:layout_margin="20dp" />
</LinearLayout>
```

(3) 程序运行效果如图 7-2 所示：

图 7-2　程序运行效果

7.2　Android 网络编程

7.2.1　Socket 传输模式

Socket 又称套接字，在程序内部提供了与外界通信的端口，即端口通信。通过建立 Socket 连接，可为通信双方的数据传输提供通道。Socket 是一种抽象层，应用程序通过它发送和接收数据，使用 Socket 可以将应用程序添加到网络中，与处于同一网络中的其他应用程序进行通信。简单来说，Socket 提供了程序内部与外界通信的端口并为通信双方提供了数据传输通道。

根据不同的底层协议，Socket 的实现是多样化的。本文只介绍 TCP/IP 和 UDP 的通信，TCP/IP 协议簇中主要的 Socket 类型为流套接字（Stream Sockets）和数据报套接字（Datagram Sockets）。流套接字将 TCP 作为其端对端协议，提供了一个可信赖的字节流服务。数据报套接字使用 UDP 提供数据打包发送服务。

Socket 通信中基于 TCP/IP 的通信则是在双方建立连接后就可以直接进行数据的传输,连接时可实现信息的主动推送,不需要每次由客户端向服务器发送请求。而 UDP 则是提供无连接的数据报服务,UDP 在发送数据报前不需建立连接,不对数据报进行检查即可发送数据包。下面分别介绍 TCP 和 UDP。

TCP 是 Transmission Control Protocol 的简称,中文名是传输控制协议,是一种面向连接(连接导向)的、可靠的、基于字节流的运输层通信协议,由 IETF 的 RFC 793 说明。在简化的计算机网络 OSI 模型中,它完成第四层传输层指定的功能。应用层向 TCP 层发送用于网间传输的、用 8 位字节表示的数据流,然后 TCP 把数据流分隔成适当长度的报文段(通常受该计算机连接的网络的数据链路层的最大传送单元(MTU)的限制)。之后,TCP 把结果包传给 IP 层,由它通过网络将包传送给接收端实体的 TCP 层。TCP 为了保证不发生丢包,就给每字节一个序号,同时序号也保证了传送到接收端实体包的按序接收。然后,接收端实体对已成功收到的字节发回一个相应的确认(ACK);如果发送端实体在合理的往返时延(RTT)内未收到确认,那么对应的数据(假设丢失了)将会被重传。TCP 用一个校验和函数检验数据是否有错误;在发送和接收时都要计算校验和。

首先,TCP 建立连接之后,通信双方同时可以进行数据传输;其次,它是全双工的;在保证可靠性上,采用超时重传和捎带确认机制。

在流量控制上,采用滑动窗口协议,协议中规定,窗口内未经确认的分组需要重传。

在拥塞控制上,采用慢启动算法。

UDP 是 User Datagram Protocol 的英文缩写,中文名是用户数据报协议,是 OSI 参考模型中一种无连接的传输层协议,提供面向事务的简单不可靠信息传送服务,IETF RFC 768 是 UDP 的正式规范。在网络中,它与 TCP 一样用于处理数据包。UDP 在 OSI 模型中的传输层,处于 IP 的上一层。UDP 有不提供数据报分组、组装和不能对数据包排序的缺点,也就是说,报文发送之后是无法得知其是否安全、完整到达的。UDP 用来支持那些需要在计算机之间传输数据的网络应用,包括网络视频会议系统在内的众多的客户/服务器模式的网络应用都需要使用 UDP。UDP 从问世至今已经被使用了很多年,虽然其最初的光彩已经被一些类似协议所掩盖,但是即使在今天,UDP 仍然不失为一项非常实用和可行的网络传输层协议。

与 TCP(传输控制协议)一样,UDP 直接位于 IP(网际协议)的顶层。根据 OSI(开放系统互连)参考模型,UDP 和 TCP 都属于传输层协议。

UDP 的主要作用是将网络数据流量压缩成数据报的形式。一个典型的数据报就是一个二进制数据的传输单位。每个数据报的前 8B 用来包含报头信息,剩余字节用来包含具体的传输数据。

TCP 和 UDP 在 Android 中的使用和在 Java 里是完全一样的。

7.2.2 Socket 编程原理

1. 基于 TCP 的 Socket

(1) 服务器端首先声明一个 ServerSocket 对象并且指定端口号,然后调用 ServerSocket 的 accept()方法接收客户端的数据。accept()方法在没有数据进行接收时处于堵塞状态(Socket socket=server.accept()),一旦接收到数据,通过 inputstream 读取接收的数据。

(2) 客户端创建一个 Socket 对象,指定目标主机(服务器端)的 IP 地址和端口号 (Socket socket=new socket("172.168.10.108",8080);),然后获取客户端发送数据的输出流(OutputStream outputstream=socket.getOutputStream()),最后将要发送的数据写入 outputstream 即可进行 TCP 的 Socket 数据传输。

2. 基于 UDP 的数据传输

(1) 服务器端首先创建一个 DatagramSocket 对象,并且指定监听的端口。接着创建一个空的 DatagramPacket 数据报对象并指定大小,用于接收数据(byte[] data=new byte[1024];DatagramPacket packet=new DatagramPacket(data,data.length)),使用 DatagramSocket 的 receive( )方法接收客户端发送的数据(datagramSocket. receive(packet)),receive()与 ServerSocket 的 accept()类似,在没有数据进行接收时处于堵塞状态。

(2) 客户端也创建一个 DatagramSocket 对象,并且指定监听的端口。接着创建一个 InetAddress 对象,这个对象是一个网络地址(InetAddress serveraddress=InetAddress.getByName("172.168.1.100"))。定义要发送的一个字符串,创建一个 DatagramPacket 数据报对象,并指定要将这个数据发送到网络的哪个地址以及端口号,最后使用 DatagramSocket 对象的 send()发送数据包(String str="hello";byte[] data=str.getByte(); DatagramPacket packet = new DatagramPacket(data, data.length, serveraddress, 4567); socket.send(packet);)。

7.2.3　Socket 编程实例

1. 实现 Android 基于 TCP/IP 的通信

示例 example7.5:
1) 客户端代码

```
//TCP 向服务端发送数据
    public void TCP_sendMsg(String msg) {
        Socket socket =null;
        OutputStream output =null;
        InputStream input =null;
        try {
           // socket =new Socket(InetAddress.getByName("192.168.1.100"), 8888);
                                            //这种形式也行
            socket =new Socket("192.168.1.100", 8888);/* 第 1 个参数是目标主机名或目
                                            标主机的 IP 地址,第 2 个参数
                                            是目标主机的端口号 */
            output =socket.getOutputStream();
            output.write(msg.getBytes());           // 把 msg 信息写入输出流中
           //--------接收服务端的返回信息--------------
            socket.shutdownOutput(); // 一定要加上这句,否则收不到来自服务器端的消息
                                     //返回,意思是结束 msg 信息的写入
            input =socket.getInputStream();
            byte[] b =new byte[1024];
```

```java
            int len =-1;
            sb =new StringBuffer();
            while ((len =input.read(b)) !=-1) {
                sb.append(new String(b, 0, len, Charset.forName("gbk")));
                                                        //得到返回信息
            }
            //在主线程中更新 UI
            runOnUiThread(new Runnable() {
                @Override
                public void run() {
                    mTextView.setText(sb.toString());  //将返回信息设置到界面显示
                }
            });
        } catch (UnknownHostException e) {
            e.printStackTrace();
        } catch (IOException e) {
            e.printStackTrace();
        } finally {
            try {
                //注意,输出流不需要关闭,因为它只是在 Socket 中得到输出流对象,并没有
                //创建
                if (socket !=null) {
                    socket.close();                 //释放资源,关闭这个 Socket
                }
            } catch (IOException e) {
                e.printStackTrace();
            }
        }
    }
```

2) 服务端代码

```java
public void ReceiveMsg() {
    ServerSocket server =null;
    Socket socket =null;
    try {
        server =new ServerSocket(8888);    /* 创建一个 ServerSocket 对象,并让这
                                              个 Socket 在 8080 端口监听*/
        /* 调用 ServerSocket 的 accept()方法,接受客户端发送的请求,同时创建一个
           Socket 对象 * /
        //如果客户端没有发送数据,该线程就停滞不继续,也就是阻塞
        while(true){
            socket =server.accept();
            System.out.println(socket.getInetAddress().getHostName());
            System.out.println(socket.getInetAddress().getHostAddress());
                                        /* 得到当前发送数据 Socket 对象的主机
                                           名和 IP 地址 */
            InputStream input =socket.getInputStream();
                                        //得到该 Socket 对象的输入流
```

```
            BufferedInputStream bis = new BufferedInputStream(input);
            byte[] b = new byte[1024];
            int len = -1;
            while ((len = bis.read(b)) != -1) {
                                      // 从 InputStream 中读取客户端发送的数据
                System.out.println(new String(b, 0, len,"UTF-8"));
            }
            //--------向客户端返回的信息-------------
            socket.shutdownInput();//结束读取
            OutputStream outputResult = socket.getOutputStream(); //不需要关闭
            outputResult.write("ok,我已经收到!".getBytes());

            bis.close();       //关闭缓存输入流,注意,输入流 input 不需要关闭,因为它
                               //只是在 Socket 中得到输入流对象,并没有创建
            socket.close(); /*接收这个 Socket 的数据后释放资源,因为每一次客户
端发送数据,都会在服务端创建一个 Socket 对象,注意 ServerSocket 不应该关闭,因为这是服务
器 ServerSocket 对象,若关闭了 ServerSocket,客户端就不能发送数据了 */
            socket = null;
        }
    } catch (IOException e) {
        e.printStackTrace();
    }
}
```

2. 实现 Android 基于 UDP 的通信

示例 example7.6：

1）客户端代码

```
//发送数据包给服务端和接收返回的数据
    public void UDP_send(String msg) {
        DatagramSocket socket = null;
        try {
            socket = new DatagramSocket(8880);/*创建 DatagramSocket 对象并绑定一个本
地端口号,注意,如果客户端需要接收服务器的返回数据,还需要使用这个端口号接收数据,所以一
定要记住把字符串转为字节数组 */
            byte[] data = msg.getBytes();
            Inet4Address inetAddress = (Inet4Address)Inet4Address.getByName
("192.168.1.100");   //使用这个也行,表示使用 4B 的 IP 地址
            InetAddress inetAddress = InetAddress.getByName("192.168.1.100");
                            //得到 IP 或主机名为 192.168.1.100 的网络地址对象
            DatagramPacket pack = new DatagramPacket(data, data.length,
                inetAddress, 8881); //参数分别为：发送数据的字节数组对象、数据
                                   //的长度、目标主机的网络地址、目标主机端口号、
                                   //发送数据时一定要指定接收方的网络地址和端口号
            socket.send(pack);     //发送数据包
```

```java
            //----------接收服务器返回的数据-------------
            byte[] b =new byte[4 * 1024];//创建一个 byte 类型的数组,用于存放接收到的数据
            DatagramPacket pack2 =new DatagramPacket(b, b.length);
                    //定义一个 DatagramPacket 对象,用来存储接收的数据包,并指定大小和长度
            socket.receive(pack2);       //接收数据包
            //data.getData()是得到接收到的数据的字节数组对象,0 为起始位置,pack.
            //getLength()得到数据的长度
            final String result =new String(pack2.getData(),0,pack2.getLength(),
            "gbk");                  //把返回的数据转换为字符串
            socket.close();          //释放资源
            //在线程中更新 UI
            runOnUiThread(new Runnable() {
                @Override
                public void run() {
                    mTextView1.setText(result);
                }
            });
        } catch (SocketException e) {
            e.printStackTrace();
        } catch (UnknownHostException e) {
            e.printStackTrace();
        } catch (IOException e) {
            e.printStackTrace();
        }
    }
}
```

2)服务端代码

```java
public void ReceiveMsg(){
        DatagramSocket socket =null;
        try{
            socket =new DatagramSocket(8881);
                                //创建 DatagramSocket 对象并绑定一个本地端口号
            while(true){
                byte[] buf =new byte[4 * 1024];
                                //创建一个 byte 类型的数组,用于存放接收到的数据
                DatagramPacket pack =new DatagramPacket(buf, buf.length);
                //创建一个 DatagramPacket 对象,并指定 DatagramPacket 对象的大小和长度
                socket.receive(pack);  /*读取接收到的数据包,如果客户端没有发送数据
                                        包,该线程就停滞,这个同样也是阻塞式的*/
                String str =new String(pack.getData(), 0,pack.getLength(),"UTF-8");
                                /*将接收到的数据包转为字符串输出显示*/
                String ip =pack.getAddress().getHostAddress();
                                //得到发送数据包的主机 IP 地址
                System.out.println(ip+"发送:"+str);
                //-----------返回数据给客户端------------
                InetAddress address =pack.getAddress();
                                //得到发送数据包主机的网络地址对象
```

```
                byte[] data ="已收到!".getBytes();
                DatagramPacket p = new DatagramPacket(data, data.length, address,
                8880);
                socket.send(p);
            }
            //注意,不需要关闭服务器的 Socket,因为它一直等待接收数据
        } catch (SocketException e) {
            e.printStackTrace();
        } catch (IOException e) {
            e.printStackTrace();
        }
    }
}
```

7.2.4　Socket 与 HTTP 通信的区别

由于通常情况下 Socket 连接就是 TCP 连接,因此 Socket 连接一旦建立,通信双方即可开始相互发送数据内容,直到双方连接断开。但在实际网络应用中,客户端到服务器之间的通信往往需要穿越多个中间节点,如路由器、网关、防火墙等,大部分防火墙默认会关闭长时间处于非活跃状态的连接,而导致 Socket 连接断开,因此需要通过轮询告诉网络该连接处于活跃状态。

HTTP 连接使用的是"请求—响应"方式,不仅在请求时需要先建立连接,而且需要客户端向服务器发出请求后,服务器端才能回复数据。

很多情况下,需要服务器端主动向客户端推送数据,保持客户端与服务器数据的实时与同步。此时若双方建立的是 Socket 连接,服务器就可以直接将数据传送给客户端;若双方建立的是 HTTP 连接,则服务器需要等到客户端发送一次请求后,才能将数据传给客户端,因此,客户端定时向服务器端发送连接请求,不仅可以保持在线,同时也是在"询问"服务器是否有新的数据,如果有,就将数据传给客户端。

7.3　项目案例

7.3.1　项目目标

学习 Android 的网络编程机制,使用 Android 的 Socket 网络编程完成智能家居系统中的远程设备控制功能。

功能描述:

(1) 客户端界面有连接网络服务器、远程打开设备、远程关闭设备 3 个功能按钮。

(2) 连接服务器功能会实例化一个 Socket 对象并连接到指定的服务器,如连接成功,就能实例化一个 DataOutputStream 对象。

(3) 打开设备功能与关闭设备功能主要是通过 DataOutputStream 对象向服务端发送数据命令(程序中可以模拟)。

(4) 服务端程序,实例化一个 ServerSocket 对象,通过线程响应客户端的连接请求,并输出客户端数据命令信息。

7.3.2 案例描述

本项目案例中使用到两个工程模块：一个是 Android App 模块，目录是 app；一个是 Java 库模块，目录是 Socket。

项目案例工程目录如图 7-3 所示。

项目主要程序文件说明见表 7-8。

表 7-8 项目重要程序文件说明

文 件 名	功 能
MainActivity.java	客户端主界面 Activity 程序
Activity_main.xml	客户端主界面显示布局文件
MyServer.java	服务端 Java 程序

项目案例中，布局管理器与控件之间的结构关系如图 7-4 所示。

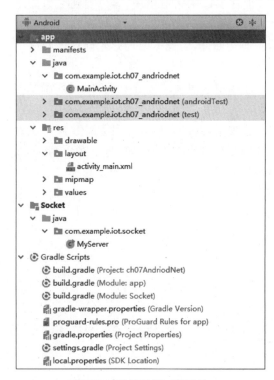

图 7-3 项目案例工程目录

图 7-4 布局管理器与控件之间的结构关系

7.3.3 案例要点

1. 网络程序设置

在服务端程序 MyServer.java 与客户程序 MainActivity.java 中要设置一样的网络端口号。

```
private int PORT =7896;                    //服务器
```

在客户程序 MainActivity.java 中要设置好需要连接的服务器 IP 地址(本机运行时就是,调试计算机的 IP)。

```
InetAddress address =InetAddress.getByName("192.168.100.126");
```

2. 网络异常的解决办法

一个 App 如果在主线程中请求网络操作,将会抛出此异常。解决方案有两个:使用 StrictMode;使用线程操作网络请求。

```
if (android.os.Build.VERSION.SDK_INT >9) {
StrictMode.ThreadPolicy policy =new StrictMode.ThreadPolicy.Builder().permitAll
().build();
StrictMode.setThreadPolicy(policy);
}
```

3. Java 模块中的网络服务器程序中文输出乱码

打开编译配置文件 build.gradle(Module:Socket),具体如图 7-5 所示。

图 7-5 编译配置文件

在代码中添加如下字符编码说明:

```
tasks.withType(JavaCompile){
    options.encoding ="UTF-8"
}
```

7.3.4 案例实施

1. 项目工程的创建

首先创建工程项目,应用名称设置为 ch07-AndroidNet,其他后继工程的创建步骤可参考第 3 章案例的创建,具体如图 7-6 所示。

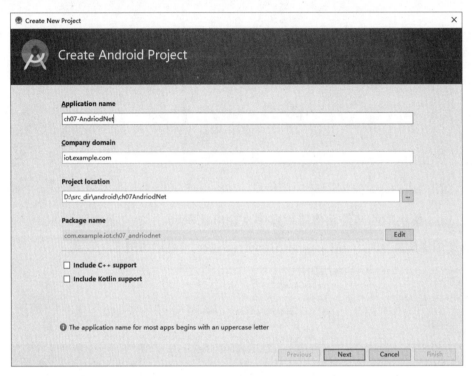

图 7-6 创建工程目录

2. 客户端界面

客户端界面编辑图如图 7-7 所示。

图 7-7 客户端界面编辑图

界面布局 Activity_main.xml 文件代码：

```xml
<?xml version="1.0" encoding="utf-8"?>

<LinearLayout xmlns:android="http://schemas.android.com/apk/res/android"
    android:layout_width="fill_parent"
    android:layout_height="fill_parent"
    android:orientation="vertical"
    android:background="@mipmap/bg2">

    <TextView
        android:id="@+id/textView"
        android:layout_width="match_parent"
        android:layout_height="wrap_content"
        android:text="智能家居远程设备控制"
        android:textColor="@android:color/white"
        android:textSize="30sp"
        android:textAlignment="center"
        android:paddingTop="40dp"
        android:paddingBottom="60dp"/>
    <LinearLayout
        android:layout_width="fill_parent"
        android:layout_height="wrap_content"
        android:layout_gravity="center"
        android:orientation="horizontal">
        <ImageView
            android:id="@+id/img_on"
            android:layout_width="wrap_content"
            android:layout_height="80dp"
            android:src="@mipmap/window_on"
            android:layout_weight="1"/>
        <ImageView
            android:id="@+id/img_off"
            android:layout_width="wrap_content"
            android:layout_height="80dp"
            android:src="@mipmap/window_off"
            android:layout_weight="1"/>
    </LinearLayout>

    <LinearLayout
        android:layout_width="fill_parent"
        android:layout_height="wrap_content"
        android:layout_gravity="center"
        android:orientation="horizontal">

        <Button
            android:id="@+id/btn_on"
            android:layout_width="wrap_content"
            android:layout_height="wrap_content"
            android:text="远程打开窗帘"
```

```xml
            android:textColor="@android:color/white"
            android:layout_weight="1"/>

        <Button
            android:id="@+id/btn_off"
            android:layout_width="wrap_content"
            android:layout_height="wrap_content"
            android:text="远程关闭窗帘"
            android:textColor="@android:color/white"
            android:layout_weight="1"/>
    </LinearLayout>
    <Button
        android:id="@+id/btn_conn"
        android:layout_width="fill_parent"
        android:layout_height="wrap_content"
        android:text="连接网络服务器"
        android:textColor="@android:color/white"
        android:textSize="20sp"
        android:paddingTop="30dp" />
    <TextView
        android:id="@+id/textview"
        android:layout_width="fill_parent"
        android:layout_height="wrap_content"
        android:hint="" />
</LinearLayout>
```

3. 客户端网络程序

客户端主要是实现连接网络服务器、远程打开设备、远程关闭设备 3 个按钮的功能。连接网络服务器功能会实例化一个 Socket 对象并连接到指定的服务器，如连接成功，就能实例化一个 DataOutputStream 对象。打开设备功能与关闭设备功能，主要是通过 DataOutputStream 对象向服务端发送数据命令。

```java
package com.example.iot.ch07_andriodnet;

import android.app.Activity;
import android.os.Bundle;
import android.os.StrictMode;
import android.view.View;
import android.view.Window;
import android.widget.Button;
import android.widget.TextView;
import android.widget.Toast;

import java.io.DataInputStream;
import java.io.DataOutputStream;
import java.io.IOException;
import java.net.InetAddress;
import java.net.InetSocketAddress;
```

```
import java.net.Socket;
import java.net.UnknownHostException;

public class MainActivity extends Activity {
    private TextView mTextView = null;
    private Button connectButton = null;
    private Button onButton = null;
    private Button offButton = null;
    private Socket clientSocket = null;
    private DataOutputStream out = null;
    private int PORT = 7896;
    public MainActivity(){
        clientSocket = new Socket();
    }

    @Override
    public void onCreate(Bundle savedInstanceState) {
        super.onCreate(savedInstanceState);
        //去掉 TitleBar
        requestWindowFeature(Window.FEATURE_NO_TITLE);
        setContentView(R.layout.activity_main);
        //一个 App 如果在主线程中请求网络操作,将会抛出此异常
        //解决方案有两个：使用 StrictMode;使用线程操作网络请求
        if (android.os.Build.VERSION.SDK_INT > 9) {
            StrictMode.ThreadPolicy policy = new StrictMode.ThreadPolicy.Builder().
                permitAll().build();
            StrictMode.setThreadPolicy(policy);
        }

        mTextView = (TextView) this.findViewById(R.id.textview);
        connectButton = (Button) this.findViewById(R.id.btn_conn);
        onButton = (Button) this.findViewById(R.id.btn_on);
        onButton.setEnabled(false);
        offButton = (Button) this.findViewById(R.id.btn_off);
        offButton.setEnabled(false);

        //连接按钮监听
        connectButton.setOnClickListener(new View.OnClickListener() {

            @Override
            public void onClick(View v) {
                try{
                    if(clientSocket.isConnected()){
                        displayToast("已经连接!");
                        mTextView.setText("已经连接!");
                    }
                    else {
                        //实验时,查看自己主机的本机 IP
                        //输入命令：
                        InetAddress address = InetAddress.getByName("192.168.100.126");
```

```java
                    InetSocketAddress socketAddress = new InetSocketAddress
                    (address,PORT);
                    clientSocket.connect(socketAddress);
                                                //实例化对象并连接到服务器
                    if(clientSocket.isConnected()){
                        displayToast("连接成功!");
                        onButton.setEnabled(true);
                        offButton.setEnabled(true);
                        mTextView.setText("连接成功!");
                        new DataInputStream(clientSocket.getInputStream());
                        out = new DataOutputStream(clientSocket.getOutputStream());
                    }
                }
            }
            catch (UnknownHostException e) {
                System.out.println("未知主机地址异常!");
                e.printStackTrace();
            }
            catch (IOException e) {
                System.out.println("clientSocket 输入输出流异常!");
                e.printStackTrace();
            }
        }
    });

    //发送数据按钮监听
    onButton.setOnClickListener(new View.OnClickListener() {
        @Override
        public void onClick(View v) {
            //获得 EditText 的内容
            String text ="发送远程打开命令。" +"\r\n";
            try {
                out.writeUTF(text);
                displayToast("发送成功!");
            }
            catch (IOException e) {
                e.printStackTrace();
            }
        }
    });

    offButton.setOnClickListener(new View.OnClickListener() {
        @Override
        public void onClick(View v) {
            //获得 EditText 的内容
            String text ="发送远程关闭命令。" +"\r\n";
            try {
                out.writeUTF(text);
                displayToast("发送成功!");
            }
```

```
            catch (IOException e) {
                e.printStackTrace();
            }
        }
    });
}

// 显示 Toast()函数
private void displayToast(String s) {
    Toast.makeText(this, s, Toast.LENGTH_SHORT).show();
}

}
```

4. 服务端网络程序

服务端程序不能在原来的 App 目录中创建,需要新建一个模块。

右击 project 的 app 目录,新建一个 Module,具体操作如图 7-8 所示。

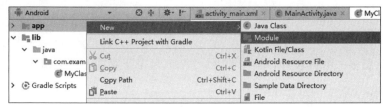

图 7-8　新建一个 Module

在 New Module 中选择 Java Library,如图 7-9 所示。

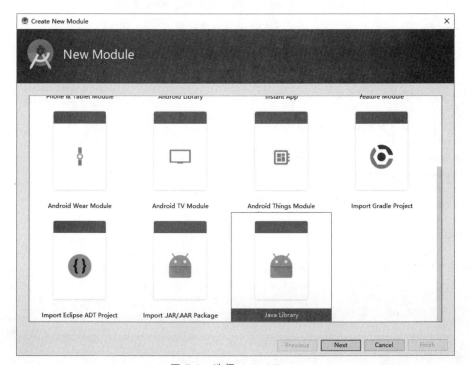

图 7-9　选择 Java Library

输入模块的相关信息如图 7-10 所示。

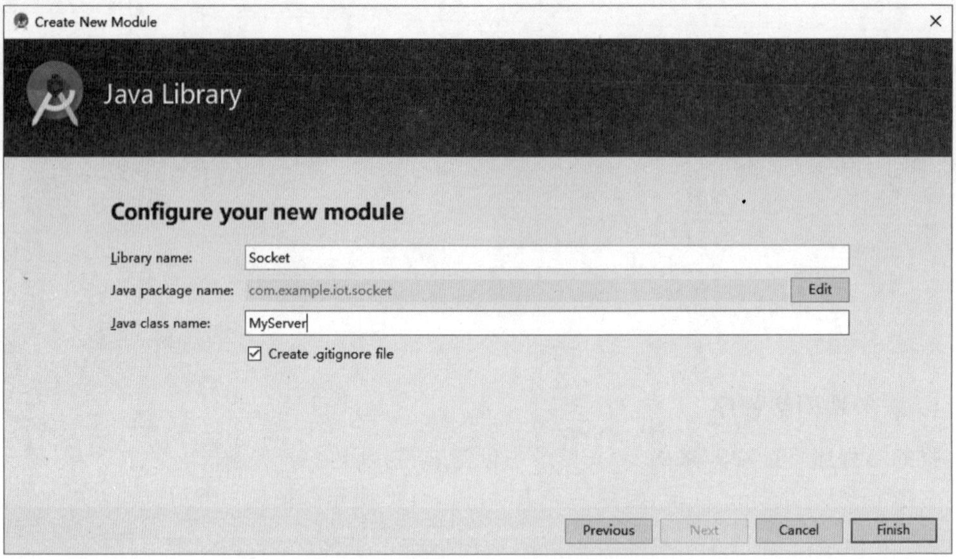

图 7-10 输入模块的相关信息

建好后就会多一个目录,如图 7-11 所示,在该目录下可进行单纯 Java 代码的编写和运行。

图 7-11 显示新建目录

MyServer.java 代码:

```
package com.example.iot.socket;

import java.io.DataInputStream;
import java.io.IOException;
import java.net.ServerSocket;
import java.net.Socket;

public class MyServer implements Runnable{
    private Thread thread =null;
    private ServerSocket serverSocket =null;
    private Socket socket =null;
    private DataInputStream in =null;
    private Boolean status =true;
    private int PORT =7896;            //服务器

    MyServer() {
        thread =new Thread(this);
```

```
}
public static void main(String[] args) {
    MyServer server = new MyServer();
    server.runserver();// 运行 server
}

@Override
public void run() {
    try {
        socket = serverSocket.accept();

        if (socket != null) {
            System.out.println("有客户端连接,客户端的地址为: " + socket.
                getInetAddress());
        }
    } catch (IOException ioe) {
        System.out.println("正在等待客户!");
        ioe.printStackTrace();
    }
    try {
        in = new DataInputStream(socket.getInputStream());
    } catch (IOException e) {
        System.out.println("socket 输入输出流异常!");
        e.printStackTrace();
    }
    while (status) {

        try {
            //接收客户端发送来的数据
            String text = in.readUTF().toString();
            System.out.println("服务器端读取的数据: " + text);
        } catch (IOException e) {
            System.out.println("客户已经离开");
            System.out.println(e.getMessage());
            e.printStackTrace();
        }

    }
}

public void runserver() {
    try {
        serverSocket = new ServerSocket(PORT);
        System.out.println("服务器启动!");
    } catch (IOException ioe) {
        System.out.println("服务器已经启动,ServerSocket 对象不能重复创建!");
        //ioe.printStackTrace();
    }
    if (serverSocket != null) {
```

```
            thread.start();
        }
    }
}
```

5. 程序运行与测试

(1) 运行服务器程序。在工程的 Java Module 目录中选择类文件 MyServer 右击，然后选择 Run MyServer.main() 运行 Java 程序，具体操作如图 7-12 所示。

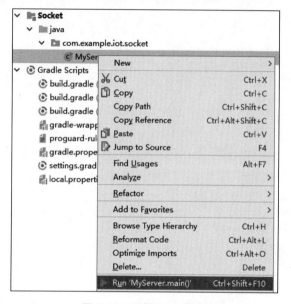

图 7-12　运行 Java 程序

(2) AndroidStudio 的界面 Run 窗口会显示如图 7-13 所示的信息。

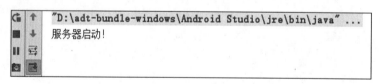

图 7-13　Run 窗口信息

(3) 启动 App 程序，效果如图 7-14 所示。

(4) 单击"连接网络服务器"按钮，程序会向服务器发起连接请求，成功后界面上会显示"连接成功！"，如图 7-15 所示。

(5) 服务的运行窗口会显示客户端的 IP 地址信息，如图 7-16 所示。

(6) 单击"远程打开窗帘"或"远程关闭窗帘"按钮，会向服务器发送数据命令，发送时界面会有提示信息"发送成功！"，效果如图 7-17 所示。

服务端的运行窗口会显示客户端发送过来的数据信息，如图 7-18 所示。

图 7-14 启动 App 程序效果

图 7-15 成功连接服务器

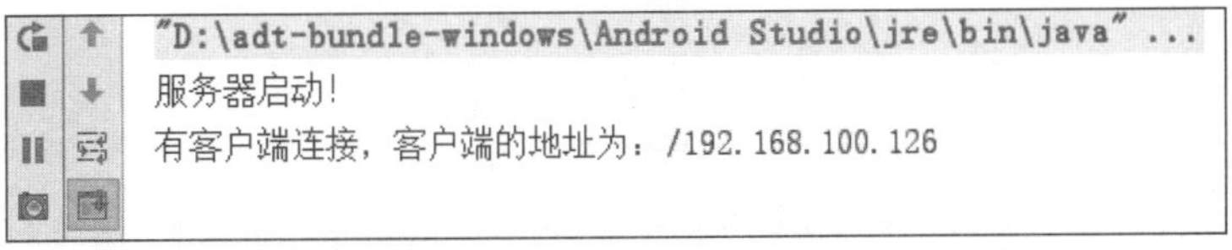

```
"D:\adt-bundle-windows\Android Studio\jre\bin\java"...
服务器启动！
有客户端连接，客户端的地址为：/192.168.100.126
```

图 7-16 客户端的 IP 地址信息

图 7-17 远程控制窗帘效果

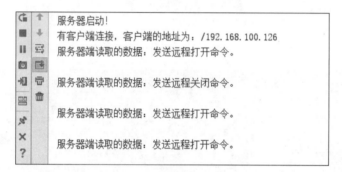

图 7-18 接收客户端信息

1. 简述 Bitmap 和 BitmapFactory 的关系。
2. Socket 传输模式有哪些，各自有什么特点？
3. Android 编程中动态图形绘制的基本思路是什么？
4. 简述 Android 自绘控件的实现步骤。

第 8 章 Android 应用物联网中间件

8.1 物联网 Android 应用框架

8.1.1 物联网项目架构

1. 智云物联平台介绍

智云物联是一个开放的公共物联网接入平台，目的是服务所有的爱好者和开发者，使物联网传感器数据的接入、存储和展现变得轻松、简单，让开发者能够快速开发出专业的物联网应用系统。

一个典型意义的物联网应用一般要完成传感器数据的采集、存储和数据的加工与处理工作。例如，驾驶员希望获取去目的地路途上的路况，为了完成这个目标，需要有大量的交通流量传感器对几条可能路线上的车流和天气状况进行实时采集，并存储到集中的路况处理服务器，应用在服务器上通过适当的算法，从而得出大概的到达时间，并将处理的结果展示给驾驶员。所以，我们能得出大概的系统架构设计可以分为如下 3 部分。

(1) 传感器硬件和接入互联网的通信网关（负责将传感器数据采集起来，发送到互联网服务器）。

(2) 高性能的数据接入服务器和海量存储。

(3) 特定应用，处理结果展现服务。

要解决上述物联网系统架构的设计，需要有一个基于云计算与互联网的平台加以支撑，而这个平台的稳定性、可靠性、易用性、对该物联网项目的成功实施有非常关键的作用。智云物联公共服务平台就是这样一个开放平台，实现了物联网服务平台的主要基础功能开发，提供开放程序接口，为用户提供基于互联网的物联网应用服务，同时针对高校的特殊应用需求。

智云物联是国内唯一一个提供了完整的物联网云应用实验室解决方案，目标是服务国内物联网应用技术教学，为高校师生提供一个共享的基于互联网的物联网云服务平台。

使用智云物联平台进行项目开发具备以下优势：

（1）让无线传感网快速接入互联网和电信网，支持手机和 Web 远程访问及控制。

（2）解决多用户对单一设备访问的互斥，数据对多用户的主动消息推送等技术难题。

（3）提供免费的物联网大数据存储服务、支持一年以上海量数据存储、查询、分析、获取等。

（4）开源稳定的底层工业级传感网络协议栈、轻量级的 ZXBee 数据通信格式（JSON 数据包）易学易用。

（5）开源的海量传感器硬件驱动库、开源的海量应用项目资源。

（6）免应用编程的 BS 项目发布系统、Android 组态系统、LabView 数据接入系统。

（7）物联网分析工具能够跟踪传感网络层、网关层、数据中心层、应用层的数据包信息，快速定位故障点。

（8）良好的社区服务与不断积累的开发者享受分享和讨论的乐趣。

2. 智云物联的基本框架

智云平台框架如图 8-1 所示。

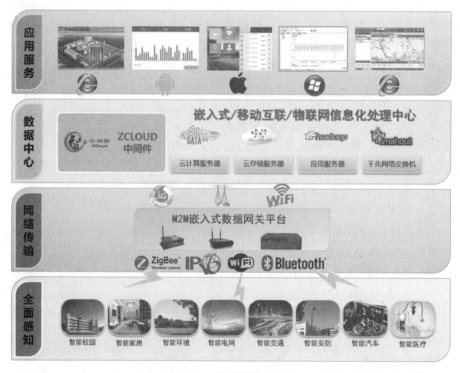

图 8-1　智云平台框架

1）全面感知

全系列无线智能硬件系列（ZXBeeEdu、ZXBeeLite、ZXBeePlus、ZXBeeMini、ZXBeePro）；

多达 10 种无线核心板，CC2530 ZigBee 模组、CC3200 WiFi 模组、CC2540 蓝牙模组、CC1110 433M 模组、STM32W108 ZigBee/IPv6 模组、HF-LPA WiFi 模组、HC05 蓝牙模

组、ZM5168 ZigBee 模组、SZ05 ZigBee 模组、EMW3165 WiFi 模组；

多达 40 种教学传感器/执行器，100 种工业传感器/执行器，支持定制。

2）网络传输

支持 ZigBee、WiFi、Bluetooth、RF433M、IPv6、LoRa、NB-IoT、LTE、电力载波、RS485/ModBus 等无线/有线通信技术；

采用易懂易学的 JSON 数据通信格式的 ZXBee 轻量级通信协议；

多种智能 M2M 网关：ZCloud-GW-S4418、ZCloud-GW-9x25、ZCloud-GW-PC，集成 WiFi/3G/100M 以太网等网络接口，支持本地数据推送及远程数据中心接入，采用 AES 加密认证。

3）数据中心

高性能工业级物联网数据集群服务器，支持海量物联网数据的接入、分类存储、数据决策、数据分析及数据挖掘；

分布式大数据技术，具备数据的即时消息推送处理、数据仓库存储与数据挖掘等功能；

云存储采用多处备份，数据永久保存，数据丢失概率小于 0.1%；

基于 B/S 架构的后台分析管理系统，支持 Web 对数据中心进行管理和系统运营监控；

主要功能模块：消息推送、数据存储、数据分析、触发逻辑、应用数据、位置服务、短信通知、视频传输等。

4）应用服务

智云物联开放平台应用程序编程接口提供 SensorHAL 层、Android 库、Web JavaScript 库等 API 二次开发编程接口，具有互联网/物联网应用所需的采集、控制、传输、显示、数据库访问、数据分析、自动辅助决策、手机/Web 应用等功能，可以基于该 API 上开发一整套完整的互联网/物联网应用系统；

提供实时数据（即时消息）、历史数据（表格/曲线）、视频监控（可操作云台转动、抓拍、录像等）、自动控制、短信/GPS 等编程接口；

提供 Android 和 Windows 平台下 ZXBee 数据分析测试工具，方便程序的调试及测试；

基于开源的 JSP 框架的 B/S 应用服务，支持用户注册及管理、后台登录管理等基本功能，支持项目属性和前端页面的修改，能够根据项目需求定制各个行业应用服务，如智能家居管理平台、智能农业管理平台、智能家庭用电管理平台、工业自动化专家系统等；

Android 应用组态软件，支持各种自定义设备，包括传感器、执行器、摄像头等的动态添加、删除和管理，无须编程即可完成不同应用项目的构建；

支持与 LabView 仿真软件的数据接入，快速设计物联网组态项目原型。

3. 智云物联基本框架

智云物联平台支持硬件与应用的虚拟化，硬件数据源仿真系统为上层软件工程师提供虚拟的硬件数据，图形化组态应用系统为底层硬件开发者提供图形化界面定制工具。智云平台虚拟化技术框架如图 8-2 所示。

1）智云虚拟仿真与组态开发平台

智云虚拟仿真与组态开发平台包括图形化组态应用和硬件数据源仿真两大模块，其中图形化组态应用系统为底层硬件开发者提供图形化界面定制工具，无须编程即可快速完成

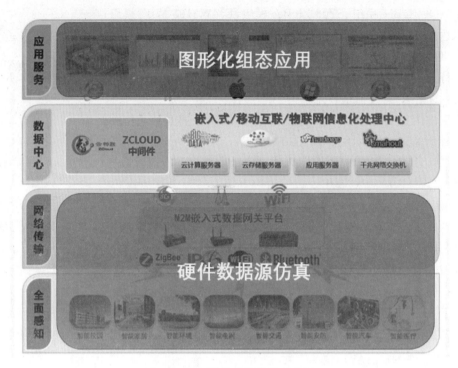

图 8-2 智云平台虚拟化技术框架

具备 HTML 5 特效的应用系统的发布。硬件数据源仿真系统为上层软件工程师提供虚拟的硬件数据,通过选择不同的硬件组件单元并设置数据属性,即可按照用户设定的逻辑为上层应用提供数据支撑。

2) 图形化组态应用

基于 HTML 5 技术支持各种图表控件,针对不同尺寸的设备能够自适应缩放,通过 JavaScript 进行数据互动。可定制的图形化界面为各种物联网控制系统软件需要的控件,包括摄像头显示、仪表盘、数据曲线背景图、边框、传感器控件、执行器控件、按钮等。

支持实时数据的推送,历史数据的图表/动态曲线展示,GIS 地图展示等,提供多种页面模板布局,方便不同项目需求的选择。通过逻辑编辑器设定的控制逻辑,系统也能够自动控制物联网硬件设备。图形化组态应用如图 8-3 所示。

3) 硬件数据源仿真

基于 HTML 5 技术开发,提供各种物联网控制系统软件需要的传感器、执行器、摄像头等。可设定虚拟设备的属性,按照自定义逻辑进行虚拟数据的产生和上报。采用 JavaScript 语言进行数据互动编程,简单易学。提供多种页面模板布局,可视化图形系统,方便不同项目需求的选择。通过逻辑编辑器设定的控制逻辑,模拟硬件系统的联动响应。硬件虚拟仿真如图 8-4 所示。

4. 智云物联常用硬件

智云物联平台支持各种智能设备的接入。硬件模型如图 8-5 所示。

传感器:主要用于采集物理世界中发生的物理事件和数据,包括各类物理量、标识、音频、视频数据。

第 8 章　Android 应用物联网中间件

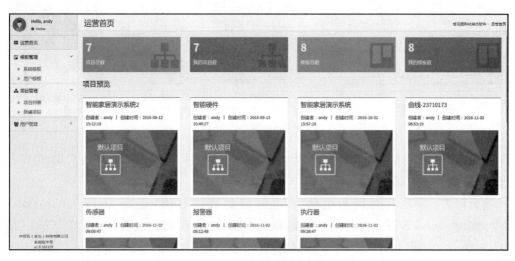

图 8-3　图形化组态应用

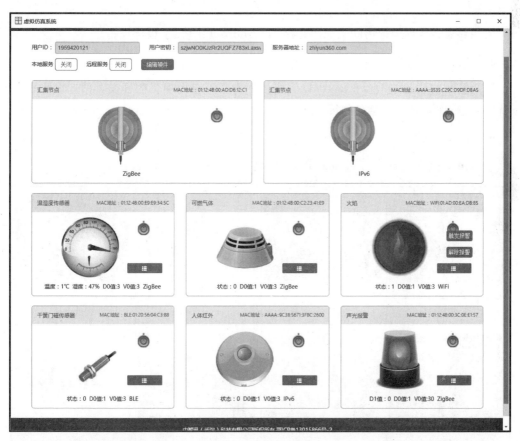

图 8-4　硬件虚拟仿真

  传感器   智云节点   智云网关   云服务器   应用终端

图 8-5 硬件模型

  智云节点：采用单片机/ARM 等微控制器，具备物联网传感器的数据的采集、传输、组网能力，能够构建传感网络。

  智云网关：实现传感网与电信网/互联网的数据联通，支持 ZigBee、WiFi、BLE、LoRa、NB-IoT、LTE 等多种传感协议的数据解析，支持网络路由转发，实现 M2M 数据交互。

  云服务器：负责对物联网海量数据进行中央处理，运用云计算、大数据技术实现数据的存储、分析、计算、挖掘和推送功能，并采用统一的开放接口为上层应用提供数据服务。

  应用终端：负责运行物联网应用程序，如 Android 手机、平板等设备。

5. 智云物联优秀项目

  采用智云物联开放平台框架，可以完成各种物联网应用项目的开发。图 8-6 是一些智云优秀项目，详细介绍可参考网页 http://www.zhiyun360.com/docs/01xsrm/03.html。

6. 开发前的准备工作

  学习智云物联产品前，要求用户预先学习以下基本知识和技能。

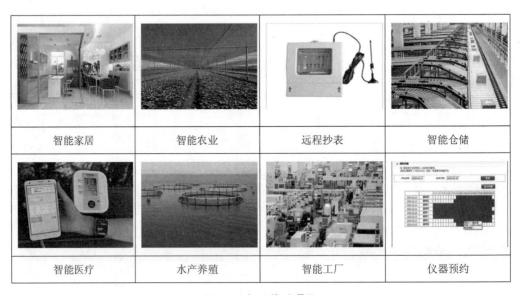

图 8-6 智云优秀项目

图 8-6 （续）

(1) 了解和掌握基于 CC2530 的单片机接口技术/传感器接口技术。

(2) 了解 ZigBee 无线传感网基础知识，及基于 CC2530 的 ZigBee ZStack 组网原理。

(3) 了解和掌握 Java 编程，掌握 Android 应用程序开发。

(4) 了解和掌握 HTML、JavaScript、CSS、Ajax 开发，熟练使用 DIV＋CSS 进行网页设计。

(5) 了解和掌握 JDK＋ApacheTomcat＋Eclipse 环境搭建及网站开发。

8.1.2 ZXBee 数据通信协议

1. ZXBee 数据通信协议简介

本项目主要使用智云物联云服务平台，该平台支持物联网无线传感网数据的接入，并定义了物联网数据通信的规范——ZXBee 数据通信协议。

ZXBee 数据通信协议对物联网整个项目从底层到上层的数据段做出了定义，该协议有以下特点：

(1) 数据格式的语法简单，语义清晰，参数少而精。

(2) 参数命名合乎逻辑，见名知义，变量和命令的分工明确。

(3) 参数读写权限分配合理，可以有效抵抗不合理的操作，能够最大程度上确保数据安全。

(4) 变量能对值进行查询，便于应用程序调试。

(5) 命令是对位进行操作，能够避免内存资源浪费。

总之，ZXBee 数据通信协议在物联网无线传感网中值得应用和推广，教师和学生也容易在其基础上根据需求进行定制、扩展和创新。

2. 通信协议格式详解

1) 通信协议的数据格式

通信协议的数据格式：｛[参数]＝[值],｛[参数]＝[值],…｝｝

A. 每条数据都以"{""}"作为起止字符。
B. "{}"内参数的多个条目用","分隔。
C. 示例：{CD0=1,D0=?}。

注：通信协议数据格式中的字符均为英文半角符号。

2) **通信协议的参数说明**

通信协议的参数说明如下。

A. 参数名称定义为

(a) 变量：A0～A7、D0、D1、V0～V3；

(b) 命令：CD0、OD0、CD1、OD1；

(c) 特殊参数：ECHO、TYPE、PN、PANID、CHANNEL。

B. 变量可以对值进行查询，示例：{A0=?}。

C. 变量 A0～A7 在物联网云数据中心可以保存为历史数据。

D. 命令是对位进行操作。

具体参数解释如下。

(1) A0～A7：用于传递传感器数值或者携带的信息量，权限为只能通过赋值"?"查询当前变量的数值，支持上传到物联网云数据中心存储，示例如下。

A. 温湿度传感器采用 A0 表示温度值，A1 表示湿度值，数值类型为浮点型 0.1 精度。

B. 火焰报警传感器采用 A0 表示警报状态，数值类型为整型，固定为 0（未检测到火焰）或者 1（检测到火焰）。

C. 高频 RFID 模块采用 A0 表示卡片 ID 号，数值类型为字符串。

ZXBee 通信协议数据格式为{参数=值,参数=值,…}，即用一对大括号"{ }"包含每条数据，"{ }"内的参数如果有多个条目，则用","进行分隔，如{CD0=1,D0=?}。

(2) D0：D0 的 Bit0～Bit7 分别对应 A0～A7 的状态（是否主动上传状态），权限为只能通过赋值"?"查询当前变量的数值，0 表示禁止上传，1 表示允许主动上传，示例如下。

A. 温湿度传感器 A0 表示温度值，A1 表示湿度值，D0=0 表示不上传温度和湿度信息，D0=1 表示主动上传温度值，D0=2 表示主动上传湿度值，D0=3 表示主动上传温度和湿度值。

B. 火焰报警传感器采用 A0 表示警报状态，D0=0 表示不检测火焰，D0=1 表示实时检测火焰。

C. 高频 RFID 模块采用 A0 表示卡片 ID 号，D0=0 表示不上报卡号，D0=1 表示运行刷卡响应上报 ID 卡号。

(3) CD0/OD0：对 D0 的位进行操作，CD0 表示位清零操作，OD0 表示位置一操作，示例如下。

A. 温湿度传感器 A0 表示温度值，A1 表示湿度值，CD0=1 表示关闭 A0 温度值的主动上报。

B. 火焰报警传感器采用 A0 表示警报状态，OD0=1 表示开启火焰报警监测，当有火焰报警时，会主动上报 A0 的数值。

(4) D1：D1 表示控制编码，权限为只能通过赋值"?"查询当前变量的数值，用户根据传感器属性自定义功能，示例如下。

A. 温湿度传感器：D1 的 Bit0 表示电源开关状态，如 D1＝0 表示电源处于关闭状态，D1＝1 表示电源处于打开状态。

B. 继电器：D1 的 Bit 表示各路继电器状态，如 D1＝0 关闭两路继电器 S1 和 S2，D1＝1 开启继电器 S1，D1＝2 开启继电器 S2，D1＝3 开启两路继电器 S1 和 S2。

C. 风扇：D1 的 Bit0 表示电源的开关状态，Bit1 表示正转或反转。例如，D1＝0 或者 D1＝2，风扇停止转动（电源断开）；D1＝1，风扇处于正转状态；D1＝3，风扇处于反转状态。

D. 红外电器遥控：D1 的 Bit0 表示电源开关状态，Bit1 表示工作模式/学习模式。例如，D1＝0 或者 D1＝2，表示电源处于关闭状态；D1＝1，表示电源处于开启状态且为工作模式；D1＝3，表示电源处于开启状态且为学习模式。

（5）CD1/OD1：对 D1 的位进行操作，CD1 表示位清零操作，OD1 表示位置一操作。

（6）V0～V3：用于表示传感器的参数，用户根据传感器属性自定义功能，权限为可读写，示例如下。

A. 温湿度传感器：V0 表示自动上传数据的时间间隔。

B. 风扇：V0 表示风扇转速。

C. 红外电器遥控：V0 表示红外学习的键值。

D. 语音合成：V0 表示需要合成的语音字符。

（7）特殊参数：ECHO、TYPE、PN、PANID、CHANNEL。

ECHO：用于检测节点在线的指令，将发送的值进行回显，如发送{ECHO＝test}，若节点在线，则回复数据{ECHO＝test}。

TYPE：表示节点类型，该信息包含节点类别、节点类型、节点名称，权限为只能通过赋值"？"查询当前值。TYPE 的值由 5 个 ASCII 字节表示，如 1 1 001，第 1 字节表示节点类别（1：ZigBee，2：RF433，3：WiFi，4：BLE，5：IPv6，9：其他）；第 2 字节表示节点类型（0：汇集节点，1：路由/中继节点，2：终端节点）；第 3,4,5 字节合起来表示节点名称（编码由用户自定义）。

3. 通信协议参数定义

ZXBee 通信协议参数定义见表 8-1 所示。

表 8-1　ZXBee 通信协议参数定义

传感器	属　性	参数	权限	说　　明
Sensor-A (601)	温度值	A0	R	温度值，浮点型：0.1 精度，－40.0～105.0,单位为摄氏度（℃）
	湿度值	A1	R	湿度值，浮点型：0.1 精度，0～100,单位为％
	光强值	A2	R	光强值，浮点型：0.1 精度，0～65535,单位为 Lux
	空气质量值	A3	R	空气质量值，表征空气污染程度
	气压值	A4	R	气压值，浮点型：0.1 精度，单位为百帕

续表

传感器	属 性	参数	权限	说 明
Sensor-A (601)	三轴(跌倒状态)	A5	—	三轴：通过计算上报跌倒状态,1表示跌倒(主动上报)
	距离值	A6	R	距离值(cm),浮点型：0.1精度, 20~80cm
	语音识别返回码	A7	—	语音识别码,整型：1~49(主动上报)
	上报状态	D0(OD0/CD0)	RW	D0 的 Bit0~Bit7 分别代表 A0~A7 的上报状态,1 表示允许上报
	继电器	D1(OD1/CD1)	RW	D1 的 Bit6~Bit7 分别代表继电器 K1、K2 的开关状态,0 表示断开,1 表示吸合
	上报间隔	V0	RW	循环上报时间间隔
Sensor-B (602)	RGB	D1(OD1/CD1)	RW	D1 的 Bit0、Bit1 代表 RGB 三色灯的颜色状态 RGB：00(关),01(R),10(G),11(B)
	步进电动机	D1(OD1/CD1)	RW	D1 的 Bit2 分别代表电动机的正反转动状态,0 表示正转(5s 后停止),1 表示反转(5s 后反转)
	风扇/蜂鸣器	D1(OD1/CD1)	RW	D1 的 Bit3 代表风扇/蜂鸣器的开关状态,0 表示关闭,1 表示打开
	LED	D1(OD1/CD1)	RW	D1 的 Bit4、Bit5 代表 LED1/LED2 的开关状态,0 表示关闭,1 表示打开
	继电器	D1(OD1/CD1)	RW	D1 的 Bit6、Bit7 分别代表继电器 K1、K2 的开关状态,0 表示断开,1 表示吸合
	上报间隔	V0	RW	循环上报时间间隔
Sensor-C (603)	人体/触摸状态	A0	R	人体红外状态值,0 或 1 变化；1 表示检测到人体/触摸
	振动状态	A1	R	振动状态值,0 或 1 变化；1 表示检测到振动
	霍尔状态	A2	R	霍尔状态值,0 或 1 变化；1 表示检测到磁场
	火焰状态	A3	R	火焰状态值,0 或 1 变化；1 表示检测到明火
	燃气状态	A4	R	燃气泄漏值,0 或 1 变化；1 表示燃气泄漏
	光栅(红外对射)状态	A5	R	光栅状态值,0 或 1 变化；1 表示检测到阻挡

续表

传感器	属性	参数	权限	说 明
Sensor-C (603)	上报状态	D0(OD0/CD0)	RW	D0 的 Bit0~Bit5 分别表示 A0~A5 的上报状态
	继电器	D1(OD1/CD1)	RW	D1 的 Bit6、Bit7 分别代表继电器 K1、K2 的开关状态,0 表示断开,1 表示吸合
	上报间隔	V0	RW	循环上报时间间隔
	语音合成数据	V1	W	文字的 Unicode 编码
Sensor-D (604)	5 位开关状态	A0	R	触发上报,状态值:1(UP)、2(LEFT)、3(DOWN)、4(RIGHT)、5(CENTER)
	电视的开关	D1(OD1/CD1)	RW	D1 的 Bit0 代表电视开关状态,0 表示关闭,1 表示打开
	电视频道	V1	RW	电视频道:范围为 0~19
	电视音量	V2	RW	电视音量:范围为 0~99
Sensor-EL (605)	卡号	A0	—	字符串(主动上报,不可查询)
	卡类型	A1	R	整型,0 表示 125K,1 表示 13.56M
	卡余额	A2	R	整型,范围为 0~8000.00,手动查询
	设备余额	A3	R	浮点型,设备金额
	设备单次消费金额	A4	R	浮点型,设备本次消费扣款金额
	设备累计消费	A5	R	浮点型,设备累计扣款金额
	门锁/设备状态	D1(OD1/CD1)	RW	D1 的 Bit0、Bit1 表示门锁、设备的开关状态,0(关闭),1(打开)
	充值金额	V1	RW	返回充值状态,0/1,1 表示操作成功
	扣款金额	V2	RW	返回扣款状态,0/1,1 表示操作成功
	充值金额(设备)	V3	RW	返回充值状态,0/1,1 表示操作成功
	扣款金额(设备)	V4	RW	返回扣款状态,0/1,1 表示操作成功
Sensor-EH (606)	卡号	A0	—	字符串(主动上报,不可查询)
	卡余额	A2	R	整型,范围为 0~8000.00,手动查询
	ETC 杆开关	D1(OD1/CD1)	RW	D1 的 Bit0 表示 ETC 杆开关 0(关),1(抬起一次 3s 自动关闭,同时 bit0 清零)

续表

传感器	属 性	参数	权限	说 明
Sensor-EH (606)	充值金额	V1	RW	返回充值状态,0/1,1 表示操作成功
	扣款金额	V2	RW	返回扣款状态,0/1,1 表示操作成功
Sensor-F (611)	GPS 状态	A0	R	整形,0 为不在线,1 为在线
	GPS 经纬度	A1	R	字符串,形式为 a&b,a 表示经度,b 表示纬度,精度为 0.000001
	九轴计步数	A2	R	整型
	九轴传感器	A3	R	加速度传感器 x,y,z 数据,格式：x&y&z
		A4	R	陀螺仪传感器 x,y,z 数据,格式：x&y&z
		A5	R	地磁仪传感器 x,y,z 数据,格式：x&y&z
	上报间隔	V0	RW	传感器值的循环上报时间间隔

8.1.3 智云开发调试工具

为了方便开发者快速使用智云平台,系统提供了智云开发调试工具,它能够跟踪应用数据包及学习 API 的运用,该工具采用 Web 静态页面方式提供,具体如图 8-7 所示,主要包含以下内容:

智云数据分析工具,支持设备数据包的采集、监控及指令控制,支持智云数据库的历史数据查询。

图 8-7　API 测试界面

智云自动控制工具,支持自动控制单元触发器、执行器、执行策略、执行记录的调试。

智云网络拓扑工具,支持进行传感器网络拓扑分析,能够远程更新传感网络 PANID 和 Channel 等信息。

1. 实时推送测试工具

实时数据推送演示,通过消息推送接口,能够实时抓取项目上下行所有节点数据包,支持通过命令对节点进行操作、获取节点实时信息、控制节点状态等操作。实时推送测试工具如图 8-8 所示。

图 8-8　实时推送测试工具

2. 历史数据测试工具

数值型/图片型历史数据获取测试工具:能够接入数据中心数据库,获取项目任意时间段的历史数据,支持数值型数据曲线图展示(图 8-9)、JSON 数据格式展示(图 8-10),同时支持摄像头抓拍照片时间轴展示(图 8-11)。

3. 网络拓扑分析工具

ZigBee 协议模式下网络拓扑分析工具如图 8-12 所示:能够实时接收并解析 ZigBee 网络数据包,将接收到的网络信息通过拓扑图的形式展示,通过颜色对不同节点类型进行区分,显示节点的 MAC 地址。

4. 视频监控测试工具

视频监控测试工具如图 8-13 所示:支持对项目中的摄像头进行管理,能够实时获取摄像头采集的画面,并支持对摄像头云平台进行控制,支持上、下、左、右、水平巡航、垂直巡航等,同时支持截屏操作。

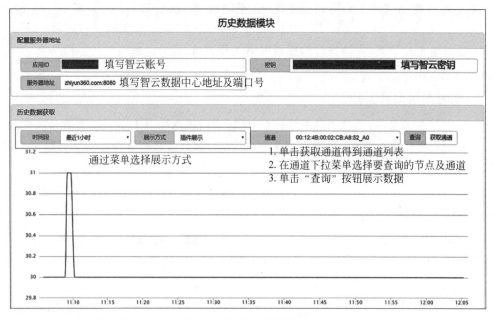

图 8-9 数值型数据曲线图

图 8-10 JSON 数据格式展示

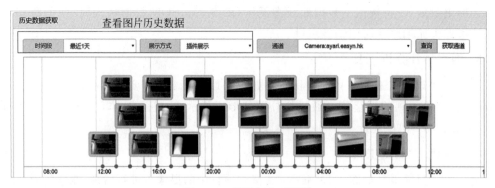

图 8-11 抓拍照片时间轴

第 8 章 Android 应用物联网中间件

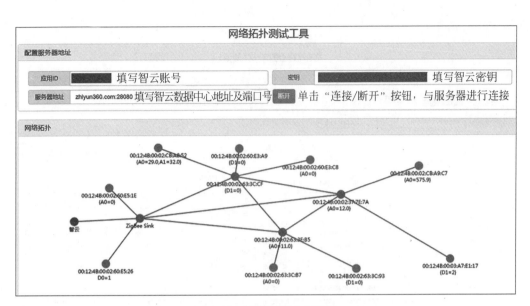

图 8-12 网络拓扑分析工具

图 8-13 视频监控测试工具

5. 用户收据测试工具

用户收据测试工具如图 8-14 所示：通过用户数据库接口，支持在该项目下存取用户数据，以 Key-Value(键/值对)的形式保存到数据中心服务器，同时支持通过 Key 获取到其对应的 Value 数值。

图 8-14 用户收据测试工具

在界面中可以对用户应用数据库进行查询、存储等操作。

6. 自动控制测试工具

自动控制测试工具如图 8-15 所示：通过内置的逻辑编辑器实现复杂的自动控制逻辑，包括触发器（传感器类型、定时器类型）、执行器（传感器类型、短信类型、摄像头类型、任务类型）、执行任务、执行记录四大模块，每个模块都具有查询、创建、删除功能。

图 8-15 自动控制测试工具

8.2　智云框架 Android 编程接口

8.2.1　智云 Android 应用接口

智云物联云平台提供五大应用接口供开发者使用,包括实时连接(WSNRTConnect)、历史数据(WSNHistory)、摄像头(WSNCamera)、自动控制(WSNAutoctrl)、用户数据(WSNProperty),详细逻辑图如图 8-16 所示。

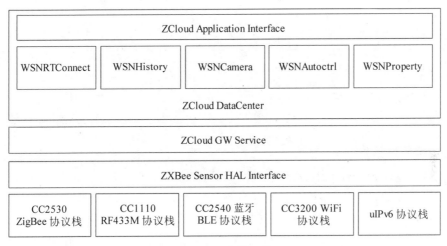

图 8-16　五大应用接口

针对 Android 移动应用程序开发,智云平台提供应用接口库 libwsnDroid2.jar,用户在编写 Android 应用程序时,先导入该 jar 包,然后在代码中调用相应的方法即可。

1. 实时连接接口

实时连接接口基于智云平台的消息推送服务,消息推送服务通过利用云端与客户端之间建立稳定、可靠的长连接为开发者提供向客户端应用推送实时消息服务。智云消息推送服务针对物联网行业特征,支持多种推送类型:传感实时数据、执行控制命令、地理位置信息、SMS 短信消息等,同时提供用户信息及通知消息统计信息,方便开发者进行后续开发及运营。

实时连接接口见表 8-2。

表 8-2　实时连接接口

函　数	参 数 说 明	功　能
new WSNRTConnect(String myZCloudID, String myZCloudKey);	myZCloudID:智云账号 myZCloudKey:智云密钥	建立实时数据实例,并初始化智云 ID 及密钥
connect()	无	建立实时数据服务连接
disconnect()	无	断开实时数据服务连接

续表

函　数	参　数　说　明	功　能

setRTConnectListener(){
　　onConnect()
　　onConnectLost(Throwable arg0)
　　onMessageArrive(String mac, byte[] dat)
}
	mac：传感器的 MAC 地址
	dat：发送的消息内容
		设置监听，接收实时数据服务推送过来的消息：
		onConnect：连接成功操作
		onConnectLost：连接失败操作
		onMessageArrive：数据接收操作

sendMessage(String mac, byte[] dat)	mac：传感器的 MAC 地址 dat：发送的消息内容	发送消息
setServerAddr(String sa)	sa：数据中心服务器地址及端口	设置/改变数据中心服务器地址及端口号
setIdKey (String myZCloudID, String myZCloudKey);	myZCloudID：智云账号 myZCloudKey：智云密钥	设置/改变智云 ID 及密钥（需要重新断开连接）

2. 历史数据接口

历史数据基于智云数据中心提供的智云数据库接口开发，智云数据库采用 Hadoop 后端分布式数据库集群，并且多机房自动冗余备份，自动读写分离，开发者不需要关注后端机器及数据库的稳定性、网络问题、机房灾难、单库压力等各种风险。物联网传感器数据可以在智云数据库永久保存，通过提供简单的 API 编程接口可以完成与云存储服务器的数据连接、数据访问存储、数据使用等。

历史数据接口见表 8-3。

表 8-3　历史数据接口

函　数	参　数　说　明	功　能
new WSNHistory(String myZCloudID, String myZCloudKey);	myZCloudID：智云账号 myZCloudKey：智云密钥	初始化历史数据对象，并初始化智云 ID 及密钥
queryLast1H(String channel);	channel：传感器数据通道	查询最近 1 小时的历史数据
queryLast6H(String channel);	channel：传感器数据通道	查询最近 6 小时的历史数据
queryLast12H(String channel);	channel：传感器数据通道	查询最近 12 小时的历史数据
queryLast1D(String channel);	channel：传感器数据通道	查询最近 1 天的历史数据
queryLast5D(String channel);	channel：传感器数据通道	查询最近 5 天的历史数据
queryLast14D(String channel);	channel：传感器数据通道	查询最近 14 天的历史数据
queryLast1M(String channel);	channel：传感器数据通道	查询最近 1 月（30 天）的历史数据
queryLast3M(String channel);	channel：传感器数据通道	查询最近 3 月（90 天）的历史数据

续表

函　数	参 数 说 明	功　能
queryLast6M(String channel);	channel：传感器数据通道	查询最近 6 月（180 天）的历史数据
queryLast1Y(String channel);	channel：传感器数据通道	查询最近 1 年（365 天）的历史数据
query();	无	获取所有通道最后一次数据
query(String channel);	channel：传感器数据通道	获取该通道下最后一次数据
query(String channel, String start, String end);	channel：传感器数据通道 start：起始时间 end：结束时间 时间为 ISO 8601 格式的日期，例如：2010-05-20T11:00:00Z	通过起止时间查询指定时间段的历史数据（根据时间范围默认选择采样间隔）
query(String channel, String start, String end, String interval);	channel：传感器数据通道 start：起始时间 end：结束时间 interval：采样点的时间间隔，详细见后续说明 时间为 ISO 8601 格式的日期，例如：2010-05-20T11:00:00Z	通过起止时间查询指定时间段指定时间间隔的历史数据
setServerAddr(String sa)	sa：数据中心服务器地址及端口	设置/改变数据中心服务器地址及端口号
setIdKey (String myZCloudID, String myZCloudKey);	myZCloudID：智云账号 myZCloudKey：智云密钥	设置/改变智云 ID 及密钥

附注：

(1) 每次采样的数据点最大个数为 1500。

(2) 历史数据返回格式示例（压缩的 JSON 格式）：

```
{"current_value":"11.0","datapoints":[{"at":"2015-08-30T14:30:14Z","value":"11.0"},{"at":"2015-08-30T14:30:24Z","value":"11.0"},{"at":"2015-08-30T14:30:34Z","value":"12.0"},......{"at":"2015-08-30T15:29:54Z","value":"11.0"},{"at":"2015-08-30T15:30:04Z","value":"11.0"}],"id":"00:12:4B:00:02:37:7E:7A_A0","at":"2015-08-30T15:30:04Z"}
```

(3) 历史数据接口支持动态地调整采样间隔，当查询函数没有赋值 interval 参数时，采样间隔遵循表 8-4 的原则取点。

表 8-4　动态调整采样间隔

一次查询支持的最大查询范围	Interval 默认取值	描　　述
≤ 6 hours	0	提取存储的每个点
≤ 12 hours	30	每 30 秒取一个点

续表

一次查询支持的最大查询范围	Interval 默认取值	描述
≤ 24 hours	60	每 1 分钟取一个点
≤ 5 days	300	每 5 分钟取一个点
≤ 14 days	900	每 15 分钟取一个点
≤ 30 days	1800	每 30 分钟取一个点
≤ 90 days	10800	每 3 小时取一个点
≤ 180 days	21600	每 6 小时取一个点
≤ 365 days	43200	每 12 小时取一个点
> 365 days	86400	每 24 小时取一个点

- interval 取值必须为上述表格中的固定数值，如 interval=30。
- 当根据定义获取历史数据的某个时间间隔点没有有效的数据时，会遵循以下原则：
  - 查询前后最相邻的数据作为本次采集的数据，查询范围为前后相邻各半个采集时间间隔点的一个采集周期。
  - 如果相邻的采集周期内没有有效的数据，则本次时间间隔点没有数据。
  - 采用相邻的数据作为本次采集时间间隔点的数据时，数据的时间仍然是数据点所在的真实时间。

3. 摄像头接口

智云平台提供对 IP 摄像头的远程采集控制接口，支持远程对视频图像进行实时采集、图像抓拍、控制云台转动等操作。

摄像头接口见表 8-5。

表 8-5 摄像头接口

函数	参数说明	功能
new WSNCamera(String myZCloudID, String myZCloudKey);	myZCloudID：智云账号 myZCloudKey：智云密钥	初始化摄像头对象，并初始化智云 ID 及密钥
initCamera(String myCameraIP, String user, String pwd, String type);	myCameraIP：摄像头外网域名/IP 地址 user：摄像头用户名 pwd：摄像头密码 type：摄像头类型（F-Series、F3-Series、H3-Series） #以上参数从摄像头手册获取	设置摄像头域名、用户名、密码、类型等参数
openVideo();	无	打开摄像头
closeVideo();	无	关闭摄像头

续表

函　　数	参 数 说 明	功　　能
control(String cmd);	cmd：云台控制命令，参数如下： UP：向上移动一次 DOWN：向下移动一次 LEFT：向左移动一次 RIGHT：向右移动一次 HPATROL：水平巡航转动 VPATROL：垂直巡航转动 360PATROL：360°巡航转动	发指令控制摄像头云台转动
checkOnline();	无	检测摄像头是否在线
snapshot();	无	抓拍照片

setCameraListener(){
　　onOnline (String myCameraIP, boolean online)
　　onSnapshot(String myCameraIP, Bitmap bmp)
　　onVideoCallBack (String myCameraIP, Bitmap bmp)
}
	myCameraIP：摄像头外网域名/IP 地址
	online：摄像头在线状态(0/1)
	bmp：图片资源
		监听摄像头返回数据：
		onOnline：摄像头在线状态返回
		onSnapshot：返回摄像头截图
		onVideoCallBack：返回实时的摄像头视频图像

freeCamera(String myCameraIP);	myCameraIP：摄像头外网域名/IP 地址	释放摄像头资源
setServerAddr(String sa);	sa：数据中心服务器地址及端口	设置/改变数据中心服务器地址及端口号
setIdKey (String myZCloudID, String myZCloudKey);	myZCloudID：智云账号 myZCloudKey：智云密钥	设置/改变智云 ID 及密钥

4. 自动控制接口

智云物联平台内置了一个操作简单但是功能强大的逻辑编辑器，为开发者的物联网系统编辑复杂的控制逻辑，可以实现：数据更新、设备状态查询、定时硬件系统控制、定时发送短消息、根据各种变量触发某个复杂控制策略实现系统复杂控制等。智云自动控制接口基于触发逻辑单元的自动控制功能，触发器、执行器、执行策略、执行记录保存在智云数据中心。

（1）为每个传感器、执行器的关键数据和控制量创建多个变量。

（2）新建基础控制策略，控制策略里可以运用上一步新建的变量。

（3）新建复杂控制策略，复杂控制策略可以使用运算符，可以无穷组合基础控制策略。

自动控制接口见表 8-6。

表 8-6　自动控制接口

函　　数	参 数 说 明	功　　能
new WSNAutoctrl(String myZCloudID,String myZCloudKey);	myZCloudID：智云账号 myZCloudKey：智云密钥	初始化自动控制对象，并初始化智云 ID 及密钥
createTrigger (String name, String type, JSONObject param);	name：触发器名称 type：触发器类型(sensor、timer) param：触发器内容，JSON 对象格式，详见《智云 api 编程手册》 创建成功后返回该触发器 ID（JSON 格式）	创建触发器

续表

函 数	参 数 说 明	功 能
createActuator(String name, String type, JSONObject param);	name:执行器名称 type:执行器类型(sensor、ipcamera、phone、job) param:执行器内容,JSON 对象格式,详见《智云 API 编程手册》 创建成功后返回该执行器 ID(JSON 格式)	创建执行器
createJob(String name, boolean enable, JSONObject param);	name:任务名称 enable:true(使能任务)、false(禁止任务) param:任务内容,JSON 对象格式,详见《智云 API 编程手册》 创建成功后返回该任务 ID(JSON 格式)	创建任务
deleteTrigger(String id);	id:触发器 ID	删除触发器
deleteActuator(String id);	id:执行器 ID	删除执行器
deleteJob(String id);	id:任务 ID	删除任务
setJob(String id,boolean enable);	id:任务 ID enable:true(使能任务)、false(禁止任务)	设置任务使能开关
deleteSchedudler(String id);	id:任务记录 ID	删除任务记录
getTrigger();	无	查询当前智云 ID 下的所有触发器内容
getTrigger(String id);	id:触发器 ID	查询该触发器 ID 内容
getTrigger(String type);	type:触发器类型	查询当前智云 ID 下的所有该类型的触发器内容
getActuator();	无	查询当前智云 ID 下的所有执行器内容
getActuator(String id);	id:执行器 ID	查询该执行器 ID 内容
getActuator(String type);	type:执行器类型	查询当前智云 ID 下的所有该类型的执行器内容
getJob();	无	查询当前智云 ID 下的所有任务内容
getJob(String id);	id:任务 ID	查询该任务 ID 内容
getSchedudler();	无	查询当前智云 ID 下的所有任务记录内容
getSchedudler(String jid,String duration);	id:任务记录 ID duration: duration = x < year | month | day | hours | minute> //默认返回 1 天的记录	查询该任务记录 ID 某个时间段的内容

续表

函　数	参数说明	功　能
setServerAddr(String sa)	sa：数据中心服务器地址及端口	设置/改变数据中心服务器地址及端口号
setIdKey (String myZCloudID, String myZCloudKey);	myZCloudID：智云账号 myZCloudKey：智云密钥	设置/改变智云 ID 及密钥

5．用户数据接口

智云用户数据接口提供私有的数据库使用权限，实现多客户端间共享的私有数据进行存储、查询和使用。私有数据存储采用 Key-Value 型数据库服务，编程接口更简单、高效。

用户数据接口见表 8-7。

表 8-7　用户数据接口

函　数	参数说明	功　能
new WSNProperty(String myZCloudID,String myZCloudKey);	myZCloudID：智云账号 myZCloudKey：智云密钥	初始化用户数据对象，并初始化智云 ID 及密钥
put(String key,String value);	key：名称 value：内容	创建用户应用数据
get();	无	获取所有的键值对
get(String key);	key：名称	获取指定 Key 的 Value 值
setServerAddr(String sa)	sa：数据中心服务器地址及端口	设置/改变数据中心服务器地址及端口号
setIdKey (String myZCloudID, String myZCloudKey);	myZCloudID：智云账号 myZCloudKey：智云密钥	设置/改变智云 ID 及密钥

8.2.2　智云 Android 应用实例

1．实时连接接口

要实现传感器实时数据的发送，在 SensorActivity.java 文件中调用类 WSNRTConnect 的几个方法即可，具体调用方法及步骤如下。

示例 Example8.1：

（1）连接服务器地址。外网服务器地址及端口默认为 zhiyun360.com:28081，如果用户需要修改，调用方法 setServerAddr(sa)进行设置即可。

```
wRTConnect.setServerAddr(zhiyun360.com:28081);          //设置外网服务器地址及端口
```

（2）初始化智云 ID 及密钥。先定义序列号和密钥，然后初始化，本示例是在 DemoActivity 中设置 ID 与 Key，并在每个 Activity 中直接调用，后续不再赘述。

```
String myZCloudID = "12345678";                         //序列号
String myZCloudKey = "12345678";                        //密钥
wRTConnect = new WSNRTConnect ( DemoActivity. myZCloudID, DemoActivity.
myZCloudKey);
```

特别注意：序列号和密钥为用户注册云平台账户时所需的传感器序列号和密钥。

(3) 建立数据推送服务连接。

```
wRTConnect.connect();                    //调用 connect()方法
```

(4) 注册数据推送服务监听器。接收实时数据服务推送过来的消息。

```
wRTConnect.setRTConnectListener(new WSNRTConnectListener() {
    @Override
    public void onConnect() {                                //连接服务器成功
      // TODO Auto-generated method stub
    }

    @Override
    public void onConnectLost(Throwable arg0) {              //连接服务器失败
    }

    @Override
    public void onMessageArrive(String arg0, byte[] arg1) {  //数据到达
    }
});
```

(5) 实现消息发送。调用 sendMessage()方法向指定的传感器发送消息。

```
String mac = "00:12:4B:00:03:A7:E1:17";              //目的地址
String dat = "{OD1=1,D1=?}"                          //数据指令格式
wRTConnect.sendMessage(mac, dat.getBytes());         //发送消息
```

特别注意：sendMessage()方法只有数据推送服务连接成功后使用才有效。

(6) 断开数据推送服务。

```
wRTConnect.disconnect();
```

(7) SensorActivity 的完整示例。下面是一个完整的 SensorActivity.java 代码示例，源码参考 libwsnDroidDemo/src/SensorActivity.java。

```java
public class SensorActivity extends Activity {

  private Button mBTNOpen,mBTNClose;
  private TextView mTVInfo;
  private WSNRTConnect wRTConnect;

  private void textInfo(String s) {
    mTVInfo.setText(mTVInfo.getText().toString() +"\n" +s);
  }

  @Override
```

```java
public void onCreate(Bundle savedInstanceState) {
    super.onCreate(savedInstanceState);
    setContentView(R.layout.sensor);
    setTitle("传感器数据采集与控制模块");
    mBTNOpen = (Button) findViewById(R.id.btnOpen);
    mBTNClose = (Button) findViewById(R.id.btnClose);

    mTVInfo = (TextView) findViewById(R.id.tvInfo);
    //实例化 WSNRTConnect,并初始化智云 ID 和 KEY
    wRTConnect = new WSNRTConnect(DemoActivity.myZCloudID, DemoActivity.myZCloudKey);
    //设置 WSNRTConnect 服务器地址
    wRTConnect.setServerAddr("zhiyun360.com:28081");
    //设置监听器
    mBTNClose.setOnClickListener(new View.OnClickListener() {

        @Override
        public void onClick(View v) {
            String mac = "00:12:4B:00:03:A7:E1:17";
            String dat = "{CD1=1,D1=?}";
            textInfo(mac + " <<< " + dat);
            wRTConnect.sendMessage(mac, dat.getBytes());
        }
    });
    //建立连接
    wRTConnect.connect();

    mBTNOpen.setOnClickListener(new OnClickListener() {

        @Override
        public void onClick(View arg0) {
            String mac = "00:12:4B:00:03:A7:E1:17";
            String dat = "{OD1=1,D1=?}";
            textInfo(mac + " <<< " + dat);
            wRTConnect.sendMessage(mac, dat.getBytes());
        }

    });

    wRTConnect.setRTConnectListener(new WSNRTConnectListener() {
        @Override
        public void onConnect() {
            textInfo("connected to server");
        }

        @Override
        public void onConnectLost(Throwable arg0) {
            textInfo("connection lost");
        }

        @Override
```

```
      public void onMessageArrive(String arg0, byte[] arg1) {
        textInfo(arg0 +" >>>" +new String(arg1));
      }

    });

    textInfo("connecting…");
  }

  @Override
  public void onDestroy() {
    wRTConnect.disconnect();            //断开连接
    super.onDestroy();
  }
}
```

2. 历史数据接口

同理,要实现获取传感器的历史数据,在 HistoryActivity.java 文件中调用类 WSNHistory 的几个方法即可,具体调用方法及步骤如下。

示例 Example8.2:

(1) 实例化历史数据对象。直接实例化并连接。

(2) 连接服务器地址。外网服务器地址及端口默认为 zhiyun360.com:28081,如果用户需要修改,调用方法 setServerAddr(sa)进行设置即可。

```
wRTConnect.setServerAddr(zhiyun360.com:28081);        //设置外网服务器地址及端口
```

(3) 初始化智云 ID 及密钥。先定义序列号和密钥,然后初始化。

```
String myZCloudID ="12345678";            //序列号
String myZCloudKey ="12345678";           //密钥
wHistory =new WSNHistory (DemoActivity.myZCloudID,DemoActivity.myZCloudKey);
                                          //初始化智云 ID 及密钥
```

特别注意:序列号和密钥为用户注册云平台账户时所需的传感器序列号和密钥。

(4) 查询历史数据。以下方法为查询自定义时段的历史数据,如需要查询其他时间段 (例如,最近 1 小时、最近 1 个月)的历史数据,请参考 API 的介绍。

```
wHistory.queryLast1H(String channel);
wHistory.queryLast1M(String channel) ;
```

(5) HistoryActivity 的完整示例。下面是一个完整的 HistoryActivity.java 代码示例,源码参考 SDK 包/Android/libwsnDroidDemo/src/HistoryActivity.java。

```
public class HistoryActivity extends Activity implements OnClickListener {

  private String channel ="00:12:4B:00:02:CB:A8:52_A0"; // 定义数据流通道
  Button mBTN1H, mBTN6H, mBTN12H, mBTN1D, mBTN5D, mBTN14D, mBTN1M, mBTN3M,
```

```java
        mBTN6M, mBTN1Y, mBTNSTART, mBTNEND, mBTNQUERY;
TextView mTVData;
SimpleDateFormat simpleDateFormat;
SimpleDateFormat outputDateFormat;

WSNHistory wHistory;              //定义历史数据对象

@SuppressLint("SimpleDateFormat")
@Override
public void onCreate(Bundle savedInstanceState) {
  super.onCreate(savedInstanceState);
  setContentView(R.layout.histroy);
  simpleDateFormat =new SimpleDateFormat("yyyy-M-d");
  outputDateFormat =new SimpleDateFormat("yyyy-MM-dd'T'HH:mm:ss");

  mTVData = (TextView) findViewById(R.id.tvData);
  mBTN1H = (Button) findViewById(R.id.btn1h);
  mBTN6H = (Button) findViewById(R.id.btn6h);
  mBTN12H = (Button) findViewById(R.id.btn12h);
  mBTN1D = (Button) findViewById(R.id.btn1d);
  mBTN5D = (Button) findViewById(R.id.btn5d);
  mBTN14D = (Button) findViewById(R.id.btn14d);
  mBTN1M = (Button) findViewById(R.id.btn1m);
  mBTN3M = (Button) findViewById(R.id.btn3m);
  mBTN6M = (Button) findViewById(R.id.btn6m);
  mBTN1Y = (Button) findViewById(R.id.btn1y);
  mBTNSTART = (Button) findViewById(R.id.btnStart);
  mBTNEND = (Button) findViewById(R.id.btnEnd);
  mBTNQUERY = (Button) findViewById(R.id.query);

  //为每个按钮设置监听器响应单击事件
  mBTN1H.setOnClickListener(this);
  mBTN6H.setOnClickListener(this);
  mBTN12H.setOnClickListener(this);
  mBTN1D.setOnClickListener(this);
  mBTN5D.setOnClickListener(this);
  mBTN14D.setOnClickListener(this);
  mBTN1M.setOnClickListener(this);
  mBTN3M.setOnClickListener(this);
  mBTN6M.setOnClickListener(this);
  mBTN1Y.setOnClickListener(this);
  mBTNSTART.setOnClickListener(this);
  mBTNEND.setOnClickListener(this);
  mBTNQUERY.setOnClickListener(this);

  wHistory =new WSNHistory();  //初始化历史数据对象
  //初始化智云 ID 和密钥
  wHistory.initZCloud(DemoActivity.myZCloudID, DemoActivity.myZCloudKey);

}
```

```java
//为按钮实现单击事件
@Override
public void onClick(View arg0) {
  mTVData.setText("");
  String result =null;
  try {
    if (arg0 ==mBTN1H) {        //查询最近 1 小时的历史数据
      result =wHistory.queryLast1H(channel);
    }
    if (arg0 ==mBTN6H) {        //查询最近 6 小时的历史数据
      result =wHistory.queryLast6H(channel);
    }
    if (arg0 ==mBTN12H) {       //查询最近 12 小时的历史数据
      result =wHistory.queryLast12H(channel);
    }
    if (arg0 ==mBTN1D) {        //查询最近 1 天的历史数据
      result =wHistory.queryLast1D(channel);
    }
    if (arg0 ==mBTN5D) {        //查询最近 5 天的历史数据
      result =wHistory.queryLast5D(channel);
    }
    if (arg0 ==mBTN14D) {       //查询最近 14 天的历史数据
      result =wHistory.queryLast14D(channel);
    }
    if (arg0 ==mBTN1M) {        //查询最近 1 个月的历史数据
      result =wHistory.queryLast1M(channel);
    }
    if (arg0 ==mBTN3M) {        //查询最近 3 个月的历史数据
      result =wHistory.queryLast3M(channel);
    }
    if (arg0 ==mBTN6M) {        //查询最近 6 个月的历史数据
      result =wHistory.queryLast6M(channel);
    }
    if (arg0 ==mBTN1Y) {        //查询最近 1 年的历史数据
      result =wHistory.queryLast1Y(channel);
    }
    if (arg0 ==mBTNSTART) {   //设置要查询数据的起始时间
      new DatePickerDialog(this,
          new DatePickerDialog.OnDateSetListener() {

            @Override
            public void onDateSet(DatePicker view, int year,
                int monthOfYear, int dayOfMonth) {
              mBTNSTART.setText(year +"-"
                  +(monthOfYear +1) +"-" +dayOfMonth);
            }

          }, 2014, 0, 1).show();
    }
    if (arg0 ==mBTNEND) {       //设置要查询数据的截止时间
```

```java
            new DatePickerDialog(this,
                new DatePickerDialog.OnDateSetListener() {

                    @Override
                    public void onDateSet(DatePicker view, int year,
                        int monthOfYear, int dayOfMonth) {
                        mBTNEND.setText(year +"-" +(monthOfYear +1)
                            +"-" +dayOfMonth);
                    }

                }, 2014, 0, 1).show();
        }
        if (arg0 ==mBTNQUERY) {                              //单击"查询"按钮
          Date sdate =simpleDateFormat.parse(mBTNSTART.getText()
            .toString());
          Date edate =simpleDateFormat.parse(mBTNEND.getText()
            .toString());
          String start =outputDateFormat.format(sdate) +"Z";
          String end =outputDateFormat.format(edate) +"Z";
          result =wHistory.queryLast(start, end, "0", channel); //调用查询函数
        }

        mTVData.setText(jsonFormatter(result));               //显示数据

      } catch (Exception e) {
        e.printStackTrace();
        Toast.makeText(getApplicationContext(), "查询数据失败,请重试!",
            Toast.LENGTH_SHORT).show();
      }
    }

    public static String jsonFormatter(String uglyJSONString) {
        Gson gson =new GsonBuilder().setPrettyPrinting().create();
        JsonParser jp =new JsonParser();
        JsonElement je =jp.parse(uglyJSONString);
        String prettyJsonString =gson.toJson(je);
        return prettyJsonString;
    }
}
```

特别注意：由于库里定义的查询函数都抛出了异常，所以调用时需要用 try…catch 捕获异常。此外，序列号、密钥为用户注册云平台账户时用到的传感器序列号和密钥，数据流通道为传感器的 MAC 地址与上传参数组成的一个字符串，如"00:12:4B:00:02:3C:6F:29_A0"。

（6）本示例也实现了历史数据曲线显示。在 HistoryActivityEx.java 类中，调用同样的方法初始化并建立连接，之后引用 java.text.SimpleDateFormat 包中的方法进行 data-.＞text 格式转换，代码如下。此处不对该方法进行过多阐述，读者可自行查阅相关资料。

```
SimpleDateFormat outputDateFormat =new SimpleDateFormat ("yyyy-MM-dd'T'HH:mm:ss");
        JSONObject jsonObjs =new JSONObject(result);
        JSONArray datapoints =jsonObjs.getJSONArray("datapoints");
        if (datapoints.length() ==0) {
          Toast.makeText(getApplicationContext(),"获取数据点为 0!",
              Toast.LENGTH_SHORT).show();
          return;
        }
        for (int i =0; i <datapoints.length(); i++) {
          JSONObject jsonObj =datapoints.getJSONObject(i);

          String val =jsonObj.getString("value");
          String at =jsonObj.getString("at");

          Double dval =Double.parseDouble(val);
          Date dat =outputDateFormat.parse(at);

          xlist.add(dat);
          ylist.add(dval);
        }
```

（7）引用 org.achartengine 中的子类，可以实现数据图表显示。已在代码中注释完毕，这里不过多阐述方法的调用，读者可自行查阅。

```
XYMultipleSeriesRenderer renderer =new XYMultipleSeriesRenderer();
        renderer.setAxisTitleTextSize(16);        //数轴文字字体大小
        renderer.setChartTitleTextSize(20);       //标题字体大小
        renderer.setLabelsTextSize(15);           //数轴刻度字体大小
        renderer.setLegendTextSize(15);           //曲线
        renderer.setPointSize(5f);
        renderer.setMargins(new int[] { 20, 30, 15, 20 });

        XYSeriesRenderer r =new XYSeriesRenderer();
        r.setColor(Color.rgb(30, 144, 255));
        // r.setPointStyle(PointStyle.CIRCLE);
        r.setFillPoints(false);
        r.setLineWidth(1);
        r.setDisplayChartValues(true);
        renderer.addSeriesRenderer(r);             //加载曲线信息

        renderer.setApplyBackgroundColor(true);
        renderer.setBackgroundColor(Color.WHITE);
        renderer.setXLabels(10);
        renderer.setYLabels(10);
        renderer.setShowGrid(true);
        renderer.setMarginsColor(Color.WHITE);
        renderer.setZoomButtonsVisible(true);
```

```
renderer.setChartTitle("");
renderer.setXTitle("时间");
renderer.setYTitle("数值");
renderer.setXAxisMin(xlist.get(0).getTime());
renderer.setXAxisMax(xlist.get(xlist.size()-1).getTime());
renderer.setYAxisMin(minValue);
renderer.setYAxisMax(maxValue);                //数轴上限
renderer.setAxesColor( Color.LTGRAY);
renderer.setLabelsColor( Color.LTGRAY);

XYMultipleSeriesDataset dataset =new XYMultipleSeriesDataset();
TimeSeries series =new TimeSeries("历史数据");

for (int k =0; k <xlist.size(); k++) {
   series.add(xlist.get(k), ylist.get(k));//载入数据
}
dataset.addSeries(series);                //通过 series 传递加载数据

GraphicalView mGrapView =ChartFactory.getTimeChartView(getBaseContext(),
     dataset, renderer, "M/d-H:mm");
LinearLayout layout =(LinearLayout) findViewById(R.id.curveLayout);
    LinearLayout. LayoutParams  lp  =  new  LinearLayout. LayoutParams
    (LayoutParams.FILL_PARENT, LayoutParams.FILL_PARENT);
lp.weight =1;
layout.addView(mGrapView, lp);            //视图显示并加载
```

(8) 同理,需要借助 try…catch 语句处理查询失败情况。

```
try{
……}
catch (Exception e) {
    // TODO Auto-generated catch block
    e.printStackTrace();
    Toast.makeText(getApplicationContext(),"获取历史数据失败!",
        Toast.LENGTH_SHORT).show();
   }
```

8.3 项目案例

8.3.1 项目目标

智云物联云平台提供五大应用接口供开发者使用,包括实时连接(WSNRTConnect)、历史数据(WSNHistory)、摄像头(WSNCamera)、自动控制(WSNAutoctrl)、用户数据(WSNProperty)。本项目案例学习使用实时连接、历史数据,对智云服务器进行实时连接,并进行设备控制与查询历史记录。

(1) 主界面中显示了两个图片与按钮,单击后分别启动实时连接控制界面与历史数据查询界面。

(2)实时连接控制界面通过调用实时连接接口,连接智云服务器,界面下方的 TextView 控件显示接收到的数据信息,界面上方的开灯、关灯按钮向智云服务发送相关的 ZXBee 协议命令。

(3)历史数据查询界面通过调用历史数据接口,连接智云服务器获取不同时间段的历史数据信息。界面上方有不同时间段按钮与时间区间查询功能。

8.3.2 案例描述

项目案例工程目录如图 8-17 所示。

项目主要程序文件说明见表 8-8。

表 8-8 项目主要程序文件说明

文 件 名	功 能
ConnectActivity.java	实时连接控制类文件
HistoryActivity.java	历史数据查询类文件
MainActivity.java	主界面 Activity 程序
Activity_main.xml	主界面显示布局文件
History_layout.xml	历史数据查询布局文件
sensor_layout.xml	实时连接控制布局文件

项目案例中使用到的布局方式与相关控件之间的相互结构关系:主界面布局结构如图 8-18 所示,历史数据布局结构如图 8-19 所示,实时连接控制布局结构如图 8-20 所示。

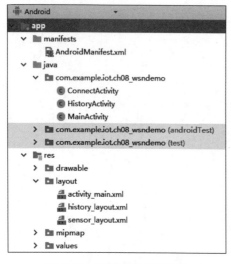

图 8-17 项目案例工程目录

图 8-18 主界面布局结构

8.3.3 案例要点

在 MainActivity.java 文件中设置静态变量 myZCloudID、myZCloudKey 保存智云账号信息。

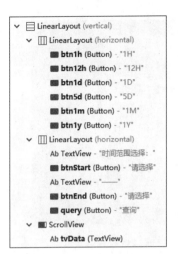

图 8-19　历史数据布局结构

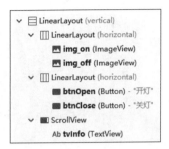

图 8-20　实时连接控制布局结构

```
public static String myZCloudID ="123123123";
public static String myZCloudKey ="abcdabcdabcd";
```

智云账号信息在 ConnectActivity.java 文件中 WSNRTConnect 实例化时进行调用。

```
wRTConnect =new WSNRTConnect(MainActivity.myZCloudID,MainActivity.
myZCloudKey);
    wRTConnect.setServerAddr("zhiyun360.com");        // 设置智云服务地址
    wRTConnect.connect();
```

智云账号信息在 HistoryActivity.java 文件中实例化 WSNHistory 时会进行调用。

```
wHistory =new WSNHistory(MainActivity.myZCloudID, MainActivity.myZCloudKey);
wHistory.setServerAddr("zhiyun360.com:8080");
```

主界面编辑图如图 8-21 所示，实时连接控制界面编辑图如图 8-22 所示，历史数据查询界面编辑图如图 8-23 所示。

图 8-21　主界面编辑图

图 8-22　实时连接控制界面编辑图

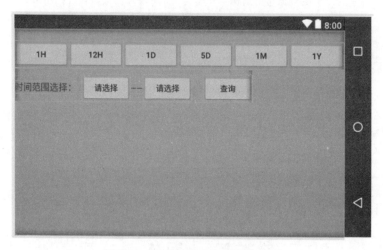

图 8-23　历史数据查询界面编辑图

8.3.4　案例实施

1. 项目工程的创建

首先创建工程项目，应用名称设置为 ch08-WSNdemo，如图 8-24 所示，其他后继工程的创建步骤可参考第 3 章案例的创建。

2. 导入 Android 接口 jar 包

向 Android 工程项目中导入智云 Android 接口 jar 包（libwsnDroid-20151103.jar），如图 8-25 所示。

libwsnDroid-20151103.jar 中包括 WSN 相关类的接口文件。

打开导入 jar 包的选项，如图 8-26 所示。

导入智云 Android 接口 jar 包，如图 8-27 所示。

gson-2.2.4.jar 包用于历史数据的显示，如图 8-28 所示。

第 8 章 Android 应用物联网中间件

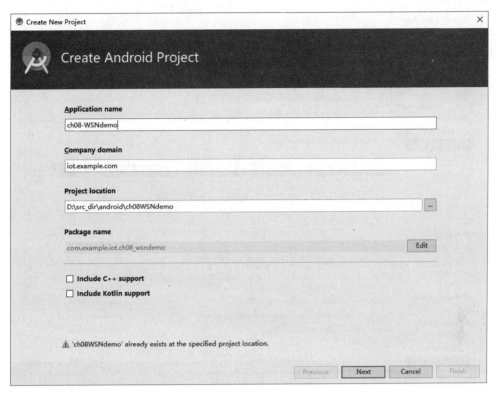

图 8-24 创建项目工程

图 8-25 jar 包

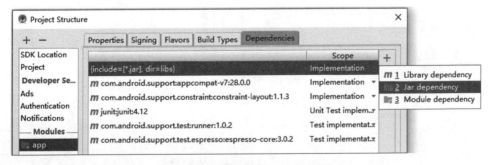

图 8-26 打开导入 jar 包的选项

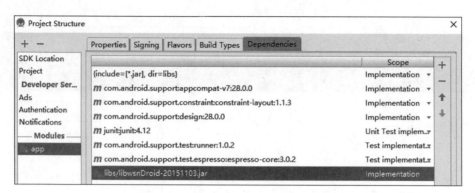

图 8-27　导入智云 Android 接口 jar 包

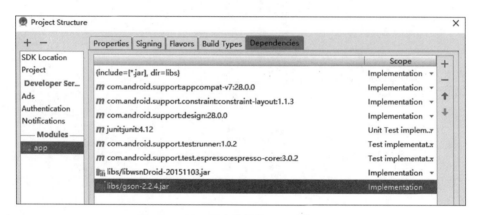

图 8-28　导入历史数据的显示功能 jar 包

3. 界面布局与程序配置文件

AndroidManifest.xml 配置文件中需要注册 Activity 并设置网络功能。

```xml
<?xml version="1.0" encoding="utf-8"?>
<manifest xmlns:android="http://schemas.android.com/apk/res/android"
    package="com.example.iot.ch08_wsndemo">

    <application
        android:allowBackup="true"
        android:icon="@mipmap/ic_launcher"
        android:label="@string/app_name"
        android:roundIcon="@mipmap/ic_launcher_round"
        android:supportsRtl="true"
        android:theme="@style/AppTheme">
        <activity android:name=".MainActivity">
            <intent-filter>
                <action android:name="android.intent.action.MAIN" />

                <category android:name="android.intent.category.LAUNCHER" />
            </intent-filter>
```

第 8 章 Android 应用物联网中间件

```xml
        </activity>
        <activity
            android:name=".HistoryActivity"
            android:theme="@style/AppTheme"
            android:screenOrientation="landscape"
            android:label="@string/app_name" />
        <activity
            android:name=".ConnectActivity"
            android:theme="@style/AppTheme"
            android:screenOrientation="landscape"
            android:label="@string/app_name" />
    </application>
    <uses-permission android:name="android.permission.INTERNET" />
    <uses-permission android:name="android.permission.ACCESS_NETWORK_STATE" />
    <uses-permission android:name="android.permission.ACCESS_WIFI_STATE" />
</manifest>
```

Activity_main.xml 文件代码：

```xml
<?xml version="1.0" encoding="utf-8"?>
<LinearLayout xmlns:android="http://schemas.android.com/apk/res/android"
    android:layout_width="fill_parent"
    android:layout_height="fill_parent"
    android:orientation="vertical"
    android:background="@mipmap/bg">

    <TextView
        android:id="@+id/textView"
        android:layout_width="match_parent"
        android:layout_height="wrap_content"
        android:text="智云 Android 接口测试"
        android:textColor="@android:color/white"
        android:textSize="30sp"
        android:textAlignment="center"
        android:paddingTop="40dp"
        android:paddingBottom="80dp"/>
    <LinearLayout
        android:layout_width="fill_parent"
        android:layout_height="wrap_content"
        android:layout_gravity="center"
        android:orientation="horizontal">
        <ImageView
            android:id="@+id/img_conn"
            android:layout_width="wrap_content"
            android:layout_height="80dp"
            android:src="@mipmap/tab_scene_pressed"
            android:layout_weight="1"/>
        <ImageView
```

```xml
        android:id="@+id/img_histroy"
        android:layout_width="wrap_content"
        android:layout_height="80dp"
        android:src="@mipmap/tab_digits_pressed"
        android:layout_weight="1"/>
</LinearLayout>

<LinearLayout
    android:layout_width="fill_parent"
    android:layout_height="wrap_content"
    android:layout_gravity="center"
    android:orientation="horizontal">

    <Button
        android:id="@+id/btn_conn"
        android:layout_width="wrap_content"
        android:layout_height="wrap_content"
        android:text="实时连接控制"
        android:textColor="@android:color/white"
        android:layout_weight="1"/>

    <Button
        android:id="@+id/btn_histroy"
        android:layout_width="wrap_content"
        android:layout_height="wrap_content"
        android:text="历史数据查询"
        android:textColor="@android:color/white"
        android:layout_weight="1"/>
</LinearLayout>

</LinearLayout>
```

sensor_layout.xml 实时连接控制界面布局文件代码：

```xml
<?xml version="1.0" encoding="utf-8"?>
<LinearLayout xmlns:android="http://schemas.android.com/apk/res/android"
    android:layout_width="match_parent"
    android:layout_height="match_parent"
    android:orientation="vertical"
    android:background="@mipmap/bg2">

    <LinearLayout
        android:layout_width="fill_parent"
        android:layout_height="wrap_content"
        android:layout_gravity="center"
        android:orientation="horizontal"
        android:paddingTop="100dp">
        <ImageView
            android:id="@+id/img_on"
```

```xml
            android:layout_width="wrap_content"
            android:layout_height="180dp"
            android:src="@mipmap/rgb_on"
            android:layout_weight="1"/>
        <ImageView
            android:id="@+id/img_off"
            android:layout_width="wrap_content"
            android:layout_height="180dp"
            android:src="@mipmap/rgb_off"
            android:layout_weight="1"/>
    </LinearLayout>

    <LinearLayout
        android:layout_width="fill_parent"
        android:layout_height="wrap_content"
        android:layout_gravity="center"
        android:orientation="horizontal">

        <Button
            android:id="@+id/btnOpen"
            android:layout_width="fill_parent"
            android:layout_height="wrap_content"
            android:text="开灯"
            android:textColor="@android:color/white"
            android:layout_weight="1"/>

        <Button
            android:id="@+id/btnClose"
            android:layout_width="fill_parent"
            android:layout_height="wrap_content"
            android:text="关灯"
            android:textColor="@android:color/white"
            android:layout_weight="1"/>

    </LinearLayout>

    <ScrollView
        android:layout_width="fill_parent"
        android:layout_height="wrap_content" >

        <TextView
            android:id="@+id/tvInfo"
            android:layout_width="fill_parent"
            android:layout_height="wrap_content" />
    </ScrollView>

</LinearLayout>
```

History_layout.xml 历史数据查询界面布局文件：

```xml
<?xml version="1.0" encoding="utf-8"?>
<LinearLayout xmlns:android="http://schemas.android.com/apk/res/android"
    android:layout_width="match_parent"
    android:layout_height="match_parent"
    android:orientation="vertical"
    android:background="@mipmap/bg2">

    <LinearLayout
        android:layout_width="match_parent"
        android:layout_height="wrap_content"
        android:paddingTop="20dp">

        <Button
            android:id="@+id/btn1h"
            android:layout_width="wrap_content"
            android:layout_height="wrap_content"
            android:layout_weight="1"
            android:text="1H" />
        <Button
            android:id="@+id/btn12h"
            android:layout_width="wrap_content"
            android:layout_height="wrap_content"
            android:layout_weight="1"
            android:text="12H" />

        <Button
            android:id="@+id/btn1d"
            android:layout_width="wrap_content"
            android:layout_height="wrap_content"
            android:layout_weight="1"
            android:text="1D" />

        <Button
            android:id="@+id/btn5d"
            android:layout_width="wrap_content"
            android:layout_height="wrap_content"
            android:layout_weight="1"
            android:text="5D" />

        <Button
            android:id="@+id/btn1m"
            android:layout_width="wrap_content"
            android:layout_height="wrap_content"
            android:layout_weight="1"
            android:text="1M" />

        <Button
            android:id="@+id/btn1y"
            android:layout_width="wrap_content"
            android:layout_height="wrap_content"
```

```xml
                android:layout_weight="1"
                android:text="1Y" />
        </LinearLayout>

        <LinearLayout
            android:layout_width="wrap_content"
            android:layout_height="wrap_content"
            android:paddingTop="10dp">
            <TextView
                android:layout_width="wrap_content"
                android:layout_height="wrap_content"
                android:text="时间范围选择："
                android:textSize="16sp" />

            <Button
                android:id="@+id/btnStart"
                android:layout_width="wrap_content"
                android:layout_height="wrap_content"
                android:layout_marginLeft="10dip"
                android:text="请选择" />

            <TextView
                android:layout_width="wrap_content"
                android:layout_height="wrap_content"
                android:text="——" />

            <Button
                android:id="@+id/btnEnd"
                android:layout_width="wrap_content"
                android:layout_height="wrap_content"
                android:text="请选择" />

            <Button
                android:id="@+id/query"
                android:layout_width="fill_parent"
                android:layout_height="wrap_content"
                android:layout_marginLeft="20dip"
                android:text="查询" />
        </LinearLayout>

    <ScrollView
        android:layout_width="wrap_content"
        android:layout_height="fill_parent" >

        <TextView
            android:id="@+id/tvData"
            android:layout_width="fill_parent"
            android:layout_height="fill_parent" />
    </ScrollView>

</LinearLayout>
```

4. 功能实现

MainActivity.java 主界面程序代码:

```java
package com.example.iot.ch08_wsndemo;

import android.app.Activity;
import android.content.Intent;
import android.os.Bundle;
import android.view.View;
import android.widget.Button;

public class MainActivity  extends Activity implements View.OnClickListener {

    public static String myZCloudID ="3943428143";
    public static String myZCloudKey ="sGE85CkzyfrXgkinm8T19cvGgTKiu2CA";

    Button mBTNSensor, mBTNHistroy;

    /** Called when the activity is first created. */
    @Override
    public void onCreate(Bundle savedInstanceState) {
        super.onCreate(savedInstanceState);
        setContentView(R.layout.activity_main);
        setTitle("WSN Demo");
        mBTNSensor = (Button) findViewById(R.id.btn_conn);
        mBTNHistroy = (Button) findViewById(R.id.btn_histroy);

        mBTNSensor.setOnClickListener(this);
        mBTNHistroy.setOnClickListener(this);
    }

    @Override
    public void onClick(View v) {
        //TODO Auto-generated method stub
        if (v ==mBTNSensor) {
            Intent it =new Intent(this,ConnectActivity.class);
            startActivity(it);
        }
        if (v ==mBTNHistroy) {
            Intent it =new Intent(this,HistoryActivity.class);
            startActivity(it);
        }
    }
}
```

ConnectActivity.java 实时连接控制程序代码:

```java
package com.example.iot.ch08_wsndemo;

import android.app.Activity;
```

```java
import android.os.Bundle;
import android.view.View;
import android.widget.Button;
import android.widget.TextView;

import com.zhiyun360.wsn.droid.WSNRTConnect;
import com.zhiyun360.wsn.droid.WSNRTConnectListener;

public class ConnectActivity extends Activity{
    private Button mBTNOpen,mBTNClose;
    private TextView mTVInfo;
    private WSNRTConnect wRTConnect;

    private void textInfo(String s) {
        mTVInfo.setText(mTVInfo.getText().toString() +"\n" +s);
    }

    @Override
    public void onCreate(Bundle savedInstanceState) {
        super.onCreate(savedInstanceState);
        setContentView(R.layout.sensor_layout);
        mBTNOpen = (Button) findViewById(R.id.btnOpen);
        mBTNClose = (Button) findViewById(R.id.btnClose);
        mTVInfo = (TextView) findViewById(R.id.tvInfo);

        wRTConnect = new WSNRTConnect (MainActivity. myZCloudID, MainActivity.myZCloudKey);
        wRTConnect.setServerAddr("zhiyun360.com");       //设置智云服务地址
        wRTConnect.connect();

        mBTNClose.setOnClickListener(new View.OnClickListener() {
            @Override
            public void onClick(View v) {
                String mac ="00:12:4B:00:15:D3:CE:2C";
                String dat ="{CD1=64,D1=?}";
                textInfo(mac +" <<<" +dat);
                wRTConnect.sendMessage(mac, dat.getBytes());
            }
        });
        mBTNOpen.setOnClickListener(new View.OnClickListener() {
            @Override
            public void onClick(View arg0) {
                String mac ="00:12:4B:00:15:D3:CE:2C";
                String dat ="{OD1=64,D1=?}";
                textInfo(mac +" <<<" +dat);
                wRTConnect.sendMessage(mac, dat.getBytes());
            }
        });

        wRTConnect.setRTConnectListener(new WSNRTConnectListener() {
```

```java
            @Override
            public void onConnect() {
                textInfo("connected to server");
            }
            @Override
            public void onConnectLost(Throwable arg0) {
                textInfo("connection lost");
            }

            @Override
            public void onMessageArrive(String arg0, byte[] arg1) {
                textInfo(arg0 + " >>>" + new String(arg1));
            }
        });

        textInfo("connecting...");
    }

    @Override
    public void onDestroy() {
        wRTConnect.disconnect();
        super.onDestroy();
    }
}
```

HistoryActivity.java 历史数据查询程序代码:

```java
package com.example.iot.ch08_wsndemo;

import android.app.Activity;
import android.app.DatePickerDialog;
import android.os.Bundle;
import android.os.StrictMode;
import android.view.View;
import android.widget.Button;
import android.widget.DatePicker;
import android.widget.TextView;
import android.widget.Toast;

import com.google.gson.Gson;
import com.google.gson.GsonBuilder;
import com.google.gson.JsonElement;
import com.google.gson.JsonParser;
import com.zhiyun360.wsn.droid.WSNHistory;

import java.text.SimpleDateFormat;
import java.util.Date;

public class HistoryActivity extends Activity implements View.OnClickListener {
```

```java
    private String channel ="00:12:4B:00:15:D3:57:BC_A0";
    private Button mBTN1H, mBTN12H, mBTN1D, mBTN5D, mBTN1M, mBTN1Y, mBTNSTART,
mBTNEND, mBTNQUERY;
    private TextView mTVData;
    private SimpleDateFormat simpleDateFormat;
    private SimpleDateFormat outputDateFormat;

    private WSNHistory wHistory;

    @Override
    public void onCreate(Bundle savedInstanceState) {
        super.onCreate(savedInstanceState);
        setContentView(R.layout.history_layout);
        setTitle("History");

        if (android.os.Build.VERSION.SDK_INT > 9) {
            StrictMode.ThreadPolicy policy =new StrictMode.ThreadPolicy.
            Builder().permitAll().build();
            StrictMode.setThreadPolicy(policy);
        }

        simpleDateFormat =new SimpleDateFormat("yyyy-M-d");
        outputDateFormat =new SimpleDateFormat("yyyy-MM-dd'T'HH:mm:ss");

        mTVData = (TextView) findViewById(R.id.tvData);
        mBTN1H = (Button) findViewById(R.id.btn1h);
        mBTN12H = (Button) findViewById(R.id.btn12h);
        mBTN1D = (Button) findViewById(R.id.btn1d);
        mBTN5D = (Button) findViewById(R.id.btn5d);
        mBTN1M = (Button) findViewById(R.id.btn1m);
        mBTN1Y = (Button) findViewById(R.id.btn1y);
        mBTNSTART = (Button) findViewById(R.id.btnStart);
        mBTNEND = (Button) findViewById(R.id.btnEnd);
        mBTNQUERY = (Button) findViewById(R.id.query);

        mBTN1H.setOnClickListener(this);
        mBTN12H.setOnClickListener(this);
        mBTN1D.setOnClickListener(this);
        mBTN5D.setOnClickListener(this);
        mBTN1M.setOnClickListener(this);
        mBTN1Y.setOnClickListener(this);
        mBTNSTART.setOnClickListener(this);
        mBTNEND.setOnClickListener(this);
        mBTNQUERY.setOnClickListener(this);

        wHistory = new WSNHistory (MainActivity. myZCloudID, MainActivity.
        myZCloudKey);
        wHistory.setServerAddr("zhiyun360.com:8080");
    }
```

```java
@Override
public void onClick(View arg0) {
    //TODO Auto-generated method stub
    mTVData.setText("");
    String result =null;
    try {
        if (arg0 ==mBTN1H) {
            result =wHistory.queryLast1H(channel);
        }
        if (arg0 ==mBTN12H) {
            result =wHistory.queryLast12H(channel);
        }
        if (arg0 ==mBTN1D) {
            result =wHistory.queryLast1D(channel);
        }
        if (arg0 ==mBTN5D) {
            result =wHistory.queryLast5D(channel);
        }
        if (arg0 ==mBTN1M) {
            result =wHistory.queryLast1M(channel);
        }
        if (arg0 ==mBTN1Y) {
            result =wHistory.queryLast1Y(channel);
        }
        if (arg0 ==mBTNSTART) {
            new DatePickerDialog(this, new DatePickerDialog.OnDateSetListener() {

                @Override
                public void onDateSet (DatePicker view, int year, int monthOfYear, int dayOfMonth) {
                    mBTNSTART.setText(year + "-" + (monthOfYear + 1) + "-" + dayOfMonth);
                }

            }, 2014, 0, 1).show();
        }
        if (arg0 ==mBTNEND) {
            new DatePickerDialog(this, new DatePickerDialog.OnDateSetListener() {

                @Override
                    public void onDateSet (DatePicker view, int year, int monthOfYear, int dayOfMonth) {
                        mBTNEND.setText(year + "-" + (monthOfYear + 1) + "-" + dayOfMonth);
                    }

            }, 2014, 0, 1).show();
        }
        if (arg0 ==mBTNQUERY) {
            Date sdate =simpleDateFormat.parse(mBTNSTART.getText().toString());
```

```
                Date edate =simpleDateFormat.parse(mBTNEND.getText().toString());
                String start =outputDateFormat.format(sdate) +"Z";
                String end =outputDateFormat.format(edate) +"Z";
                result =wHistory.query(channel,start, end, "0");
            }

            if(result !=null)mTVData.setText(jsonFormatter(result));

        } catch (Exception e) {
            e.printStackTrace();
            Toast.makeText (getApplicationContext(), "查询数据失败,请重试!",
            Toast.LENGTH_SHORT).show();
        }
    }

    public String jsonFormatter(String uglyJSONString) {
        Gson gson =new GsonBuilder().disableHtmlEscaping().setPrettyPrinting().
        create();
        JsonParser jp =new JsonParser();
        JsonElement je =jp.parse(uglyJSONString);
        String prettyJsonString =gson.toJson(je);
        return prettyJsonString;
    }
}
```

5. 运行与测试

程序编译成功后,运行界面如图 8-29 所示。

图 8-29 运行界面

单击"实时连接控制"按钮,打开实时连接控制界面,通过单击"开灯"按钮与"关灯"按钮可发送控制协议命令到传感器节点板,通过协议命令控制继电器开关动作,界面下方的文本框会输出协议信息,如图 8-30 所示。

单击界面下方的返回按钮返回主界面,单击"历史数据查询"按钮,打开历史数据查询

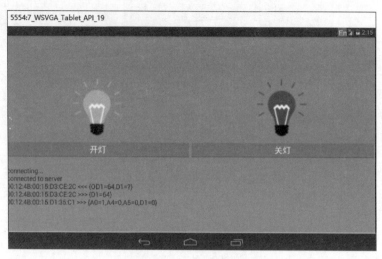

图 8-30　实时连接控制

界面，单击界面上的 1H 会显示 1 小时内采集类传感器的温度历史数据。同样，可查询 12H、1D 等时间段的历史数据，也可选一个时间范围，再单击"查询"按钮进行查询，如图 8-31 所示。

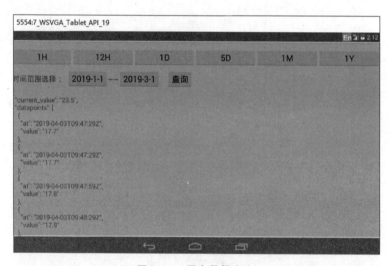

图 8-31　历史数据查询

1. 简述 ZXBee 数据通信协议的特点。
2. 什么是通信协议？ 物联网系统数据通信协议的作用是什么？
3. Android 程序调用智云 Android 应用接口进行实时连接的编程步骤是什么？
4. 假如 Android 应用程序显示的是某个硬件节点设备的温湿度数据，请描述温湿度数据从硬件到 App 的传递过程。

图书资源支持

感谢您一直以来对清华版图书的支持和爱护。为了配合本书的使用,本书提供配套的资源,有需求的读者请扫描下方的"书圈"微信公众号二维码,在图书专区下载,也可以拨打电话或发送电子邮件咨询。

如果您在使用本书的过程中遇到了什么问题,或者有相关图书出版计划,也请您发邮件告诉我们,以便我们更好地为您服务。

我们的联系方式:

地　　址: 北京市海淀区双清路学研大厦 A 座 701

邮　　编: 100084

电　　话: 010-83470236　010-83470237

资源下载: http://www.tup.com.cn

客服邮箱: 2301891038@qq.com

QQ: 2301891038（请写明您的单位和姓名）

用微信扫一扫右边的二维码,即可关注清华大学出版社公众号"书圈"。

资源下载、样书申请

书　圈

扫一扫,获取最新目录

课程直播